越日英
原子力用語辞典

Từ điển thuật ngữ điện hạt nhân

Việt Nhật Anh

監修　JINED 越日英原子力用語辞典編纂委員会

マネジメント社

前書き

読者の皆様、

近年、ベトナムと日本との協力関係は全面的・長期的な戦略をもって強化されている。日本はベトナムに対して最大のODA供与国であり、直接投資についてもリード国として、ベトナムの経済・社会発展に積極的に貢献している。2011年には、原子力分野において、ベトナムと日本の間で平和目的での原子力利用に関する政府間協定が結ばれ、ニントアン第2サイト原子力発電所の建設に協力協定が締結された。

日本国の原子力機関（政府、研究所、大学、電力会社、メーカ及びその他の関連機関等）は、ベトナム国の関連機関と積極的に協力しており、人材育成を含む平和目的での原子力利用に関する協定が着実に実施されている。

現在、日本語及びベトナム語を学習するニーズが増加しつつあり、各種の辞書が市場に出回っていて、特に電子辞書が非常に普及している。ただし、原子力分野に関する"越・日・英"の3カ国語の用語辞典は、まだ公表されていない。

原子力分野の『越・日・英3カ国用語辞典』が出版されることは、当該分野に活躍されている技術者、研究者、学生、講師にとって、人材育成及び仕事上のコミュニケーションに役に立つものとなるであろう。

原子力分野の『越・日・英3カ国用語辞典』の第1版が出版されることは、非常に喜ばしく、ベトナムと日本の専門家等の読者として、ご意見を頂けるよう、また、さらなる改善が反映できるように期待している。

ハノイ、2016年4月

　　　　ベトナム社会主義共和国 元科学技術省副大臣　　Lê Đình Tiến 博士

LỜI TỰA

Độc giả thân mến,

Trong những năm qua, hợp tác giữa Việt Nam và Nhật Bản ngày càng phát triển mạnh mẽ theo hướng toàn diện và mang tính chiến lược lâu dài. Nhật Bản là quốc gia tài trợ vốn hỗ trợ phát triển chính thức (ODA) lớn nhất, đồng thời cũng là quốc gia hàng đầu về đầu tư trực tiếp nước ngoài (FDI) tại Việt Nam, góp phần tích cực vào quá trình phát triển kinh tế-xã hội của đất nước. Trong lĩnh vực năng lượng nguyên tử, năm 2011 Việt Nam và Nhật Bản đã ký Thỏa thuận hợp tác cấp Chính phủ về sử dụng năng lượng nguyên tử vì mục đích hòa bình và tiếp theo đó là Thỏa thuận hợp tác về xây dựng nhà máy điện hạt nhân của Việt Nam tại Ninh thuận.

Các cơ quan liên quan đến năng lượng nguyên tử của Nhật Bản (Chính phủ, viện nghiên cứu, trường đại học, công ty điện lực, hãng sản xuất và các cơ quan liên quan khác) đã và đang phối hợp tích cực với các cơ quan liên quan đến năng lượng nguyên tử của Việt Nam để thực hiện giáo dục, đào tạo nguồn nhân lực cũng như triển khai các Thỏa thuận hợp tác trong lĩnh vực sử dụng năng lượng nguyên tử vì mục đích hòa bình.

Hiện nay, có một số hình thức từ điển Nhật-Việt được ra đời, như sách in và đặc biệt là từ điển điện tử rất thông dụng, để đáp ứng nhu cầu ngày càng tăng lên về học tiếng Nhật và tiếng Việt. Tuy nhiên, cho đến nay vẫn chưa có một bộ từ điển thuật ngữ chuyên môn nào về năng lượng nguyên tử bằng tiếng Việt, tiếng Nhật, tiếng Anh.

Việc xuất bản bộ từ điển thuật ngữ Việt-Nhật-Anh về lĩnh vực năng lượng nguyên tử sẽ giúp cho các kỹ sư, nhà nghiên cứu, sinh viên, giáo viên đang hoạt động trong lĩnh vực này của Việt Nam và Nhật Bản có điều kiện thuận lợi hơn trong công tác đào tạo nhân lực và giao tiếp trong công việc chuyên môn.

Tôi vui mừng vì một bộ từ điển như vậy lần đầu tiên được xuất bản và mong rằng các nhà chuyên môn về năng lượng nguyên tử của Việt Nam và Nhật Bản sẽ tiếp tục đóng góp ý kiến của mình với tư cách là các độc giả để lần xuất bản tiếp theo được hoàn thiện và có chất lượng cao hơn.

Hà Nội, tháng 4 năm 2016

Tiến sĩ Lê Đình Tiến
Nguyên Thứ trưởng Bộ Khoa học và Công nghệ Việt Nam
Nước Cộng hòa Xã hội Chủ nghĩa Việt Nam

原子力用語辞典（越日英）刊行にあたって

　ベトナムは 2009 年に原子力発電所の導入を国会決議し、2010 年に露・日との協力を政府決定した。
　ベトナムや日本の人が原子力発電に携わる機会が増えているが、これまで適切な原子力用語辞典（越語・日語・英語）がなかった。
　原子力発電では広範な技術を扱い部品・機器・系統も膨大であり、分野も安全・設計・製造・建設・運転・保守など多岐にわたることから原子力用語辞典の編集が切望されてきた。
　このたび日越の多くの関係者の努力により原子力用語辞典を編集し刊行できたことは誠に喜ばしいことである。

原子力用語辞典（越語・日語・英語；初版 1608 用語）の編集の基本的考え方：

- ベトナムに日本が原子力発電所を建設するような場合等には共通使用言語は英語となることを考慮し、原子力用語の基本は世界的にも汎用性のある英語の用語とした。
- 越語の用語は、対応する日本語も考慮するが、英語の用語を越訳する、使用の利便性からなるべく短い語数とし、補足は（　）で注釈するなどして理解を増すこと等を考慮した。
- 用語数は膨大すぎても使い難いことから用語を組合せた複合用語は収録しないようにし、よく用いられる独立的な要素となる用語を選定し、英語の略号も併記した。
- ベトナムの人材育成のため、研修生や学生の日本留学、研究者・専門家の短期研修など、日本語で学ぶ機会も増えていることも考慮して、漢字・ひらがな・カタカナに加えてローマ字も表記し索引できるものとした。
- また、原子力の発電所・関連機関などの名称や工学的単位等はよく用いられるものを選定し巻末に収録した。

原子力用語辞典（越日英）刊行にあたって

　ベトナムでは100年以上前まで漢越語が用いられており、その後、現在のアルファベット等に発音記号を添え発音を保持したベトナム語に変更された。したがって、用語の意味や発音にも越語と日語（音読み）は類似性のあるものも多い（下記例参照）。形容詞が前や後から掛かるといった違いに留意すれば、お互いの用語の検索や理解に役立つものと考えられる。

> 越南（BetoNamu）— Việt Nam、日本（NiHon）— Nhật Bản、越（Etsu）— Việt、日（NiChi）— Nhật、英（Ei）— Anh、原子力（GenShiRyoku）— Nguyên tử lực、電力（DenRyoku）— Điện lực、管理（KanRi）— Quản lý、設計（SeKKei）— Thiết kế、計画（KeiKaku）— Kế hoạch、設備（SetsuBi）— Thiết bị、専門（SenMon）— Chuyên môn、放射（HouSha）— Phóng xạ、検査（KenSa）— Kiểm tra、安全（AnZen）— An toàn、安寧（AnNei）— An ninh、注意（ChuuI）— Chú Ý、留意（RyuuI）— Lưu ý、意見（IKen）— Ý kiến、数量（SuuRyou）— Số lượng、流量（RyuuRyou）— Lưu lượng

　原子力用語辞典編集にあたっては、工学用語辞典（越日英）を発刊した経験のある長岡技術科学大学や専門家派遣等でJICCの協力を得ながら、JINEDとプラントメーカ（東芝・日立・三菱重工）からなる事務局を設置し越日英の原型を纏めた。

　また、越訳確定にあたってはベトナムの科学技術省顧問の下に原子力専門家を参集し、EVNの日本留学研修生や通訳等の皆さんの協力を頂きながら、日越で協議し推敲を重ねた。

　多くの関係各位の努力に感謝したい。

　以上のようにして初版を編集したが、至らなかった点もある。皆様の使用意見を頂き、追加・変更・修正等を行い、さらに良いものにしていきたい。

2016年4月

JINED越日英原子力用語辞典編纂委員会

Phát hành cuốn từ điển chuyên ngành điện hạt nhân (Việt-Nhật-Anh)

Năm 2009 Quốc Hội Việt Nam đã ra Nghị quyết về xây dựng nhà máy điện hạt nhân, tiếp theo, năm 2010 Chính phủ Việt Nam đã quyết định hợp tác và tiếp nhận sự hỗ trợ kỹ thuật từ Liên Bang Nga và Nhật Bản.

Mặc dù cơ hội làm việc liên quan đến các dự án điện hạt nhân của người Việt Nam và Nhật Bản tăng lên nhưng đến nay vẫn chưa có một cuốn từ điển thuật ngữ riêng Việt-Nhật-Anh về chuyên ngành hạt nhân.

Sản xuất điện hạt nhân sử dụng các công nghệ thuộc nhiều lĩnh vực khác nhau, sử dụng số lượng khổng lồ các thiết bị, máy móc, hệ thống và liên quan đến nhiều lĩnh vực khác nhau, như an toàn, thiết kế, chế tạo, xây dựng, vận hành và bảo dưỡng. Vì vậy, việc biên soạn cuốn từ điển thuật ngữ về năng lượng hạt nhân là rất cần thiết.

Chúng tôi rất vui vì đã nhận được sự hợp tác và nỗ lực của rất nhiều chuyên gia Nhật Bản và Việt Nam để có thể biên soạn và xuất bản cuốn từ điển này.

Quan điểm của chúng tôi trong việc biên soạn cuốn từ điển thuật ngữ về năng lượng hạt nhân (tiếng Việt, tiếng Nhật và tiếng Anh với 1608 thuật ngữ trong lần xuất bản đầu tiên) như sau:

Trong trường hợp Nhật Bản xây dựng nhà máy điện hạt nhân ở Việt Nam, ngôn ngữ chung dùng cho Dự án sẽ là tiếng Anh. Chúng tôi chọn tiếng Anh làm ngôn ngữ cơ sở cho việc tham chiếu trong cuốn từ điển thuật ngữ về năng lượng hạt nhân vì ngôn ngữ này thông dụng nhiều nơi trên thế giới.

Các thuật ngữ tiếng Việt được dịch từ các thuật ngữ tiếng Anh và có tham khảo nghĩa của các thuật ngữ tương ứng trong tiếng Nhật. Để thuận tiện cho việc sử dụng, các thuật ngữ đã được làm ngắn gọn nhất có thể và có những phần chú thích kèm theo để trong ngoặc giúp người tra cứu hiểu rõ hơn.

Vì số lượng thuật ngữ rất lớn có thể làm cho cuốn từ điển khó sử dụng, cho nên chúng tôi đã tránh không đưa vào các từ phức hợp, bao gồm hai thuật ngữ hoặc nhiều hơn. Mặt khác, chúng tôi cũng đưa vào những từ phức hợp nhưng được sử dụng thường xuyên và các từ viết tắt dựa trên tiếng Anh.

Trong các chương trình hỗ trợ phát triển nguồn nhân lực của Nhật Bản cho Việt Nam, các thực tập sinh và sinh viên đang học tập tại Nhật Bản cũng như các nhà nghiên cứu, các chuyên gia Việt Nam, họ có thể hưởng nhiều lợi ích hơn từ việc trao đổi trực tiếp bằng tiếng Nhật. Vì vậy, chúng tôi đã thiết kế cuốn từ điển để có thể bao hàm cả thuật ngữ tiếng Nhật dưới dạng các chữ cái la tinh, bổ sung cả ký tự chữ Hán, Hiragana và Katakana.

Mỗi thuật ngữ có thể được tra cứu theo 3 cách: Việt-Nhật-Anh, Nhật-Việt-Anh, và Anh-Việt-Nhật.
Ngoài ra chúng tôi cũng đã đưa vào cuối cuốn từ điển danh sách các thuật ngữ thường dùng như tên gọi của các nhà máy điện hạt nhân, các tổ chức liên quan và danh sách các đơn vị kỹ thuật.

Hơn 100 năm về trước, Việt Nam đã từng sử dụng chữ viết Hán Nôm và sau đó chuyển sang dùng chữ viết như hiện nay, bao gồm các chữ cái với các dấu phát âm (như: a, á, à, ạ) để duy trì các phát âm gốc. Vì vậy, như trình bày ở một số ví dụ dưới đây, nhiều từ tiếng Việt và từ tiếng Nhật được phát âm giống nhau (khi tiếng Nhật phát âm onyomi thì cũng giống trong phát âm kiểu Hán Việt). Sự giống nhau trong phát âm và nghĩa của thuật ngữ có thể giúp chúng ta có sự hiểu biết chung khi tra các thuật ngữ đối chiếu, nếu chú ý những khác nhau cơ bản giữa tiếng Nhật và tiếng Việt (ví dụ: tính từ có thể đứng trước hoặc sau danh từ liên quan).

Các ví dụ:
越南 (BetoNamu) : Việt Nam (Vietnam), 日本 (NiHon) : Nhật Bản (Japan), 越 (Etsu) : Việt (Vietnam),
日 (Nichi) : Nhật (Japan), 英 (Ei) : Anh (England), 原子力 (GenShiRyoku) : Nguyên tử lực (Nuclear),
電力 (DenRyoku) : Điện lực (Electric Power), 管理 (KanRi) : Quản lý (Management), 設計 (SeKKei) :
Thiết kế (Design), 計画 (KeiKaku) : Kế hoạch (Plan), 設備 (SetsuBi) : Thiết bị (Facility),
専門 (SenMon) : Chuyên môn (Specialty), 放射 (HouSha) : Phóng xạ (Radiation), 検査 (KenSa) :
Kiểm tra (Inspection), 安全 (AnZen) : An toàn (Safety), 安寧 (AnNei) : An ninh (Security),
注意 (ChuuI) : Chú ý (Attention), 留意 (RyuuI) : Lưu ý (Remind), 意見 (IKen) : Ý kiến (Opinion),
数量 (SuuRyou) : Số lượng (Quantity), 流量 (RyuuRyou) : Lưu lượng (Flow Rate)

Trong quá trình biên soạn cuốn từ điển thuật ngữ về năng lượng hạt nhân, trước hết chúng tôi chuẩn bị danh mục cơ bản các thuật ngữ tiếng Việt, tiếng Nhật và tiếng Anh tại Ban thư ký do Công ty Phát Triển Năng Lượng Nguyên Tử Quốc tế (JINED) và các hãng chế tạo (Toshiba, Hitachi, Mitsubishi) thành lập, với sự hỗ trợ của Trường Đại Học Công Nghệ Nagaoka nơi đã có kinh nghiệm xuất bản từ điển chuyên ngành kỹ thuật (Việt-Nhật-Anh), và được sự giúp đỡ về chuyên gia của Trung tâm hợp tác quốc tế JAIF (JICC), v.v.

Khi các thuật ngữ được dịch ra tiếng Việt kết thúc, chúng tôi đã mời một nhóm chuyên gia về năng lượng hạt nhân của Bộ Khoa học và Công nghệ tham gia vào quá trình rà soát thuật ngữ thông qua các cuộc thảo luận nhóm giữa các chuyên gia Nhật Bản và Việt Nam, cũng như sự hỗ trợ của các thực tập sinh của EVN tại Nhật Bản, các phiên dịch viên và những người khác. Chúng tôi chân thành cám ơn sự đóng góp và giúp đỡ của các đơn vị và cá nhân có liên quan.

Chúng tôi đã hoàn tất việc biên tập và xuất bản lần đầu tiên cuốn từ điển thuật ngữ về năng lượng hạt nhân (Việt-Nhật-Anh), tuy nhiên sẽ không tránh khỏi những thiếu sót. Chúng tôi mong muốn nhận được ý kiến đóng góp của bạn đọc về bổ sung, sửa đổi và hiệu chỉnh để lần tái bản tiếp theo được tốt hơn.

Tháng 4 năm 2016

Ban biên soạn từ điển thuật ngữ Việt-Nhật-Anh của JINED

Upon Publishing a Glossary of Terms on Nuclear Power
(In Vietnamese, Japanese and English)

Following a Vietnam's National Assembly decision in 2009 about the introduction of nuclear power, the Vietnamese Government decided in 2010 to cooperate and receive technical assistance from Russian Federation and Japan.

In spite of the resulting increase in opportunities for Vietnamese and Japanese people to be involved in nuclear power projects, there has not been a proper glossary of terms on nuclear power in Vietnamese, Japanese and English.

Nuclear power generation employs technologies from diverse fields, makes use of an enormous variety of parts, components and systems, and has many different aspects including safety, design, manufacturing, construction, operation and maintenance. Therefore, the compilation of a glossary of terms on nuclear power has been eagerly waited.

We are quite happy of having now achieved the compilation and publication of a glossary of terms on nuclear power as a result of efforts made by many concerned individuals in Japan and Vietnam.

Our basic policy in the compilation of the Glossary of Terms on Nuclear Power (in Vietnamese, Japanese and English, the first edition containing 1608 terms) is as below: In cases like Japan undertaking the construction of a nuclear power plant in Vietnam, the common language in the project will be English. Considering that, we chose English, a language commonly understood in many parts of the world, as the base language for reference in the glossary of terms on nuclear power.

Terms in Vietnamese were translated from terms in English even though the meanings of corresponding terms in Japanese were also taken account of. For practical convenience, the terms included in the glossary were made as brief as possible while remarks were added in a pair of parenthesis for better understanding.

Since an enormous number of entries can make the glossary less easy to use, we avoided the inclusion of compound terms, namely, terms made up by joining two or more terms. On the other hand, we included frequently used independent components of various expressions as well as acronyms based on English.

Under Japan's various programs supporting human resource development for Vietnam, Vietnamese trainees and students studying in Japan as well as Vietnamese researchers and specialists are faced with a number of opportunities in which they may get more benefit through direct communication in Japanese. Considering that, we designed the glossary to include the descriptions of Japanese terms in Roman characters, in addition to kanji, hiragana and katakana characters.

Each glossary can be searched by 3 indexes, Vietnamese-Japanese-English, Japanese-Vietnamese-English, and English-Vietnamese-Japanese.
Appended to the end of the glossary are the listing of frequently used terms such as the names of nuclear power stations and related organizations, and the listing of engineering units.

Up to more than 100 years ago, Vietnam used Han Nom characters and after that Vietnam changed to use the present style of Vietnamese characters, which consists in the use of alphabetic characters with some pronunciation symbols (for example; a á à ạ) to maintain original pronunciations. Therefore, as shown in some examples given below, many Vietnamese and Japanese words are pronounced similarly to each other (when Japanese are pronounced as onyomi, that is to say, in Chinese style pronunciation). By putting in mind some basic differences between Japanese and Vietnamese (for example, an adjective may come either before or after the word that it refers to), such similarities in pronunciation and meaning of terms may contribute to cross-referencing of Japanese and Vietnamese, helping mutual understanding.

Examples:
越南(BetoNamu):Việt Nam (Vietnam), 日本(NiHon):Nhật Bản (Japan), 越(Etsu):Việt (Vietnam), 日(Nichi):Nhật (Japan), 英(Ei):Anh (England), 原子力(GenShiRyoku):Nguyên tử lực (Nuclear), 電力(DenRyoku):Điện lực (Electric Power), 管理(KanRi):Quản lý (Management), 設計(SeKKei):Thiết kế (Design), 計画(KeiKaku):Kế hoạch (Plan), 設備(SetsuBi):Thiết bị (Facility), 専門(SenMon):Chuyên môn (Specialty), 放射(HouSha):Phóng xạ (Radiation), 検査(KenSa):Kiểm tra (Inspection), 安全(AnZen):An toàn (Safety), 安寧(AnNei):An ninh (Security), 注意(Chuui):Chú ý (Attention), 留意(Ryuui):Lưu ý (Remind), 意見(IKen):Ý kiến (Opinion), 数量(SuuRyou):Số lượng (Quantity), 流量(RyuuRyou):Lưu lượng (Flow Rate)

Upon Publishing a Glossary of Terms on Nuclear Power

In compiling the glossary of terms on nuclear power, we first prepared a basic list of terms in Vietnamese, Japanese and English at a secretariat formed by JINED and plant manufacturers (Toshiba, Hitachi and Mitsubishi Heavy Industries), supported by the Nagaoka University of Technology, which had the experience of publishing a dictionary of technical terms for engineering (Vietnamese-Japanese-English) and helped by JICC for the dispatch of experts, etc.

When the terms translated into Vietnamese were to be finalized, we invited a group of nuclear power specialists gathered under the Vietnamese Ministry of Science and Technology to attend the process of reviewing the terms through discussions by a team of Japanese and Vietnamese experts with support from EVN trainees studying in Japan, interpreters and other persons concerned. We would like to thank the contributions of so many people and units.

We have thus completed the editing of the first edition of glossary of terms on nuclear power (in Vietnamese, Japanese and English), but there are still issues that need further improvement. With advices from users, we would like to make it better through additions, modifications and corrections for the next reissue.

April 2016

JINED Compilation Committee of
Vietnamese-Japanese-English Glossary of Nuclear Terms

ローマ字表—— Bảng chữ Hiragana và Romaji

あ a	い i	う u	え e	お o
か ka	き ki	く ku	け ke	こ ko
さ sa	し shi	す su	せ se	そ so
た ta	ち chi	つ tsu	て te	と to
な na	に ni	ぬ nu	ね ne	の no
は ha	ひ hi	ふ hu(fu)	へ he	ほ ho
ま ma	み mi	む mu	め me	も mo
や ya		ゆ yu		よ yo
ら ra	り ri	る ru	れ re	ろ ro
わ wa				を wo
ん n				

が ga	ぎ gi	ぐ gu	げ ge	ご go
ざ za	じ ji	ず zu	ぜ ze	ぞ zo
だ da	ぢ ji	づ zu	で de	ど do
ば ba	び bi	ぶ bu	べ be	ぼ bo
ぱ pa	ぴ pi	ぷ pu	ぺ pe	ぽ po
きゃ kya		きゅ kyu		きょ kyo
しゃ sha		しゅ shu		しょ sho
ちゃ cha		ちゅ chu		ちょ cho

Bảng chữ Hiragana và Romaji

にゃ nya		にゅ nyu		にょ nyo
ひゃ hya		ひゅ hyu		ひょ hyo
みゃ mya		みゅ myu		みょ myo
りゃ rya		りゅ ryu		りょ ryo
ぎゃ gya		ぎゅ gyu		ぎょ gyo
じゃ ja		じゅ ju		じょ jo
びゃ bya		びゅ byu		びょ byo
ぴゃ pya		ぴゅ pyu		ぴょ pyo
ファ fa	フィ fi		フェ fe	フォ fo
	ウィ wi		ウェ we	ウォ wo
	ヴィ vi		ヴェ ve	ヴォ vo
	ズィ zi			
	ティ thi		ツェ tse	
	ディ dhi			
アー／ああ aa	イー／いい ii	ウー／うう uu	エー／ええ ee	オー／おお oo
んあ n-a	んい n-i	んう n-u	んえ n-e	んお n-o

日本ローマ字会の99式に依拠

Contents：越日英 原子力用語辞典

前書き —————————————————————————— *iii*

LỜI TỰA ——————————————————————————— *iv*

原子力用語辞典（越日英）刊行にあたって ————————— *v*

Phát hành cuốn từ điển chuyên ngành điện hạt nhân ————*vii*
(Việt-Nhật-Anh)

Upon Publishing a Glossary of Terms on Nuclear Power ————— *x*
(In Vietnamese, Japanese and English)

ローマ字表 —— Bảng chữ Hiragana và Romaji ———————————— *xiii*

原子力用語辞典

Tiếng Việt — Japanese — English ————————————— *1*

Japanese — Tiếng Việt — English ————————————— *73*

English — Tiếng Việt — Japanese ————————————— *145*

付録：単位／組織、施設／元素の周期表

1. Unit ——————————————————————————— *218*
2. Organization, Facility ————————————————— *221*
   ⟨Vietnam⟩ *221*
   ⟨Japan⟩ *223*
   ⟨Europe and America, Other⟩ *231*
3. Periodic Table of Elements ————————————————— *236*

原子力用語辞典(越日英)

Tiếng Việt

Japanese

English

Tiếng Việt	Japanese	English
A		
Actinit hiếm	mainaa akuchinido (マイナーアクチニド)	Minor Actinide [MA]
Ăn mòn cục bộ do bám dính tạp chất	kuraddo fuchaku ni yoru fushoku (クラッド付着による腐食)	Crud Induced Localized Corrosion [CILC]
Ăn mòn dạng hạt trên biên	ryu-ukan fushoku (粒間腐蝕)	Inter Granular Attack [IGA]
An toàn chủ động (⟨⇄⟩ an toàn thụ động)	noudouteki anzen [⟨⇄⟩ judouteki anzen] (能動的安全[⟨⇄⟩受動的安全])	Active Safety [⟨⇄⟩ Passive Safety]
An toàn khi sai hỏng	feiru seehu (フェイルセーフ)	Fail Safe
An toàn nội tại	koyu-u no anzensei (固有の安全性)	Inherent Safety
An toàn thụ động (⟨⇄⟩ an toàn chủ động)	judouteki anzen [⟨⇄⟩ noudouteki anzen] (受動的安全[⟨⇄⟩能動的安全])	Passive Safety [⟨⇄⟩ Active Safety]
Áp suất thiết kế	sekkei atsuryoku (設計圧力)	Design Pressure
Áp suất vận hành bình thường	teikaku unten atsuryoku (定格運転圧力)	Normal Operating Pressure
Axit boric	hou san (ほう酸)	Boric Acid
B		
Bậc thềm (từng tầng, lớp)	kasukeedo (カスケード)	Cascade
Bản báo cáo đánh giá an toàn cuối cùng	saishu-u anzen hyouka houkokusho (最終安全評価報告書)	Final Safety Evaluation Report [FSER]
Bản đánh giá hậu quả của bức xạ	houshasen eikyou hyouka (放射線影響評価)	Radiological Consequence Evaluation [RCE]
Bảng biểu dữ liệu về dụng cụ đo	keiki shiyou hyou (計器仕様表)	Instrument Data Sheet
Bảng điều khiển tại chỗ	genba seigyo ban (現場制御盤)	Local Control Panel
Bảng điều khiển trung tâm	chu-uou seigyo ban (中央制御盤)	Main Control Board [MCB], Main Control Panel

Bảng mạch thiết bị đo lường	keiki ban（計器盤）	Instrument Panel
Bảng rơ le	riree ban（リレー盤）	Relay Panel
Bảng tên	meiban（銘板）	Name Plate
Báo cáo chuyên đề xin cấp phép	kyoninka topikaru repooto（許認可トピカルレポート）	Licensing Topical Report [LTR]
Báo cáo đánh giá an toàn	anzen hyouka houkokusho（安全評価報告書）	Safety Evaluation Report [SER]
Báo cáo định kỳ về an toàn	teiki anzen houkokusho（定期安全報告書）	Periodical Safety Report [PSR]
Báo cáo phân tích an toàn	anzen kaiseki sho（安全解析書）	Safety Analysis Report [SAR]
Báo cáo phân tích an toàn cuối cùng	saishu-u anzen kaiseki sho（最終安全解析書）	Final Safety Analysis Report [FSAR]
Báo cáo phân tích an toàn sơ bộ	yobi anzen kaiseki houkokusho（予備安全解析報告書）	Preliminary Safety Analysis Report [PSAR]
Báo cáo phân tích an toàn tiêu chuẩn	hyoujun anzen kaiseki sho（標準安全解析書）	Standard Safety Analysis Report [SSAR]
Báo cáo trạng thái vật liệu	kaku busshitsu joukyou houkokusho（核物質状況報告書）	Material Status Report [MSR]
Bảo đảm chất lượng	hinshitsu hoshou（品質保証）	Quality Assurance [QA]
Bảo dưỡng phòng ngừa	yobou hozen（予防保全）	Preventive Maintenance
Bảo vệ catôt/âm cực	denki boushoku（電気防食）	Cathodic Protection
Bảo vệ theo chiều sâu	shinsou bougo（深層防護）	Defense In Depth [DID]
Bảo vệ thực thể	butteki bougo, kaku busshitsu bougo（物的防護、核物質防護）	Physical Protection [PP]
Bắt điện tử	denshi hokaku (kidou denshi hokaku)（電子捕獲〈軌道電子捕獲〉）	Electron Capture(Orbital Electron Capture)
Bể chứa nhiên liệu đã qua sử dụng	shiyouzumi nenryou pitto, puuru（使用済燃料ピット、プール）	Spent Fuel Pit, Pool [SFP]
Bể chứa nhiên liệu đã qua sử dụng	shiyouzumi nenryou puuru（使用済燃料プール）	Spent Fuel Pool [SFP]
Bể chứa nước ngưng tụ	hukusui chozou tanku（復水貯蔵タンク）	Condensate Storage Tank [CST]

Bể chứa nước nóng trong bình ngưng

Bể chứa nước nóng trong bình ngưng	hukusuiki hotto weru （復水器ホットウェル）	Condenser Hot Well
Bể chứa nước thay đảo nhiên liệu	nenryou torikae yousui tanku （燃料取替用水タンク）	Refueling Water Storage Tank [RWST]
Bể khử/triệt áp	(atsuryoku) yokusei puuru （〈圧力〉抑制プール）	Suppression Pool
Bể kiểm soát thể tích	taiseki seigyo tanku （体積制御タンク）	Volume Control Tank [VCT]
Bể phân đợt axit boric	hokyu tanku （補給タンク）	Batching Tank
Bể thu hồi nước ngưng	hukusui kaishu-u tanku （復水回収タンク）	Condensate Return Tank
Bê tông cốt thép	kouhan konkuriito （鋼板コンクリート）	Steel Concrete [SC]
Bê tông dự ứng lực	puresutoresuto konkuriito （プレストレスト・コンクリート）	Prestressed Concrete [PC]
Bể triệt áp	atsuryoku yokusei puuru （圧力抑制プール）	Pressure Suppression Pool [SP]
Bể xả của bình điều áp	ka-atsuki nigashi tanku (ka-atsuki nogashi tanku) （加圧器逃しタンク）	Pressurizer Relief Tank
Biên áp lực của hệ thống chất tải nhiệt	genshiro reikyakuzai atsuryoku baundari （原子炉冷却材圧力バウンダリ）	Reactor Coolant Pressure Boundary [RCPB]
Biên chịu áp lực	atsuryoku baundari （圧力バウンダリ）	Pressure Boundary
Biểu đồ cân bằng nhiệt	netsu heikou senzu （熱平衡線図）	Heat Balance Diagram
Biểu đồ công suất - lưu lượng	genshiro shutsuryoku to roshin ryu-uryou no mappu （原子炉出力と炉心流量のマップ）	Power Flow Map [PF Map]
Biểu đồ đánh giá hỏng hóc	hakai hyouka senzu （破壊評価線図）	Failure Assessment Diagram [FAD]
Biểu đồ điều khiển chức năng	kinou setsumei sho, kinou kankei zu （機能説明書、機能関係図）	Functional Control Diagram [FCD]
Bình điều áp	ka-atsuki （加圧器）	Pressurizer [PR/PZR/Pz]
Bình khử khí	dakkiki （脱気器）	Deaerator
Bình ngưng	hukusuiki （復水器）	Condenser
Bình ngưng cách li	aisoreeshon kondensa [bii daburyu aaru] （アイソレーションコンデンサ［BWR］）	Isolation Condenser [BWR] [IC]

Bộ gá giữ thanh điều khiển

Bình ngưng khí áp	barometorikku kondensa（バロメトリックコンデンサ）	Barometric Condenser
Bình ngưng tụ băng, đá	aisu kondensa [pii daburyu aaru]（アイスコンデンサ[PWR]）	Ice Condenser [PWR]
Bình ngưng tụ chính	shu hukusuiki（主復水器）	Main Condenser
Bình sinh hơi	jouki hasseiki（蒸気発生器）	Steam Generator [SG]
Bình tích nước cao áp	chikuatsuki（蓄圧器）	Accumulator [ACC]
Bộ biến đổi hơi	suchiimu konbaata（スチームコンバータ）	Steam Converter [SC]
Bộ cấp hóa chất	yakueki chu-unyu-u souchi（薬液注入装置）	Chemical Feeder
Bộ chuyển mạch cách điện bằng khí	gasu zetsuen gata kaihei souchi（ガス絶縁型開閉装置）	Gas Insulated Switchgear [GIS]
Bộ chuyển mạch phủ kim loại	metakura (metaru kuraddo suicchigia)（メタクラ〈メタルクラッドスイッチギア〉）	Metal Clad Switchgear [M/C]
Bộ đảo điện	inbaata（インバータ）	Inverter
Bộ điều chỉnh cơ thủy lực	kikai yuatsu shiki seigyo souchi（機械油圧式制御装置）	Mechanical Hydraulic Controller [MHC]
Bộ điều chỉnh công suất của lò phản ứng	genshiro shutsuryoku chousei souchi（原子炉出力調整装置）	Reactor Power Regulator [RPR]
Bộ điều chỉnh điện áp tự động	jidou den-atsu chouseiki（自動電圧調整器）	Automatic Voltage Regulator [AVR]
Bộ điều chỉnh hơi chèn	gurando jouki chousei ki（グランド蒸気調整器）	Gland Steam regulator [GSR]
Bộ điều chỉnh lưu lượng (trên miệng ống)	orifisu（オリフィス）	Orifice
Bộ điều chỉnh phụ tải tự động	jidou huka seigyo souchi（自動負荷制御装置）	Automatic Load Regulator [ALR]
Bộ điều khiển thủy lực	suiatsu seigyo yunitto（水圧制御ユニット）	Hydraulic Control Unit [HCU]
Bộ điều khiển tuần tự	shiikensu kontoroora（シーケンス・コントローラ）	Sequence Controller
Bộ điều tốc	chousoku souchi（調速装置）	Governor [GOV]
Bộ định vị kênh	channeru fasuna（チャンネルファスナ）	Channel Fastener
Bộ gá giữ thanh điều khiển (khi thay đảo nhiên liệu ở lò nước sôi)	bureedo gaido（ブレードガイド）	Blade Guide [of Control rod in refueling]

5

Bộ gia nhiệt nước cấp	kyu-usui kanetsuki（給水加熱器）	Feedwater Heater
Bộ khử khoáng nước ngưng	hukusui datsuenki（復水脱塩器）	Condensate Demineralizer [CD]
Bộ khử khoáng và lọc nước ngưng	hukusui roka souchi（復水ろ過装置）	Condensate Filter Demineralizer [CFD]
Bộ kích từ	reijiki（励磁機）	Exciter [Ex]
Bộ làm mát dầu chèn (làm kín) bằng khí hidro	suiso-gawa oiru kuuraa（水素側オイルクーラ）	Hydrogen Gas Side Oil Cooler
Bộ làm mát sử dụng khí hidro	suiso reikyakuki（水素冷却器）	Hydrogen Gas Cooler
Bộ lọc khí dạng hạt hiệu suất cao	biryu-ushi firuta（微粒子フィルタ）	High Efficiency Particulate Air Filter [HEPA]
Bộ lọc ngưng tụ sợi rỗng	chu-uku-ushi maku firuta（中空糸膜フィルタ）	Condensate Hollow Filter [CHF]
Bộ lọc sợi rỗng	chu-uku-ushi maku firuta（中空糸膜フィルタ）	Hollow Fiber Filter [HFF]
Bộ lọc thô	rahu firutaa（ラフフィルタ）	Roughing Filter
Bộ ly tâm khí (làm giàu urani)	gasu enshin bunri（ガス遠心分離）	Gas Centrifuge [GCF]
Bộ máy phát động cơ	emu jii setto（MGセット）	Motor Generator Set [M-G Set]
Bộ ngưng tụ hơi đệm	gurando jouki hukusuiki（グランド蒸気復水器）	Gland Steam Condenser
Bó nhiên liệu	nenryou shu-ugou tai（燃料集合体）	Fuel Assembly, Fuel Bundle
Bó nhiên liệu thử nghiệm (được đưa vào lò nhằm khẳng định đặc tính của nó)	senkoushiyou nenryou shu-ugou tai（先行使用燃料集合体）	Lead Use Assembly [LUA]
Bộ ổn định hệ thống điện	denryoku keitou anteika souchi（電力系統安定化装置）	Power System Stabilizer [PSS]
Bộ phận dâng hơi	jouki hasseiki [magunokkusu ro]（蒸気発生器［マグノックス炉］）	Steam Rising Unit [Magnox Reactor]
Bộ phận điều chỉnh thông khí và sưởi ấm	ku-uchou yunitto（空調ユニット）	Heating Ventilating Handling Unit
Bộ phân tách hơi và tái gia nhiệt	shitsubun bunri sainetsuki（湿分分離再熱器）	Moisture Separator & Reheater [MSR]
Bộ sấy hơi	jouki kansouki（蒸気乾燥器）	Steam Dryer

Bộ tách ẩm	shitsubun bunriki（湿分分離器）	Moisture Separator
Bộ tách hơi	kisui bunriki（気水分離器）	Steam Separator, Steam Water Separator
Bộ tái gia nhiệt (cho nước trích lưu chuyển)	houso netsu saisei netsu koukanki（ほう素熱再生熱交換器）	Letdown Reheat Exchanger
Bộ tái kết hợp khí hidro	suiso sai ketsugouki（水素再結合器）	Hydrogen Recombiner
Bộ tái tổ hợp	sai ketsugouki（再結合器）	Recombiner
Bó thanh điều khiển dạng chùm (Cluster)	kurasuta gata seigyobou（クラスタ型制御棒）	Rod Cluster Control Assembly [RCCA]
Bộ trao đổi nhiệt dư	zanryunetsu jokyo netsu koukanki（残留熱除去熱交換器）	Residual Heat Exchanger
Bộ trao đổi nhiệt không tái sinh	hi saisei netsu koukanki（非再生熱交換器）	Non Generative Heat Exchanger
Bộ trao đổi nhiệt làm mát thiết bị, thành phần hệ thống sơ cấp	ichijikei reikyakusui kuura（一次系冷却水クーラ）	Component Cooling Heat Exchanger
Bộ trao đổi nhiệt tái sinh	saisei netsu koukanki（再生熱交換器）	Regenerative Heat Exchanger
Bộ trao đổi nhiệt trung gian	chu-ukan netsu koukanki（中間熱交換器）	Intermediate Heat Exchanger
Bộ truyền tín hiệu áp suất	atsuryoku henkanki（圧力変換器）	Pressure Transmitter [PT]
Bộ vặn đa bulông đồng bộ	maruchi sutaddo tenshona (sutaddo douji yurume souchi)（マルチスタッドテンショナ（スタッド同時ゆるめ装置））	Multi Stud Tensioner [MST]
Bộ xiết bulông (thùng lò)	atsuryoku youki sutaddo boruto natto chakudatsu souchi（圧力容器スタッドボルトナット着脱装置）	Stud Tensioner [RPV/RV]
Bơm gia tốc nước cấp	kyu-usui buusuta ponpu（給水ブースタ・ポンプ）	Feed Water Booster Pump
Bơm kích dầu	jakkingu oiru ponpu（ジャッキングオイルポンプ）	Jacking Oil Pump [JOP]
Bơm ngưng tụ áp suất thấp	teiatsu hukusui ponpu（低圧復水ポンプ）	Low Pressure Condensate Pump [LPCP]
Bơm ngưng tụ cao áp	kouatsu hukusui ponpu（高圧復水ポンプ）	High Pressure Condensate Pump [HPCP]

Bơm nước cấp	kyu-usui ponpu（給水ポンプ）	Feed Water Pump [FWP]
Bơm nước cấp chính dẫn động bằng tuốc bin	taabin kudou shu kyu-usui ponpu（タービン駆動主給水ポンプ）	Turbine Driven Main Feed Water Pump [TDMFWP]
Bơm nước cấp dẫn động bằng motor	dendouki kudou kyu-usui ponpu [bii daburyu aaru]（電動機駆動給水ポンプ［BWR］）	Motor Driven Reactor Feed Water Pump [BWR] [MDRFP]
Bơm nước cấp dẫn động bằng tuốc bin	taabin kudou genshiro kyu-usui ponpu（タービン駆動原子炉給水ポンプ）	Turbine Driven Reactor Feed Water Pump [TD RFP]
Bơm nước cấp khẩn cấp	hijou you kyu-usui ponpu（非常用給水ポンプ）	Emergency Feedwater Pump [EFP]
Bơm nước cấp lò phản ứng	genshiro kyu-usui ponpu（原子炉給水ポンプ）	Reactor Feedwater Pump [RFP]
Bơm nước cấp phụ trợ dẫn động bằng tuốc bin	taabin kudou hojo kyu-usui ponpu（タービン駆動補助給水ポンプ）	Turbine Driven Auxiliary Feed Water Pump [TDAFP]
Bơm nước cấp phụ trợ truyền động bằng motor	dendou hojo kyu-usui ponpu（電動補助給水ポンプ）	Motor Driven Auxiliary Feed Water Pump [MDAFP]
Bơm nước cấp truyền động bằng motor	dendou shu kyu-usui ponpu [pii daburyu aaru]（電動主給水ポンプ［PWR］）	Motor Driven Feed Water Pump [PWR] [MDFWP]
Bơm nước ngưng	hukusui ponpu（復水ポンプ）	Condensate Pump [CP]
Bơm phun	jetto ponpu（ジェットポンプ）	Jet Pump [JP(J/P)]
Bơm tăng tốc ngưng tụ	hukusui buusuta ponpu（復水ブースタ・ポンプ）	Condensate Booster Pump [CBP]
Bơm trong lò	genshiro naizou gata ponpu（原子炉内蔵型ポンプ）	Reactor Internal Pump [RIP]
Bơm tuần hoàn lò	ichiji reikyakuzai ponpu（一次冷却材ポンプ）	Reactor Coolant Pump [RCP]
Bơm tuần hoàn vòng sơ cấp	ichiji reikyakuzai ponpu（一次冷却材ポンプ）	Primary Coolant Pump
Bồn nước thô gia áp	gensui ka-atsu tanku（原水加圧タンク）	Raw Water Pressurizer
Bồn trộn hóa chất	yakuchu-u tanku（薬注タンク）	Chemical Dissolving Tank
Boongke lò	genshiro kakunou youki（原子炉格納容器）	Containment Vessel [CV]
Boongke lò bằng bê tông	konkuriito sei kakunou youki（コンクリート製格納容器）	Concrete Containment Vessel [CCV]

Boongke lò bằng bê tông cốt thép dự ứng lực	tekkin konkuriito sei kakunou youki（鉄筋コンクリート製格納容器）	Reinforced Concrete Containment Vessel [RCCV]
Boongke lò bằng bê tông dự ứng lực	pure sutoresuto konkuriito sei kakunou youki（プレストレストコンクリート製格納容器）	Pre-Stressed Concrete Containment Vessel [PCCV]
Boongke lò bằng thép	kousei genshiro kakunou youki（鋼製原子炉格納容器），kousei kakunou youki（鋼製格納容器）	Steel Containment Vessel [SCV], Steel Contaiment
Boongke lò hình cầu bằng thép	kousei kyu-u gata kakunou youki（鋼製球型格納容器）	Spherical Steel Containment Vessel [SSCV]
Boongke lò sơ cấp	genshiro kakunou youki（原子炉格納容器）	Primary Containment Vessel [PCV]
Bù hóa chất	kemikaru shimu [pii daburyu aaru]（ケミカル・シム［PWR］）	Chemical Shim [PWR]
Buckling hình học	kikagakuteki bakkuringu（幾何学的バックリング）	Geometrical Buckling
Bulông có neo chịu hóa chất	kemikaru ankaa boruto（ケミカルアンカーボルト）	Chemical Anchor Bolt
Buồng điều khiển động cơ	moota kontorooru senta（モータコントロールセンタ）	Motor Control Center [MCC]
Buồng khử/triệt áp	sapuresshon chanba（サプレッションチャンバ）	Suppression Chamber [S/C]
Buồng lạnh	koorudo kaunto shitsu（コールドカウント室）	Cold Count Room
Buồng phân hạch	kaku bunretsu denri bako（核分裂電離箱）	Fission Chamber
C		
Các bộ phận bên trong vùng hoạt	roshin kouzoubutsu（炉心構造物）	Core Internals
Các bộ phận trong lò	ronai kouzoubutsu（炉内構造物）	Reactor Internals [RIN]
Các hiệu ứng sinh học do bức xạ ion hóa	denri houshasen ni yoru seibutsu gaku teki eikyou（電離放射線による生物学的影響）	Biological Effects Ionizing Radiation [BEIR]
Các luật liên quan đến ngăn ngừa các rủi ro bức xạ	houshasen shougai boushi hou（放射線障害防止法）	Laws Concerning the Prevention from Radiation Hazards due to Radioisotopes and Others

Các thành phần bên trong phía dưới vùng hoạt	kabu roshin kouzoubutsu（下部炉心構造物）	Lower Core Internals [LCI]
Các thành phần bên trong phía trên vùng hoạt	joubu roshin kouzoubutsu（上部炉心構造物）	Upper Core Internals
Các thành phần phi nhiên liệu trong vùng hoạt	hi kakunenryou roshin kouseihin（非核燃料炉心構成品）	Non Fuel Bearing Components [NFBC]
Các thành phần sơ cấp	ichijikei kiki（一次系機器）	Primary Component
Các thông số kỹ thuật	hoan kitei（保安規定）	Technical Specification
Các thông số kỹ thuật tiêu chuẩn	hyoujun gijutsu shiyousho（標準技術仕様書）	Standard Technical Specifications [STS]
Cacbua boron	tanka houso（炭化ほう素）	Boron Carbide
Cân bằng khối lượng	shitsuryou heikou（質量平衡）	Mass Balance
Cân bằng vật liệu	busshitsu shu-ushi（物質収支）	Material Balance
Cần trục thao tác bằng tay	nenryou torikae kureen (manipyureeta kureen)（燃料取替クレーン（マニピュレータクレーン））	Manipulator Crane
Cánh thanh điều khiển (lò BWR)	seigyo bou (bureedo)（制御棒〈ブレード〉）	Control Rod Blade
Cáp CV	kakyou poriechiren zetsuen biniiru shiisu keeburu（架橋ポリエチレン絶縁ビニールシースケーブル）	CV Cable [CV=Crosslinked Polyethylene Insulated PVC Sheathed Cable]
Cấp độ hạt nhân	genshiro kyu-u, genshiro gureedo [hinshitsu kanri]（原子炉級、原子炉グレード［品質管理］）	Nuclear Grade [Quality Control]
Cầu trục	kakunou youki kureen (poora kureen)（格納容器クレーン〈ポーラ・クレーン〉）	Polar Crane [PC(P/C)]
Cấu trúc ngàm giữ đường ống	haikan muchiuchi boushi kouzou butsu（配管むち打ち防止構造物）	Pipe Whip Restraint Structure
Cấu trúc phối kết hợp	genshiro hukugou tateya（原子炉複合建屋）	Combination Structure [building][C/S]
Cấu trúc, hệ thống và thành phần	kouzoubutsu, keitou, konpoonento（構造物、系統、コンポーネント）	Structure, System and Component [SSC]

Chất thải có độ dẫn điện cao

Cấu trúc/cơ cấu phân chia công việc	sagyou bunkatsu kousei（作業分割構成）	Work Breakdown Structure [WBS]
Cây sự kiện	ibento tsurii（イベント・ツリー）	Event Tree [ET]
Chân lạnh (của lò phản ứng)	koorudo regu, koorudo regu ryouiki, teiongawa haikan（コールドレグ、コールドレグ領域、低温側配管）	Cold Leg
Chân nóng (của lò phản ứng)	hotto regu（ホットレグ）	Hot Leg
Chất dẻo cường lực sợi cacbon	tanso sen-i kyouka purasuchikku（炭素繊維強化プラスチック）	Carbon Fiber Reinforced Plastics [CFRP]
Chất độc (hấp thụ nơtron)	poizun (chu-useishi kyu-ushu-u busshitsu)（ポイズン〈中性子吸収物質〉）	Poison (neutron absorber)
Chất độc cháy được	baanaburu poizun（バーナブルポイズン）	Burnable Poison [BP]
Chất hấp thụ nơtron	chu-useishi kyu-ushu-uzai（中性子吸収材）	Neutron Absorber
Chất kết tủa không xác định	kuraddo (huyousei kendaku busshitsu)（クラッド〈不溶性懸濁物質〉）	Crud [Chalk River Unidentification Deposit] [CRUD]
Chất làm chậm	gensoku zai（減速材）	Moderator
Chất làm mát/tải nhiệt lò phản ứng	genshiro reikyakuzai（原子炉冷却材）	Reactor Coolant
Chất lượng (hơi) ra cực đại	saidai deguchi kuorithi（最大出口クオリティ）	Maximum Exit Quality
Chất lượng hơi trung bình lối ra vùng hoạt	roshin heikin deguchi kuorithi（炉心平均出口クオリティ）	Core Average Exit Quality [CAEQ]
Chất lượng vùng hoạt	roshin seinou（炉心性能）	Core Performance
Chất phản xạ	hansha zai（反射材）	Reflector
Chất rắn huyền phù	kendaku kokeibutsu（懸濁固形物）	Suspended Solid [SS]
Chất thải cô đặc	noushuku haieki（濃縮廃液）	Concentrated Waste
Chất thải có độ dẫn (điện, nhiệt) thấp	tei dendoudo haieki（低電導度廃液）	Low Conductivity Waste
Chất thải có độ dẫn điện cao	kou dendoudo haieki（高電導度廃液）	High Conductivity Waste

11

Chất thải phóng xạ hoạt độ cao	kou reberu houshasei haikibutsu（高レベル放射性廃棄物）	High Activity Waste, High Level Radioactive Waste [HLW]
Chất thải phóng xạ hoạt độ trung bình	chu-u reberu houshasei haikibutsu（中レベル放射性廃棄物）	Medium Level Radioactive Waste (Medium (Radio) Active Waste) [MLW(MAW)]
Chất thải hoạt độ trung bình	chu-ukan reberu haikibutsu（中間レベル廃棄物）	Intermediate Level Waste [ILW]
Chất thải phóng xạ	radouesuto (houshasei haikibutsu)（ラドウエスト〈放射性廃棄物〉）	Radwaste [R/W]
Chất thải phóng xạ hoạt độ cao được thủy tinh hóa	kou reberu garasu koka houshasei haikibutsu（高レベル・ガラス固化放射性廃棄物）	Vitrified High Level (Radioactive) Waste [VHLW]
Chất thải phóng xạ hoạt độ thấp	tei reberu houshasei haikibutsu（低レベル放射性廃棄物）	Low Level Radioactive Waste [LLW]
Cháy hết	shouson（焼損）	Burn Out [BO]
Chế độ ngưng tụ hơi nước	jouki gyoushuku moodo（蒸気凝縮モード）	Steam Condensing Mode
Chế độ tải nhiệt khi dập lò	teishiji reikyaku moodo（停止時冷却モード）	Shutdown Cooling Mode
Chế tạo nhiên liệu	nenryoun kakou（燃料加工）	Fuel Fabrication
Chi phí chế tạo	seizou genka（製造原価）	Manufacturing Cost
Chi phí chu trình nhiên liệu	nenryou saikuru kosuto（燃料サイクルコスト）	Fuel Cycle Cost [FCC]
Chi phí vòng đời hoạt động	raihu saikuru kosuto（ライフサイクルコスト）	Life Cycle Cost [LCC]
Chỉ số chất lượng bảo trì	hoshu pafoomansu shihyou（保守パフォーマンス指標）	Maintenance Performance Indicator
Chỉ số khử/tẩy xạ	josen shisu-u（除染指数）	Decontamination Index
Chiều cao hút dương thực sự của bơm	yu-ukou suikomi suitou（有効吸込水頭）	Net Positive Suction Head [NPSH]
Chiều dài hiệu dụng của thanh nhiên liệu	nenryou yu-ukou chou（燃料有効長）	Active Fuel Length [AFL]
Chiều dài khuếch tán	kakusan kyori（拡散距離）	Diffusion Length [L]
Chốt cắm trong cát (thăm dò lòng đất)	sando puragu（サンドプラグ）	Sand Plug
Chốt nối/đầu ống nối đường dẫn hơi chính	shujouki rain puragu（主蒸気ラインプラグ）	Main Steam Line Plug [MSLP]

Chốt nối/đầu ống nối hơi chính	shujouki nozuru puragu（主蒸気ノズルプラグ）	Main Steam Nozzle Plug
Chu kỳ bán rã	hangen ki（半減期）	Half Life
Chu kỳ của lò phản ứng	genshiro shu-uki（原子炉周期）	Period
Chu trình không tái gia nhiệt	hi sainen saikuru（非再燃サイクル）	Non Reheating Cycle [NRC]
Chu trình nhiên liệu hạt nhân	genshi nenryou saikuru（原子燃料サイクル），kaku nenryou saikuru（核燃料サイクル）	Nuclear Fuel Cycle
Chu trình tái cấp nhiệt	sainetsu saikuru（再熱サイクル）	Reheating Cycle
Chu trình thay đảo nhiên liệu	nenryou torikae saikuru（燃料取替えサイクル）	Refueling Cycle
Chuẩn bị ứng phó trong tình huống khẩn cấp.	kinkyu-uji taisaku（緊急時対策）	Emergency Preparedness [EP]
Chứng chỉ thiết kế	sekkei shoumei（設計証明）	Design Certification [DC]
Chương trình giám sát	kanshi keikaku（監視計画）	Surveillance Program
Chuyển cần số/bánh răng	taaningu souchi（ターニング装置）	Turning Gear
Chuyển dịch các chế độ sôi	huttou sen-i（沸騰遷移）	Boiling Transition [BT]
Chuyển hóa hạt nhân	kaku henkan（核変換）	Nuclear Transmutation
Chuyển tiếp tiên lượng không dập được lò	sukuramu hu sadou ji no kato henka（スクラム不作動時の過渡変化）	Anticipated Transient Without Scram [ATWS]
Chuyển tiếp/quá độ	kato jishou（過渡事象）	Transient
Cơ cấu dẫn động tinh thanh điều khiển	bichousei seigyobou kudou kikou [dendou]（微調整 制御棒駆動機構［電動］）	Fine Motion Control Rod Drive Mechanism [FMCRD]
Cơ cấu điều tốc	kahen shu-uhasu-u dengen souchi [seishigata]（可変周波数電源装置［静止型］）	Adjustable Speed Drive [ASD]
Cơ cấu tới hạn	rinkai jikken souchi（臨界実験装置）	Critical Assembly
Cơ cấu truyền động thanh điều khiển	seigyo bou kudou kikou（制御棒駆動機構）	Control Rod Drive Mechanism [CRDM]

13

Cô đặc quặng urani	uran seikou（ウラン精鉱）	Uranium Ore Concentrate
Cố định (đường ống)	resutoreinto (hen-i yokusei)（レストレイント〈変位抑制〉）	Restraint [R]
Cơ sở chu trình nhiên liệu	nenryou saikuru shisetsu（燃料サイクル施設）	Fuel Cycle Facility
Cơ sở điều hành trong tình huống khẩn cấp	kinkyu-uji taisaku shisetsu（緊急時対策施設）	Emergency Operation Facility [EOF]
Cơ sở lưu giữ bề mặt hoàn nguyên được	kaishu-u kanou chihyou chozou shisetsu（回収可能地表貯蔵施設）	Retrievable Surface Storage Facility
Cơ sở lưu giữ chất thải rắn	kotai haikibutsu chozouko（固体廃棄物貯蔵庫）	Drum Yard
Cơ sở lưu giữ nhiên liệu đã qua sử dụng	shiyouzumi nenryou ukeire chozou shisetsu（使用済燃料受入貯蔵施設）	Spent Fuel Storage Facility
Cơ sở tái chế	sai shori shisetsu（再処理施設）	Reprocessing Facility
Cơ sở thiết kế (Tiêu chuẩn thiết kế)	sekkei kijun（設計基準）	Design Basis [DB]
Cơ sở thử nghiệm kỹ thuật	kougaku shiken setsubi（工学試験設備）	Engineering Test Facility
(Có) khả năng bảo trì	hoshu hoshu-u sei（保守・補修性）	Maintainability
Cổng giá trị trung bình	chu-ukanchi sentaku（中間値選択）	Mean Value Gate [MVG]
Công nghệ được máy tính hỗ trợ	konpyuuta wo riyou shita enjiniaringu（コンピュータを利用したエンジニアリング）	Computer Aided Engineering [CAE]
Công nghệ hàn có giải nhiệt (nhằm giảm ứng suất dư do quá trình hàn tạo ra)	naimen mizu reikyaku yousetsu hou（内面水冷却溶接法）	Heat Sink Welding [HSW]
Công nghệ kiến trúc	aakitekuto enjiniaringu（アーキテクトエンジニアリング）	Architect Engineering [AE]
Công suất danh định	teikaku shutsuryoku（定格出力）	Rated Power
Công suất điện toàn phần	hatsuden tan denryoku（発電端電力）	Gross Power Output [Gross Mega-watt Electrical] [GMWE]
Công suất không ở trạng thái nóng	hotto zero pawaa（ホットゼロパワ）	Hot Zero Power [HZP]
Công suất riêng	hishutsuryoku（比出力）	Specific Power

Công suất tới hạn	genkai shutsuryoku [nenryou]（限界出力［燃料］）	Critical Power [Fuel]
Công suất/tải	shutsuryoku / huka（出力／負荷）	Power/Load [P/L]
Công tắc áp suất	atsuryoku suicchi（圧力スイッチ）	Pressure Switch [PS]
Công ước Pari	pari jouyaku（パリ条約）	The Paris Convention
Công ước Viên	wiin jouyaku（ウィーン条約）	Vienna Convention
Cốt thép khung vòng	huupu tendon（フープ・テンドン）	Hoop Tendon
Cửa lấy nước vào	shusui（取水）	Intake
Cửa thay đồ (nhân viên) trước khi ra/vào phòng sạch	shoin you earokku（所員用エアロック）	Personnel Air Lock
Cửa vận chuyển thiết bị	kiki hacchi（機器ハッチ）	Equipment Hatch [E/H]
Cuối chu trình (thay đảo nhiên liệu)	roshin unten saikuru makki（炉心運転サイクル末期）	End of Cycle [EOC]
Cuộn dây đốt nóng	kanetsu koiru（加熱コイル）	Heating Coil
Cường độ nền trong cơ sở thiết kế	sekkei kijun jishin dou（設計基準地震動）	Design Basis Ground Magnitude
D		
Đa kênh	taju-u densou（多重伝送）	Multiplexing [MUX]
Đá nhân tạo	jinkou ganban（人工岩盤）	Man Made Rock [MMR]
Dải công suất	shutsuryoku ryouiki（出力領域）	Power Range
Dải trung gian	chu-ukan ryouiki（中間領域）	Intermediate Range
Dẫn động bằng mô tơ	moota kudou（モータ駆動）	Motor Drive [MD (M/D)]
Dẫn động tinh thanh điều khiển	dendou gata seigyobou kudou kikou（電動型制御棒駆動機構）	Fine Motion Control Rod Drive [FMCRD]
Dẫn hơi và nước cấp chính	shujouki oyobi shu kyu-usui（主蒸気及び主給水）	Main Steam and Feed Water [MSFW]
Dẫn nhiệt qua khe khí trong thanh nhiên liệu	gyappu netsu dentatsu（ギャップ熱伝達）	Gap Conductance
Dẫn thoát nhiệt dư	zanryu-unetsu jokyo（残留熱除去）	Residual Heat Removal [RHR]
Đánh giá an toàn	anzen hyouka（安全評価）	Safety Assessment
Đánh giá an toàn xác suất	kakuritsu ron teki anzen hyouka（確率論的安全評価）	Probabilistic Safety Assessment [PSA]

Tiếng Việt	Tiếng Nhật	Tiếng Anh
Đánh giá chu trình nhiên liệu hạt nhân quốc tế	kokusai kakunenryou saikuru hyouka（国際核燃料サイクル評価）	International Nuclear Fuel Cycle Evaluation [INFCE]
Đánh giá phơi nhiễm bức xạ	hibaku hyouka（被ばく評価）	Radiation Exposure Evaluation
Đánh giá tác động của máy bay đâm	kouku-uki shoutotsu hyouka（航空機衝突評価）	Aircraft Impact Assessment [AIA]
Đánh giá tác động môi trường	kankyou eikyou hyouka（環境影響評価）	Environmental Impact Assessment [EIA]
Đánh giá tính kháng chấn	taishinsei hyouka（耐震性評価）	Seismic Assessment
Đánh giá xác suất rủi ro	kakuritsu ronteki risuku hyouka（確率論的リスク評価）	Probabilistic Risk Assessment [PRA]
Danh sách các thành phần chính	masutaa paatsu risuto（マスターパーツリスト）	Master Parts List [MPL]
Dao động do dòng chảy	ryu-utai (reiki) shindou（流体〈励起〉振動）	Flow Induced Vibration [FIV]
Dao động xênon	kisenon shindou（キセノン振動）	Xenon Oscillation
Đáp ứng của sàn/nền (địa chấn)	yuka outou tokusei [taishin]（床応答特性［耐震］）	Floor Response [Seismic]
Dầu chèn (làm kín) máy phát điện	hatsudenki mippu-u yu（発電機密封油）	Generator Seal Oil
Đầu chu trình (thay đảo nhiên liệu)	roshin unten saikuru shoki（炉心運転サイクル初期）	Beginning of Cycle [BOC]
Đầu dò bên trong vùng hoạt	ronai chu-useishi kenshutsuki（炉内中性子検出器）	In Core Detector
Đầu dò di động trong vùng hoạt	idoushiki ronai keisou（移動式炉内計装）	Traversing In-Core Probe [TIP]
Đầu dò kiểu nhỏ loại dịch chuyển	kadou kogata chu-useishi kenshutsuki（可動小型中性子検出器）	Movable Miniature Detector
Đầu dò loại dịch chuyển đặt trong vùng hoạt	idoushiki ronai keisou（移動式炉内計装）	Movable In-core Detector [MID]
Đầu dò nhiệt trở	teikou ondo kei / sokuon teikou tai（抵抗温度計・測温抵抗体）	Resistance Temperature Detector [RTD]
Đầu dò phát hiện hư hại vỏ thanh nhiên liệu	hason nenryoubou kenshutsu souchi（破損燃料棒検出装置）	Burst Cartridge Detector, Burst Slug Detector [BSD]

Đầu mút miệng an toàn	nozuru seehu endo（ノズルセーフエンド）	Nozzle Safe End
Đầu neo	ankaa heddo（アンカーヘッド）	Anchor Head
Đầu nối chùm thanh điều khiển	seigyobou supaida（制御棒スパイダ）	Control Rod Spider
Đầu ống/vòi phun	supuree hedda（スプレーヘッダ）	Spray Header
Đầu/nắp trên	genshiro atsuryoku youki uwabuta（原子炉圧力容器上蓋）	Top Head
Dây cáp điền dầu	oo efu keeburu（OF ケーブル）	OF Cable (Oil Filled Cable)
Đáy của phần nhiên liệu (trong thanh nhiên liệu)	nenryou yu-ukou chou katan（燃料有効長下端）	Bottom of Active Fuel Length [BAF]
Đáy thùng lò	genshiro youki shitakagami（原子炉容器下鏡）	Reactor Vessel Bottom Head
Đế đỡ nhiên liệu	nenryou shiji kanagu（燃料支持金具）	Fuel Support
Đệm kín vành xuyến (giữa các lớp boongke lò)	anyurasu shiiru（アニュラスシール）	Annulus Seal
Đệm nền	beesu matto（ベースマット）	Base Mat [BM]
Đĩa an toàn (bị vỡ khi quá tải)	rapuchaa dhisuku（ラプチャーディスク）	Rupture Disc
Điểm chuyển tiếp sang tính dẻo	muensei sen-i（無延性遷移）	Nil Ductility Transition [NDT]
Điểm giữa chu trình (thay đảo nhiên liệu)	roshin unten saikuru chu-uki（炉心運転サイクル中期）	Middle of Cycle [MOC]
Điện áp siêu cao thế	chou kouatsu（超高圧）	Ultra High Voltage [UHV]
Điện thế ăn mòn	hushoku den-i（腐食電位）	Corrosion Potential
Điện tử	denshi（電子）	Electron [e]
Điều khiển ba phần tử	san youso seigyo（3 要素制御）	Three Elements Control
Điều khiển độ lệch cố định (công suất) dọc trục	akisharu ohusetto ittei seigyo [pii daburyu aaru] [nenryou]（アキシャルオフセット一定制御［PWR］［燃料］）	Constant Axial Offset Control [PWR] [Fuel] [CAOC]
Điều khiển độ phản ứng	han-noudo seigyo（反応度制御）	Reactivity Control
Điều khiển lưu lượng	ryu-uryou seigyo（流量制御）	Flow Control

17

Điều khiển một phần tử	tan youso seigyo（単要素制御）	One Element Control
Điều khiển tần số tự động	jidou shu-uhasu-u seigyo（自動周波数制御）	Automatic Frequency Control [AFC]
Điều khiển và đo lường	keisoku seigyo kei（計測制御系）	Control and Instrumentation [C&I]
Điều kiện bình thường	tsu-ujou joutai（通常状態）	Normal Condition
Điều kiện giới hạn	genkai jouken（限界条件）	Limiting Condition
Điều kiện giới hạn vận hành	unten seigen jouken（運転制限条件）	Limiting Condition for Operation [LCO]
Đỉnh của phần nhiên liệu (trong thanh nhiên liệu)	nenryou yu-ukou chou joutan（燃料有効長上端）	Top of Active Fuel [TAF]
Độ bền chống gãy	hakai jinsei（破壊靭性）	Fracture Toughness
Độ dài dịch chuyển (của nơtron)	idou kyori [kakubutsuri chu-useishi]（移動距離［核物理、中性子］）	Migration Length [nuclear physics, neutron] [M]
Độ dự trữ dập lò phản ứng	ro teishi yoyu-u（炉停止余裕）	Reactor Shutdown Margin
Độ giàu (nhiên liệu)	noushuku（濃縮）	Enrichment
Độ lệch công suất dọc trục (nhiên liệu)	jiku houkou shutsuryoku hensa [nenryou, roshin]（軸方向出力偏差［燃料、炉心］）	Axial Offset [fuel, core] [AO]
Độ lệch nhiệt độ trung bình lôgarit	taisu-u heikin ondo sa（対数平均温度差）	Logarismic-mean Overall Temperature Difference [LMTD]
Đo lường hạt nhân	kaku keisou（核計装）	Nuclear Instrumentation [NI]
Độ mỏi kim loại sau chu trình ngắn	tei saikuru hirou（低サイクル疲労）	Low Cycle Fatigue
Độ pH của nước	suiso ion noudo（水素イオン濃度）	Potential of Hydrogen [pH]
Độ phản ứng	han-noudo（反応度）	Reactivity
Độ phản ứng dư	yojou han-noudo（余剰反応度）	Excess Reactivity
Độ rộng phổ tại nửa cực đại	hanchi zenpuku（半値全幅）	Full Width Half Maximum [FWHM]
Độ sâu cháy	nenshoudo（燃焼度）	Burn-up [BU]
Đơ-tơ-ri (đồng vị của Hidro)	ju-u suiso（重水素）	Deuterium [D]

Đối lưu tự nhiên	shizen junkan（自然循環）	Natural Circulation
Đóng bình thường	tsu-ujou untenji hei（通常運転時閉）	Normal Close [NC]
Đóng có khóa	hei ichi sejou（閉位置施錠）	Locked Close [LC]
Động đất ngoài cơ sở thiết kế	sekkei soutei gai jishin（設計想定外地震）	Beyond Design Basis Earthquake
Động đất thiết kế	sekkei you jishindou（設計用地震動）	Design Earthquake
Động đất trong cơ sở thiết kế	sekkei kijun jishin (sekkei jishindou)（設計基準地震〈設計地震動〉）	Design Basis Earthquake [DBE]
Đồng hồ đo lưu lượng/ lưu lượng kế	ryuryou kei（流量計）	Flow Meter
Đồng vị	kakushu（核種）	Nuclide
Đồng vị hidro, đơ-tơ-ri và triti	suiso ju-usuiso torichiumu（水素重水素トリチウム）	Hydrogen Deuterium Tritium
Đồng vị phóng xạ	houshasei douitai（放射性同位体）	Radio-isotope [RI]
Dự phòng	taju-u sei, jouchou sei（多重性、冗長性）	Redundancy
Dự phòng nóng	kouon taiki（高温待機）	Hot Standby
Đưa thanh điều khiển đã chọn vào	sentaku seigyobou sounyu-u（選択制御棒挿入）	Selected Rod Insertion [SRI]
Đưa thanh điều khiển luân phiên vào lò	daitai seigyobou sounyu-u kinou（代替制御棒挿入機能）	Alternate Rod Insertion [ARI]
Đưa thêm thanh điều khiển đã chọn vào lò	sentaku seigyobou dendou sounyu-u（選択制御棒電動挿入）	Selected Control Rod Run In [SCRRI]
Đưa về trạng thái an toàn khi hỏng	kudou gen soushitsuji joutai hoji（駆動源喪失時状態保持）	Fail As Is
Dụng cụ tra dầu mỡ/ ống bơm dầu	shirinda chu-uyu ki（シリンダ注油器）	Cylinder Lubricator
Dung dịch axit nitric	shousan youeki（硝酸溶液）	Nitric Acid
Dừng do quá tốc độ	kasokudo torippu（過速度トリップ）	Over Speed Trip
Dừng hoạt động nhà máy	puranto teishi（プラント停止）	Plant Shutdown
Dừng lò	genshiro teishi（原子炉停止）	Shutdown
Dừng lò bằng tay	shudou teishi [genshiro]（手動停止［原子炉］）	Manual Shutdown [reactor]

19

Dừng lò khẩn cấp	kinkyu-u ro teishi（緊急炉停止）	Emergency Reactor Shutdown
Dừng lò ở trạng thái lạnh	reitai teishi（冷態停止）	Cold Shutdown
Dừng lò ở trạng thái nguội	reion teishi (joutai)（冷温停止〈状態〉）	Cold Shutdown [CSD]
Dừng lò ở trạng thái nóng	kouon teishi（高温停止）	Hot Shutdown [HSD]
Dừng lò tự động	jidou teishi [genshiro]（自動停止［原子炉］）	Automatic Shutdown [reactor]
Dừng vận hành	unten teishi（運転停止）	Outage
Dừng/ngắt (thiết bị)	teishi（停止）	Trip
Đường cong đánh giá hỏng hóc	hakai hyouka kyokusen（破壊評価曲線）	Failure Assessment Curve [FAC]
Đường cong độ phản ứng dập lò	sukuramu kyokusen（スクラム曲線）	Scram Reactivity Curve
Đường cong S-N (Đường cong mỏi của kim loại)	esu enu kyokusen (hirou kyokusen)（S-N 曲線〈疲労曲線〉）	Stress Number of Cycles to Failure [S-N]
Đường dẫn không tách pha	sou hi bunkatsu bosen（相非分割母線）	Non-segregated Phase Bus
Đường dẫn nước/thoát nước mưa	sutoomu doren kei（ストームドレン系）	Storm Drain [SD]
Đường ống tải nhiệt chính	shu reikyakuzai kan（主冷却材管）	Main Coolant Pipe [MCP]
Đường truyền thông thường	jouyou bosen（常用母線）	Normal Bus
Đứt gãy hoạt động	katsudan sou（活断層）	Active Fault
G		
Gadolini	gadorinia [kanen sei seigyo zai]（ガドリニア［可燃性制御材］）	Gadolinia
Gãy nứt do ăn mòn ứng suất bởi nước sơ cấp	pii daburyu aaru kankyouka ni okeru ouryoku hushoku ware（PWR 環境下における応力腐食割れ）	Primary Water Stress Corrosion Cracking [PWSCC]
Giá để dụng cụ	keisou rakku（計装ラック）	Instrument rack
Giá để nhiên liệu đã qua sử dụng	shiyouzumi nenryou rakku（使用済燃料ラック）	Spent Fuel Storage Rack

Giá đỡ nhiên liệu mới	shin nenryou chozou rakku（新燃料貯蔵ラック）	New Fuel Storage Rack [NFSR]
Giá đỡ nhiên liệu ngoại vi	shu-uhen nenryou shiji kanagu（周辺燃料支持金具）	Peripheral Fuel Support
Giá đỡ ống (bình sinh hơi) kiểu khay trứng	chuubu pureeto anagata [wesuchingu hausu sha esu jii]（チューブ・プレート穴型［WH社 SG］）	Broached Egg Crate [WH][BEC]
Giá đỡ trục	shiaa ragu（シアーラグ）	Shear Lug
Gia hạn giấy phép	unten kyoka koushin（運転許可更新）	License Renewal [LR]
Gia nhiệt hạt nhân	kaku kanetsu（核加熱）	Nuclear Heating
Gia tốc nền cực đại (địa chấn)	saidai jiban kasokudo（最大地盤加速度）	Peak Ground Acceleration [PGA]
Giá trị đầu vào-đầu ra của quá trình	purosesu nyu-u shutsuryoku（プロセス入出力）	Process Input Output [PI/O]
Giá trị thanh điều khiển	seigyo bou kachi（制御棒価値）	Control Rod Worth
Giá trị thiết kế	sekkei chi（設計値）	Design Value
Giám sát bụi bức xạ trong boongke lò	kakunou youki dasuto houshasen monita（格納容器ダスト放射線モニタ）	Containment Dust Radiation Monitor
Giám sát độ sâu cháy	nenshoudo keisoku souchi（燃焼度計測装置）	Burn Up Monitor [BUM]
Giám sát khí trong boongke lò	kakunou youki gasu monita（格納容器ガスモニタ）	Containment Gas Monitor
Giám sát làm mát vùng hoạt	roshin reikyaku monita（炉心冷却モニタ）	Core Cooling Monitor
Giản đồ (bố trí) thanh điều khiển	seigyobou pataan（制御棒パターン）	Control Rod Pattern
Giao diện tương tác giữa người và máy tính	man mashin intaafeisu（マン・マシン・インターフェイス）	Man Machine Interface [MMI]
Giấy phép kết hợp (xây dựng và vận hành)	kensetsu unten ikkatsu ninka（建設・運転一括認可）	Combined License [Construction and Operation] [COL]
Giấy phép làm công việc bức xạ	hoshasen sagyou kyoka (shou)（放射線作業許可〈証〉）	Radiation Work Permit [RWP]

21

Giấy phép vận hành

Giấy phép vận hành	unten ninka（運転認可）	Operating License [OL]
Giấy phép xây dựng	kensetsukyoka, kouji ninka（建設許可、工事認可）	Construction Permit [CP]
Giấy phép xây dựng	secchi kyoka（設置許可）	Establishment Permit [EP]
Giếng khô	dorai weru（ドライウェル）	Drywell [D/W]
Giếng ướt	wetto weru（ウェットウェル）	Wet Well [W/W]
Giỏ đỡ vùng hoạt	roshin sou（炉心槽）	Core Barrel
Giới hạn (liều) cho phép	kyoyou genkai chi（許容限界値）	Allowable Limit
Giới hạn hấp thụ hàng năm	nen sesshu gendo（年摂取限度）	Annual Limit of Intake
Giới hạn hư hỏng nhiên liệu chấp nhận được	nenryou kyoyou sekkei genkai（燃料許容設計限界）	Acceptable Fuel Damage Limits
Giới hạn liều (phóng xạ)	hibaku senryou gendo（被ばく線量限度）	Dose Limit
Giới hạn tối đa cho phép	saidai kyoyou genkai（最大許容限界）	Maximum Permissible Limit
Gói thiết bị làm bay hơi chất thải	haieki jouhatsu souchi（廃液蒸発装置）	Waste Evaporator Package
H		
Hầm chứa, bãi chứa tại địa điểm nhà máy	saito banka setsubi（サイトバンカ設備）	Site Bunker Facility
Hàm lượng bo tương đương	boron touryou（ボロン当量）	Equivalent Boron Content
Hầm lưu giữ nhiên liệu mới	shin nenryou chozou pitto（新燃料貯蔵ピット）	New Fuel Storage Pit [NFSP]
Hạn (báo cáo) về vận chuyển vật liệu hạt nhân	kaku busshitsu idou kiroku (houkoku)（核物質移動記録〈報告〉）	Nuclear Materials Transfer Date (Report) [NMTD(NMTR)]
Hàn đệm	nikumori yousetsu [shii aaru shii]（肉盛溶接 [CRC]）	Welding Buttering [CRC]
Hàn tại hiện trường	genchi yousetsu（現地溶接）	Field Weld [FW]
Hành lang để cố định các cáp giằng ngược chữ U (tendon) Boong-ke lò.	tendon gyarari（テンドンギャラリ）	Tendon Gallery

22

Hệ số nhân (nơtron) hiệu dụng

Hệ thống phun sương áp suất thấp (vào vùng hoạt)	teiatsu roshin supurei kei（低圧炉心スプレイ系）	Low Pressure Core Spray [LPCS] System
Hệ thống phun/tiêm nước an toàn áp suất thấp	tei heddo anzen chu-unyu-u kei（低ヘッド安全注入系）	Low Head Safety Injection [LHSI] System
Hệ số chất lượng	senshitsu keisu-u [houshasen]（線質係数［放射線］）	Quality Factor [radiation]
Hệ số cô đặc	noushuku keisu-u（濃縮係数）	Concentration Factor [CF]
Hệ số công suất	riyou ritsu（利用率）, setsubi riyou ritsu〈setsubi〉（設備利用率〈設備〉）	Capacity Factor [Facility] [CF]
Hệ số đỉnh	piikingu fakuta（ピーキングファクタ）	Peaking Factor [PKF]
Hệ số đỉnh (công suất nhiệt) toàn phần	zen piikingu keisu-u（全ピーキング係数）	Gross Peaking Factor
Hệ số đỉnh công suất	shutsuryoku piikingu keisu-u（出力ピーキング係数）	Power Peaking Coefficient [PPC]
Hệ số đỉnh công suất cục bộ	kyokusho shutsuryoku piikingu keisu-u（局所出力ピーキング係数）	Local Power Peaking Factor
Hệ số đỉnh cục bộ	kyokusho piikingu keisu-u（局所ピーキング係数）	Local Peaking Factor [LPF]
Hệ số đỉnh theo bán kính	roshin kei houkou shutsuryoku piikingu keisu-u（炉心径方向出力ピーキング係数）	Radial Peaking Factor [RPF]
Hệ số độ phản ứng	han-noudo keisu-u（反応度係数）	Reactivity Coefficient
Hệ số độ phản ứng theo công suất	shutsuryoku han-noudo keisu-u（出力反応度係数）	Power Reactivity Coefficient
Hệ số Đốp lơ	doppuraa keisu-u（ドップラー係数）	Doppler Coefficient
Hệ số khả dụng (Hệ số có thể sử dụng thiết bị)	setsubi kadouritsu (jikan)（設備稼働率〈時間〉）	Availability Factor
Hệ số khuếch tán	kakusan keisu-u（拡散係数）	Diffusion Factor
Hệ số nhân	zoubai ritsu（増倍率）	Multiplication Factor
Hệ số nhân (nơtron) hiệu dụng	jikkou chu-useishi zoubai ritsu（実効中性子増倍率）	Effective multiplication factor [Keff]

Hệ số nhân (nơtron) vô hạn	mugen baishitsu ni okeru chu-useishi zoubai ritsu（無限媒質における中性子増倍率）	Infinite Multiplication Factor [K ∞]
Hệ số nhân dư	chouka zoubai ritsu（超過増倍率）	Excess Multiplication Factor [Kex]
Hệ số nhiệt độ của chất làm chậm	gensokuzai ondo han-noudo keisu-u（減速材温度反応度係数）	Moderator Temperature Coefficient
Hệ số pha hơi trung bình vùng hoạt	roshin heikin boido ritsu（炉心平均ボイド率）	Core Average Void Fraction [CAVF]
Hệ số phân bố	bunpu keisu-u（分布係数）	Distribution Factor
Hệ số phân chia	kieki bunpai keisu-u（気液分配係数）	Partition Factor
Hệ số sử dụng nơtron nhiệt	netsu chu-useishi riyou ritsu（熱中性子利用率）	Thermal Neutron Utilization Factor[f]
Hệ số tách khí/lỏng (tách hơi)	kieki bunpai keisu-u（気液分配係数）	Gas/Liquid Separation Coefficient
Hệ số tải động	douteki kaju-u keisu-u（動的荷重係数）	Dynamic Load Factor [DLF]
Hệ số tẩy/khử xạ	josen keisu-u（除染係数）	Decontamination Factor [DF]
Hệ số tích lũy (sai hỏng) trong quá trình sử dụng	ruiseki hirou keisu-u（累積疲労係数）	Cumulative Usage Factor [CUF]
Hệ thống bảo vệ	hogo kei（保護系）	Protection System
Hệ thống bảo vệ an toàn	anzen hogo kei（安全保護系）	Safety Protection System [SPS]
Hệ thống bảo vệ catôt (âm cực)	denki boushoku souchi（電気防食装置）	Cathode Protection System
Hệ thống bảo vệ lò phản ứng	genshiro hogo kei（原子炉保護系）	Reactor Protection System [RPS]
Hệ thống bình tích nước cao áp	chikuatsu chu-unyu-u kei（畜圧注入系）	Accumulator system
Hệ thống BOP	genshiro keitou igai no soushou, ichijikei hutai setsubi（原子炉系統以外の総称、一次系附帯設備）	Balance of Plant [BOP]
Hệ thống cấp nước ngưng	hukusui kyu-usui kei（復水給水系）	Condensate Feed Water System
Hệ thống cấp nước biển	kaisui kei（海水系）	Sea Water System [SWS]

Hệ thống cấp nước làm mát vùng hoạt bằng trọng lực	ju-uryoku rakkashiki kinkyu-u roshin reikyaku kei（重力落下式緊急炉心冷却系）	Gravity Driven Core Cooling System [GDCS]
Hệ thống cấp nước làm ngập vùng hoạt áp suất cao	kouatsu roshin chu-usui kei（高圧炉心注水系）	High Pressure Core Flooder System [HPCF]
Hệ thống chỉ thị (hay thông tin) về vị trí của thanh điều khiển	seigyobou ichi shiji souchi kei（制御棒位置指示装置系）	Rod Position Indication (or, Information) System [RPIS]
Hệ thống cô lập và làm mát vùng hoạt lò phản ứng	genshiro kakuriji reikyaku kei（原子炉隔離時冷却系）	Reactor Core Isolation Cooling System [RCIC]
Hệ thống cung cấp hơi hạt nhân	genshiro jouki kyoukyu-u kei（原子炉蒸気供給系）	Nuclear Steam Supply System [NSSS]
Hệ thống dẫn động thanh điều khiển	seigyo bou kudou（制御棒駆動）	Control Rod Drive [CRD]
Hệ thống di chuyển nhiên liệu	nenryou isou souchi（燃料移送装置）	Fuel Transfer System
Hệ thống điều hòa, thông gió và sưởi ấm	kanki ku-uchou kei（換気空調系）	Heating Ventilation and Air Conditioning [HVAC]
Hệ thống điều khiển áp suất của bình điều áp	ka-atsuki atsu seigyo souchi（加圧器圧制御装置）	Pressurizer Pressure Control System
Hệ thống điều khiển cơ cấu truyền động thanh điều khiển	seigyo bou kudou kikou seigyo souchi（制御棒駆動機構制御装置）	Control Rod Drive Mechanism Control System
Hệ thống điều khiển lò phản ứng	genshiro seigyo setsubi（原子炉制御設備）	Reactor Control System [RCS]
Hệ thống điều khiển lò phản ứng bằng tay	genshiro shudou sousa kei（原子炉手動操作系）	Reactor Manual Control System [RMCS]
Hệ thống điều khiển lưu lượng tái tuần hoàn trong lò phản ứng	genshiro saijunkan ryu-uryou seigyo kei（原子炉再循環流量制御系）	Reactor Recirculation Flow Control System [RFC]
Hệ thống điều khiển mức nước trong bình điều áp	ka-atsuki sui-i seigyo souchi（加圧器水位制御装置）	Pressurizer Water Level Control System
Hệ thống điều khiển nước cấp	kyu-usui seigyo kei（給水制御系）	Feed Water Control System [FWCS]

Hệ thống điều khiển nước cấp lò phản ứng	genshiro kyu-usui seigyo kei （原子炉給水制御系）	Feedwater Control [FDWC] System
Hệ thống điều khiển thủy lực truyền động thanh điều khiển	seigyo bou kudou suiatsu kei （制御棒駆動水圧系）	Control Rod Drive Hydraulic Control System
Hệ thống điều khiển van xả dòng hơi chính	shujouki nogashi ben seigyo kei (shujouki nigashi ben seigyo kei) （主蒸気逃し弁制御系）	Main Steam Relief Valve Control System
Hệ thống dừng lò từ xa	enkaku teishi sousa kei （遠隔停止操作系）	Remote Shutdown System [RSS]
Hệ thống dừng/dập lò khẩn cấp	genshiro kinkyu-u teishi kei （原子炉緊急停止系）	Emergency Shutdown System [ESS]
Hệ thống giảm áp tự động	jidou gen-atsu kei （自動減圧系）	Automatic Depressurization System [ADS]
Hệ thống giám sát bụi phóng xạ	dasuto houshasen monita （ダスト放射線モニタ）	Dust Radiation Monitor [DRM]
Hệ thống giám sát dải trung gian	chu-ukan ryouiki monita （中間領域モニタ）	Intermediate Range Monitor [IRM]
Hệ thống giám sát không khí trong boongke lò	kakunou youki nai hun-iki monita （格納容器内雰囲気モニタ）	Containment Atmospheric Monitoring System [CAMS]
Hệ thống giám sát nơtron	chu-useishi keisou kei （中性子計装系）	Neutron Monitoring System
Hệ thống giám sát phóng xạ trong kênh dẫn	housui kou houshasen monita （放水口放射線モニタ）	Canal Radiation Monitoring System
Hệ thống giám sát thông lượng nơtron trong vùng hoạt	ronai chu-useishi keisou （炉内中性子計装）	In Core Neutron Flux Monitoring System
Hệ thống giảm thiểu (hậu quả) tai nạn	ijou eikyou kanwa kei （異常影響緩和系）	Mitigation System [MS]
Hệ thống giàn phun vùng hoạt áp suất cao (lò ABWR)	kouatsu roshin chu-unyu-u kei （高圧炉心注入系）	High Pressure Core Spray System [HPCS]
Hệ thống hiển thị các thông số an toàn	anzen kei parameeta hyouji shisutemu （安全系パラメータ表示システム）	Safety Parameter Display System [SPDS]
Hệ thống hỗ trợ ứng phó khẩn cấp	kinkyu-uji taisaku shien shisutemu （緊急時対策支援システム）	Emergency Response Support System [ERSS]

Hệ thống hơi phụ trợ	hojo jouki kei（補助蒸気系）	Auxiliary Steam System [ASS]
Hệ thống hơi phụ trợ tuốc bin	taabin hojo jouki kei （タービン補助蒸気系）	Turbine Auxiliary Steam System [AS]
Hệ thống khóa liên động	intaarokku shisutemu （インターロック・システム）	Interlock System
Hệ thống không tái gia nhiệt	hi sainetsu houshiki（非再熱方式）	Non Reheat System
Hệ thống khử nước	yu-usui kei（湧水系）	Dewatering System
Hệ thống kiểm soát chất lỏng dự phòng	housansui chu-unyu-u kei （ほう酸水注入系）	Stand-by Liquid Control System [SLC]
Hệ thống kiểm soát khí dễ cháy	kanensei gasu noudo seigyo souchi （可燃性ガス濃度制御装置）	Flammability Gas Control System [FCS]
Hệ thống kiểm soát khí hidro	kakunou youki suiso seigyo setsubi（格納容器水素制御設備）	Hydrogen Control System
Hệ thống kiểm soát nồng độ boron	houso noudo seigyo kei （ほう素濃度制御系）	Boron Control System
Hệ thống kiểm soát rò rỉ	rouei seigyo kei（漏えい制御系）	Leakage Control System, Leak Control System
Hệ thống kiểm soát thể tích và hóa chất	kagaku taiseki seigyo kei [pii daburyu aaru] （化学体積制御系［PWR］）	Chemical and Volume Control System [PWR] [CVCS]
Hệ thống kiểm tra nhiên liệu đã chiếu xạ	shousha nenryou kensa souchi （照射燃料検査装置）	Irradiated Fuel Inspection System
Hệ thống kiểu kín cấp nước biển cho nhà lò	genshiro kiki reikyaku sui kaisui kei（原子炉機器冷却水海水系）	Reactor Building Closed Cooling Sea Water System [RCWS]
Hệ thống kỹ thuật đảm bảo an toàn	kougakuteki anzen shisetsu （工学的安全施設）	Engineered Safety Features
Hệ thống làm mát boongke lò	kakunou youki reikyaku kei （格納容器冷却系）	Containment Cooling System [CCS]
Hệ thống làm mát boongke lò thụ động	seiteki kakunou youki reikyaku kei （静的格納容器冷却系）	Passive Containment Cooling System [PCCS]
Hệ thống làm mát lò phản ứng	genshiro reikyaku kei （原子炉冷却系）	Reactor Coolant System [RCS]
Hệ thống làm mát phụ trợ	hojo reikyaku setsubi （補助冷却設備）	Auxiliary Cooling System [ACS]
Hệ thống làm mát phụ trợ vùng hoạt	roshin hojo reikyaku kei （炉心補助冷却系）	Core Auxiliary Cooling System [ACCS]

27

Hệ thống làm mát sơ cấp	ichiji kei reikyaku kei（一次系冷却系）	Primary Cooling System
Hệ thống làm mát thiết bị	hoki reikyaku kei（補機冷却系）	Component Cooling System
Hệ thống làm mát thứ cấp	niji reikyaku kei（二次冷却系）	Secondary Coolant System
Hệ thống làm mát vùng hoạt khẩn cấp	hijou you roshin reikyaku kei（非常用炉心冷却系）	Emergency Core Cooling System [ECCS]
Hệ thống làm mát vùng hoạt phụ trợ	hojo roshin reikyaku kei（補助炉心冷却系）	Auxiliary Core Cooling System
Hệ thống làm ngập (nước)	roshin kansui kei（炉心冠水系）	Flooding System
Hệ thống làm ngập áp suất thấp	teiatsu roshin chuusui huraddaa, teiatsu roshin chu-usui kei（低圧炉心注水フラッダ、低圧炉心注水系）	Low Pressure Flooder System [LPFL]
Hệ thống làm sạch bể triệt áp	sapuresshon puuru jouka kei（サプレッションプール浄化系）	Suppression Pool Clean Up System
Hệ thống làm sạch bình ngưng	hukusui jouka kei（復水浄化系）	Condensate Clean-up System
Hệ thống làm sạch khí vùng vành xuyến (giữa hai lớp boongke lò)	anyurasu ku-uki jouka setsubi（アニュラス空気浄化設備）	Annulus Air Cleanup System
Hệ thống làm sạch nước dùng để đảo nhiên liệu	nenryou torikae yousui jouka souchi（燃料取替用水浄化装置）	Refueling Water Cleanup System [RWCS]
Hệ thống làm sạch và làm mát bể nhiên liệu đã qua sử dụng	shiyouzumi nenryou pitto jouka reikyaku keitou（使用済燃料ピット浄化冷却系統）	Spent Fuel Pit Cooling & Cleanup System [SFPCS]
Hệ thống lấy mẫu sau tai nạn	jiko go sanpuringu kei（事故後サンプリング系）	Post Accident Sampling System [PASS]
Hệ thống lưu giữ nhiên liệu	nenryou chozou setsubi（燃料貯蔵設備）	Fuel Storage System
Hệ thống ngăn chặn sinh vật biển bám vào	kaiyou seibutsu huchaku boushi souchi（海洋生物付着防止装置）	Marine Growth Preventing System
Hệ thống ngưng tụ luồng hai bên	saido sutoriimu hukusui kei（サイドストリーム復水系）	Side-Stream Condensate System [SSCS]
Hệ thống nước biển làm mát trong tòa nhà tuốc bin	taabin hoki reikyaku (kai) sui kei（タービン補機冷却〈海〉水系）	Turbine Building Cooling Sea Water System [TCWS]

Hệ thống nước biển phụ trợ	hoki kaisui kei（補機海水系）	Auxiliary Sea Water [ASW]
Hệ thống nước cấp	kyu-usui kei（給水系）	Feed Water System [FDW/FW]
Hệ thống nước cấp và nước ngưng	kyu-u hukusui kei（給復水系）	Condensate and Feed Water System
Hệ thống nước làm lạnh [hệ thống điều hòa không khí]	ku-uchou yunitto you reikyaku kei [ku-uchou setsubi]（空調ユニット用冷却系［空調設備］）	Chilled Water System [air conditioning]
Hệ thống nước làm mát	reikyaku sui kei（冷却水系）	Cooling Water System [CWS]
Hệ thống nước làm mát khẩn cấp	hijou you hoki reikyaku kei（非常用補機冷却系）	Emergency Cooling Water System
Hệ thống nước làm mát thiết bị	hoki reikyaku sui kei（補機冷却水系）	Component Cooling Water System [CCWS]
Hệ thống nước làm mát trong tòa nhà tuốc bin	taabin hoki reikyaku kei（タービン補機冷却系）	Turbine Building Cooling Water　System [TCW]
Hệ thống nước nội bộ	shonai zatsuyou sui kei（所内雑用水系）	Domestic Water System [DW]
Hệ thống nước phục vụ làm mát khẩn cấp	hijou you hoki reikyaku (kai) sui kei（非常用補機冷却〈海〉水系）	Emergency Cooling Water Service Water System [ECWS]
Hệ thống nước thay đảo nhiên liệu	nenryou torikae yousui kei（燃料取替用水系）	Refueling Water System [RWS]
Hệ thống nước tuần hoàn làm mát thiết bị bên trong nhà lò	genshiro hoki reikyaku sui kei（原子炉補機冷却水系）	Reactor Building Closed Cooling Water System [RCW]
Hệ thống phát hiện rò rỉ	rouei kenshutsu kei（漏えい検出系）	Leak Detection System
Hệ thống phát thanh nội bộ	kan-nai housou souchi（館内放送装置）	Paging System
Hệ thống phin lọc nước ngưng tụ	hukusui roka souchi（復水ろ過装置）	Condensate Filter System [CF]
Hệ thống phòng ngừa, ngăn chặn (tai nạn)	ijou hassei boushi kei（異常発生防止系）	Prevention System [PS]
Hệ thống phun áp suất thấp	teiatsu chu-unyu-u kei, teiatsu anzen chu-unyu-u kei（低圧注入系、低圧安全注入系）	Low Pressure Injection System [LPIS], Low Head Safety Injection System [LHSI]

Hệ thống phun áp suất thấp

29

Hệ thống phun chất làm mát áp suất cao	kouatsu chu-usui kei (高圧注水系)	High Pressure Coolant Injection System [HPCI]
Hệ thống phun nước an toàn bổ sung	ju-u ten kouatsu chu-unyu-u kei (充てん高圧注入系)	Charging Safety Injection System
Hệ thống phun ôxy	sanso chu-unyu-u kei (酸素注入系)	Oxygen Injection System [OI]
Hệ thống phun sương làm mát boongke lò	kakunou youki supurei reikyaku kei (格納容器スプレイ冷却系)	Containment Spray Cooling System
Hệ thống quan trắc phóng xạ môi trường	kankyou houshasen kanshi souchi (環境放射線監視装置)	Environmental Radiation Monitoring System
Hệ thống rút trích không khí	ku-uki chu-ushutsu kei (空気抽出系)	Air Off Take System [AO]
Hệ thống sơ cấp	ichiji kei (一次系)	Primary System
Hệ thống tải nhiệt thụ động	seiteki netsu jokyo kei (静的熱除去系)	Passive Heat Removal System
Hệ thống tái tuần hoàn áp suất thấp	teiatsu junkan kei (低圧循環系)	Low Pressure Recirculation System
Hệ thống tái tuần hoàn chất làm mát vòng sơ cấp	genshiro reikyaku zai saijunkan kei (原子炉冷却材再循環系)	Primary Loop Recirculation System [PLR]
Hệ thống thanh điều khiển và thông tin	seigyobou sousa kanshi kei (制御棒操作監視系)	Rod Control and Information System [RC&IS]
Hệ thống thông tin hạt nhân quốc tế (của IAEA)	kokusai genshiryoku jouhou shisutemu (国際原子力情報システム)	International Nuclear Information System [INIS]
Hệ thống thứ cấp	niji kei (二次系)	Secondary System
Hệ thống thu chất lỏng phóng xạ	houshasei doren isou kei (放射性ドレン移送系)	Radioactive Drain System [RD]
Hệ thống thu dầu thải	abura doren kei (油ドレン系)	Oil Drain System
Hệ thống trích hơi	chu-uki kei (抽気系)	Bleed Steam System
Hệ thống triệt áp trong boongke lò	kakunou youki atsuryoku yokusei kei (格納容器圧力抑制系)	Containment Pressure Suppression System
Hệ thống truyền hình dưới nước	suichu-u terebi souchi (水中テレビ装置)	Underwater Television System
Hệ thống tương tác giữa người và máy tính	man mashin shisutem (マン・マシン・システム)	Man Machine System

Hệ thống video tích hợp dạng môđun	hoshou sochi you kanshi kamera（保障措置用監視カメラ）	Modular Integrated Video System [MIVS]
Hệ thống xả tự động [ABS]	jidou gen-atsu kei（自動減圧系）	Automatic Blowdown System [ABS]
Hệ thống xử lý khí dự phòng (trong trường hợp bất thường)	hijouyou gasu shorikei（非常用ガス処理系）	Stand-by Gas Treatment System [SGTS]
Hệ thống xử lý khí thải	kitai haikibutsu shori kei（気体廃棄物処理系）, kitai haikibutsu shori setsubi（気体廃棄物処理設備）	Off Gas Treatment System [OG], Gaseous Waste Disposal System [GWDS]
Hệ thống xử lý không khí	ku-uchou souchi（空調装置）	Air Handling System (Unit)
(Hệ thống) cực tiểu hóa giá trị thanh (điều khiển)	roddo waasu minimaiza, seigyobou kachi minimaiza（ロッドワースミニマイザ、制御棒価値ミニマイザ）	Rod Worth Minimizer [RWM]
Hệ thống Phun/tiêm chất làm mát áp suất thấp (vào vùng hoạt)	teiatsu chu-unyu-u kei（低圧注入系）	Low Pressure Coolant (Core) Injection System [LPCI]
Hệ thống phun (tiếp) nước cao áp	kouatsu chu-unyu-u kei, kouatsu anzen chu-unyu-u kei（高圧注入系、高圧安全注入系）	High Pressure Injection System [HPI], High Head Safety Injection System [HHSI]
Hệ thống xử lý khí phóng xạ từ bồn chứa	tanku bento shori kei（タンクベント処理系）	Tank Vent Treatment System [radioactive gas]
Hidrazin	hidorajin（ヒドラジン）	Hydrazine
Hiện tượng xâm thực	kyabiteeshon（キャビテーション）	Cavitation
Hiệp ước bảo vệ thực thể vật liệu hạt nhân	kaku busshitsu bougo jouyaku（核物質防護条約）	Convention on the Physical Protection of Nuclear Material
Hiệp ước bồi thường bổ sung cho các hư hại hạt nhân	genshiryoku songai no hokan teki hoshou ni kansuru jouyaku（原子力損害の補完的保障に関する条約）	Convention on Supplementary Compensation for Nuclear Damage [CSC]
Hiệp ước cấm thử vũ khí hạt nhân toàn diện	houkatsuteki kaku jikken kinshi jouyaku（包括的核実験禁止条約）	Comprehensive Test Ban Treaty [CTBT]

31

Hiệp ước không phổ biến vũ khí hạt nhân	kaku kakusan boushi jouyaku, kaku hukakusan jouyaku（核拡散防止条約、核不拡散条約）	Non-Proliferation Treaty of Nuclear Weapons [NPT]
Hiệp ước Luân Đôn về việc đổ rác thải	rondon jouyaku（ロンドン条約）	London Dumping Convention [LDC]
Hiệp ước ngăn ngừa ô nhiễm biển do chôn thải và các vấn đề khác (hiệp ước Luân Đôn về việc đổ rác thải)	haiki butsu touki ni kakawaru kaiyou osen boushi jouyaku [rondon jouyaku]（廃棄物投棄に関わる海洋汚染防止条約［ロンドン条約］）	Convention on the Prevention of Marine Pollution by Dumping of Wastes and Other Matter [London Dumping Convention]
Hiệu suất phân hạch	kaku bunretsu shu-uritsu（核分裂収率）	Fission Yield
Hiệu suất sinh học tương đối	seibutsu gaku teki kouka hiritsu（生物学的効果比率）	Relative Biological Effectiveness
Hiệu ứng Đốp lơ (Độ phản ứng nhiệt độ nhiên liệu)	doppura kouka (nenryoubou ondo han-noudo)（ドップラ効果〈燃料棒温度反応度〉）	Doppler Effect（fuel temperature reactivity）
Hiệu ứng Đốp lơ (Hấp thụ cộng hưởng)	doppura kouka (kyoumei kyu-ushu-u)（ドップラ効果〈共鳴吸収〉）	Doppler Effect (Resonance absorption)
Hiệu ứng rỗng (ở lò nước sôi)	boido (joukihou) kouka（ボイド（蒸気泡）効果）	Void Effect
Hiệu ứng nhà kính	guriin hausu kouka（グリーンハウス効果）	Greenhouse Effect
Hở nước vùng hoạt	roshin roshutsu（炉心露出）	Core Uncover
Hồ sơ tài liệu thiết kế	sekkei kanri bunsho（設計管理文書）	Design Control Document [DCD]
Hóa nước	mizu kagaku（水化学）	Water Chemistry
Hoạt độ phóng xạ tương đương phông môi trường	shizen houshanou touryou kyoudo（自然放射能当量強度）	Background Equivalent Activity [BEA]
Hơi chính	shu jouki（主蒸気）	Main Steam [MS]
Hơi đệm	gurando jouki（グランド蒸気）	Gland Steam [GS]
Hơi đệm tuốc bin	taabin gurando jouki（タービングランド蒸気）	Turbine Gland Steam
Hơi được trích ra	chu-uki（抽気）	Extraction Steam [ES]
Hơi phụ trợ	hojo jouki（補助蒸気）	Auxiliary Steam [AS]

Tiếng Việt	Romaji (Kanji)	English
Hội ý kỹ thuật	tsuuru bokkusu miithingu (sagyou mae genba shou kaigi)（ツールボックスミーティング〈作業前現場小会議〉）	Tool Box Meeting [TBM]
Hỏng hóc nhiên liệu	nenryou hason（燃料破損）	Fuel Failure
Hỏng hóc trung bình theo thời gian	heikin koshou jikan（平均故障時間）	Mean (or Median) Time Failure [MTF]
Hộp kênh nhiên liệu	nenryou chan-neru bokkusu（燃料チャンネルボックス）	Fuel Channel Box [CB]
Hợp kim inconel	inkoneru goukin（インコネル合金）	Inconel Alloy
Hợp kim zirconi	jirukaroi (jirukoniumu goukin)（ジルカロイ（ジルコニウム合金））	Zircaloy (Zirconium Alloy)
Hư hại do bức xạ	houshasen sonshou（放射線損傷）	Radiation Damage
Hướng dẫn an toàn	anzen shishin（安全指針）	Safety Guide [SG]
Hướng dẫn bảo vệ bức xạ	houshasen bougo kijun（放射線防護基準）	Radiation Protection Guide [RPG]
Hướng dẫn pháp quy [NRC, Hoa Kỳ]	kisei shishin [beikoku, NRC]（規制指針［米国・NRC］）	Regulatory Guide [NRC, USA] [RG]
Hướng dẫn thủ tục thao tác khẩn cấp	kinkyu-uji sousa gaidorain（緊急時操作ガイドライン）	Emergency Procedure Guideline [EPG]
Hướng dẫn ứng phó khẩn cấp	kinkyu-uji taiou gaidorain（緊急時対応ガイドライン）	Emergency Response Guideline [ERG]
Hướng dẫn vận hành	sousa tejunsho（操作手順書）	Operation Guide [OG]
I		
Iốt phóng xạ	houshasei youso（放射性よう素）	Radioactive Iodine
K		
Kế hoạch khẩn cấp	kinkyu-uji keikaku（緊急時計画）	Emergency Plan
Kế hoạch thẩm định tiêu chuẩn	hyoujun shinsa keikaku（標準審査計画）	Standard Review Plan [SRP]
Kênh dùng để thay đảo nhiên liệu	nenryou isou kyanaru（燃料移送キャナル）	Refueling Canal
Kênh lấy nước làm mát	shusui ro（取水路）	Cooling Water Intake Canal
Kênh xả nước làm mát	reikyakusui housui ro（冷却水放水路）	Cooling Water Discharge Canal
Kéo dài tuổi thọ nhà máy	puranto jumyou enchou（プラント寿命延長）	Plant Life Extension

Kết cấu bê tông (bên trong boongke lò)	naibu konkuriito（内部コンクリート）	Inner Concrete [of CV] [IC], Internal Concrete [of CV] [IC]
Khả năng kết tủa tối đa	saidai kanou kousui ryou（最大可能降水量）	Probable Maximum Precipitation
Khả năng tự điều chỉnh	jiko seigyosei（自己制御性）	Self Controllability
Khí dùng trong đo lường	keisou you ku-uki（計装用空気）, seigyo you ku-uki（制御用空気）	Instrument Air [IA]
Khí phân hạch	kaku bunretsu seisei gasu（核分裂生成ガス）	Fission Gas
Khí thải hòa tan	youkai ohu gasu（溶解オフガス）	Dissolution Off Gas [DOG]
Khí trơ	ki gasu（希ガス）	Noble Gas
Khí trơ phóng xạ	houshasei ki gasu（放射性希ガス）	Radioactive Noble Gas
Kho lưu giữ chất thải rắn	haikibutsu ko（廃棄物庫）	Solid Waste Storage
Kho lưu giữ nhiên liệu đã qua sử dụng cách xa lò phản ứng	genshiro shikichi gai chozou [shiyouzumi nenryou]（原子炉敷地外貯蔵［使用済燃料］）	Spent Fuel Storage Away From Reactor [Spent fuel]
Khóa đào tạo dự báo nguy hiểm	kiken yochi toreeningu（危険予知トレーニング）	Kiken Yochi Training [KYT]
Khóa khí	ea rokku（エアロック）	Air Lock [AL]
Khoang chứa nước bình ngưng	hukusuiki suishitsu（復水器水室）	Condenser Water Box
Khoang đáy thùng lò	roshin kabu purenamu（炉心下部プレナム）	Core Lower Plenum
Khoang ngầm	keeson（ケーソン）	Caisson
Khoảng thời gian trung bình giữa các lần ngừng hệ thống	heikin shisutemu daun kankaku（平均システムダウン間隔）	Mean Time between System Down [MTBSD]
Khởi động lò từ trạng thái lạnh	reitai kidou（冷態起動）	Cold Startup
Khởi động nhà máy	puranto kidou（プラント起動）	Plant Start Up
Không khí lưu thông trong nhà máy	shonai you ku-uki（所内用空気）	Station Air [SA]

"Không ở sân sau nhà tôi"	jibun no uraniwa niha okotowari [sono shisetsu ha hitsuyou daga] （自分の裏庭にはお断り［その施設は必要だが］）	Not In My Back Yard [NIMBY]
Không phổ biến vũ khí hạt nhân	kaku hukakusan （核不拡散）	Nuclear Non-Proliferation
Khớp nối thủy lực	ryu-utai tsugite （流体継手）	Hydro Coupler
Khử trùng bằng clo	enso chu-unyu-u （塩素注入）	Chlorination
Khu vực chịu ảnh hưởng nhiệt	netsu eikyou bu （熱影響部）	Heat Affected Zone [HAZ]
Khu vực không kiểm soát bức xạ	hi kanri kuiki （非管理区域）	Radiation Uncontrolled Area
Khu vực kiểm soát bức xạ	houshasen kanri kuiki （放射線管理区域）	Radiation Control Area
Khử/tẩy xạ	josen （除染）	Decontamination
Khuếch tán khí	gasu kakusan （ガス拡散）	Gaseous Diffusion
Kiểm kê không phá hủy	shiyouzumi nenryou hoshou sochi （使用済燃料保障措置）	Nondestructive Account [NDA]
Kiểm soát chất lượng tổng quát	sougou teki hinshitsu kanri （総合的品質管理）	Total Quality Control [TQC]
Kiểm soát cháy tự động	jidou nenshou seigyo （自動燃焼制御）	Automatic Combustion Control
Kiểm soát không khí	hukassei gasu kei（不活性ガス系）	Atmospheric Control
Kiểm soát mức (nước)	sui-i seigyo （水位制御）	Level Control
Kiểm soát vật liệu cơ bản	kihonteki busshitsu kanri （基本的物質管理）	Fundamental material control
Kiểm soát vật liệu hạt nhân	kaku busshitsu kanri （核物質管理）	Nuclear Material Control [NMC]
Kiểm tra (mẫu) giám sát/đối chứng	saabeiransu (sadou kakunin) shiken （サーベイランス〈作動確認〉試験）	Surveillance Test
Kiểm tra chụp ảnh phóng xạ	houshasen touka shiken （放射線透過試験）	Radiographic Test [RT]
Kiểm tra điện cao thế	taiden-atsu shiken （耐電圧試験）	High Potential Test [Voltage]
Kiểm tra dòng xoáy (xác định khuyết tật trong vật liệu dẫn (điện, nhiệt))	uzudenryu-u tanshou kensa （渦電流探傷検査）	Eddy Current Test [ECT]
Kiểm tra hàn	yousetsu kensa （溶接検査）	Welding Inspection

Kiểm tra không phá hủy	hihakai kensa（非破壊検査）, hihakai shiken（非破壊試験）	Non-Destructive Inspection [NDI], Non-Destructive Test [NDT], Non-Destructive Examination [NDE]
Kiểm tra phá hủy	hakai kensa（破壊検査）	Destructive Test
Kiểm tra phẩm chất	nintei shiken（認定試験）	Qualification Test
Kiểm tra quá trình khởi động lò	kidou shiken（起動試験）	Start-up Test
Kiểm tra rò rỉ	rouei shiken（漏えい試験）	Leak Test
Kiểm tra rò rỉ từng bó nhiên liệu	shippingu kensa (nenryou kensa)（シッピング検査〈燃料検査〉）	Sipping Test [fuel leak]
Kiểm tra sau khi chiếu xạ	shousha go shiken（照射後試験）	Post Irradiation Examination [PIE]
Kiểm tra siêu âm	chouonpa shiken（超音波試験）	Ultrasonic Test [UT]
Kiểm tra thẩm thấu (Phương pháp PT)	ekitai shintou tanshou kensa（液体浸透探傷検査）	Penetrant Testing [PT]
Kiểm tra thủy lực	suiatsu shiken（水圧試験）	Hydraulic Test [HT]
Kiểm tra thủy lực tĩnh	suiatsu shiken（水圧試験）	Hydrostatic Test [HT]
Kiểm tra tốc độ rò rỉ	rouei ritsu shiken（漏えい率試験）	Leak Rate Test [LRT]
Kiểm tra trực quan	mokushi kensa, gaikan kensa（目視検査、外観検査）	Visual Test [VT]
Kiểm tra vết bẩn	sumiya tesuto（スミヤテスト）	Smear Test
Kiểu hư hỏng và phân tích các hiệu ứng	koshou moodo eikyou kaiseki（故障モード影響解析）	Failure Mode and Effects Analysis [FMEA]
Kiểu ly tâm	enshin shiki（遠心式）	Centrifugal

L

Lá chắn nhiệt	netsu shahei（熱遮蔽）	Thermal Shield
Lá chắn phía ngoài	gaibu shahei（外部遮蔽）	Outer Shield [OS]
Lá chắn sơ cấp	ichiji shahei（一次遮蔽）	Primary Shield
Lá chắn thứ cấp	niji shahei（二次遮蔽）	Secondary Shield
Làm kín khoang chứa lò phản ứng	genshiro kyabithi shiiru（原子炉キャビティシール）	Reactor Cavity Seal
Làm mát giếng khô	kakunou youki nai reikyaku（格納容器内冷却）	Drywell Cooling [DWC]

Làm mát vùng hoạt khi đã bị nóng chảy	sonshou roshin reikyaku（損傷炉心冷却）	Degraded Core Cooling
Làm sạch (bằng xối nước)	hurasshingu（フラッシング）	Flushing
Làm tinh khiết nước bù	datsuensui hokyu-u sui, junsui hokyu-u sui（脱塩水補給水、純水補給水）	Make Up Water Pure Water
Lấy mẫu	sanpuringu, shiryou saishu（サンプリング、試料採取）	Sampling [SAM]
Lấy vào	shusui（取水）	Intake
Liều cho phép	meyasu senryou（目やす線量）	Allowable Dose
Liều cực đại cho phép	saidai kyoyou senryou（最大許容線量）	Maximum Permissible Dose
Liều gây chết người trung bình	heikin chishi senryou（平均致死線量）	Mean Lethal Dose
Liều kế dùng phim	firumu bajji（フィルムバッジ）	Film Badge
Liều kế nhiệt-phát quang	netsu keikou senryou kei（熱蛍光線量計）	Thermo-Luminescence Dosimeter [TLD]
Liều kế bỏ túi	poketto senryou kei（ポケット線量計）	Pocket Dosimeter
Liều kế thủy tinh	garasu senryou kei（ガラス線量計）	Glass Dosimeter
Liều lượng gây chết người	chishi senryou（致死線量）	Lethal Dose
Liều tập thể	shu-udan senryou（集団線量）	Collective Dose
Liều trung bình gây chết người	gojuppaasento chishi senryou（50%致死線量）	Medium Lethal Dose
Liều tương đương	jikkou senryou touryou（実効線量当量）, senryou touryou（線量当量）	Fffective Dose Equivalent, Dose Equivalent [DE]
Liều tương đương cực đại	saidai senryou touryou（最大線量当量）	Maximum Dose Equivalent
Liều tương đương cực đại cho phép	saidai kyoyou senryou touryou（最大許容線量当量）	Maximum Permissible Dose Equivalent
Lò áp lực cải tiến	kairyou gata ka-atsu sui gata genshiro（改良型加圧水型原子炉）	Advanced Pressurized Water Reactor [APWR]
Lò áp lực nước nặng	ka-atsu ju-usui gata genshiro（加圧重水型原子炉）	Pressurized Heavy Water Reactor [PHWR]

Lò áp lực nước nặng kiểu Canada	kanada gata ju-usui ro （カナダ型重水炉）	Canada Deuterium Uranium Reactor [CANDU]
Lò áp lực (nước nhẹ)	ka-atsu sui gata genshiro （加圧水型原子炉）	Pressurized Water Reactor [PWR]
Lỗ châm kim	pinhooru （ピンホール）	Pinhole
Lò chùm thông lượng cao	kou chu-useishi biimu ro （高中性子ビーム炉）	High Flux Beam Reactor [HFBR]
Lò có hệ số chuyển đổi cao	kou tenkan ro （高転換炉）	High Conversion Reactor [HCR]
Lỗ điều chỉnh lưu lượng qua nhiên liệu vùng ngoại vi	shu-uhen nenryou orifisu （周辺燃料オリフィス）	Peripheral Fuel Orifice
Lò đốt rác	shoukyaku souchi （焼却装置）, shoukyakuro （焼却炉）	Incinerator
Lỗ đưa thiết bị đo qua đáy thùng lò	ronai keisoutou （炉内計装筒）	Bottom Mounted Instrumentation Nozzle [BMI]
Lò dùng khí làm chất tải nhiệt	gasu reikyaku ro （ガス冷却炉）	Gas Cooled Reactor [GCR]
Lò dùng muối nóng chảy làm chất tải nhiệt	youyu-u en ro （溶融塩炉）	Molten Salt Reactor [MSR]
Lò dùng natri làm chất tải nhiệt và graphit làm chậm	natoriumu kokuen ro （ナトリウム黒鉛炉）	Sodium Graphite Reactor [SGR]
Lò graphit	kokuen ro （黒鉛炉）	Graphite Reactor
Lò kênh công suất lớn của Nga	kokuen gensoku huttou keisui reikyaku atsuryoku kangata dai shutsuryoku ro [rokoku]（黒鉛減速沸騰軽水冷却圧力管型大出力炉 (chernobyl type)）［露国］）	RBMK [Reaktory Bolshoi Moshchnosti Kanalynye [Chernobyl type]] [Russia] [RBMK]
Lò làm chậm bằng nước nặng làm mát bằng khí	ju-usui gensoku gasu reikyaku ro （重水減速ガス冷却炉）	Heavy Water (Moderated) Gas Cooled Reactor [HWGCR]
Lò làm mát bằng khí cải tiến	kairyou gata gasu reikyaku ro （改良型ガス冷却炉）	Advanced Gas Cooled Reactor [AGR]
Lò hơi phụ trợ	shonai boira （所内ボイラ）	Auxiliary Boiler [AxB]
Lò năm	ro nen （炉年）	Reactor Year [RY]

Lò nước nhẹ	keisui ro （軽水炉）	Light Water Reactor [LWR]
Lò nước nhẹ cải tiến	kairyou gata keisui ro （改良型軽水炉）	Advanced Light Water Reactor [ALWR]
Lò nước sôi (nước nhẹ)	huttou sui gata genshiro （沸騰水型原子炉）	Boiling Water Reactor [BWR]
Lò nước sôi cải tiến	kairyou gata huttousui gata genshiro （改良型沸騰水型原子炉）	Advanced Boiling Water Reactor [ABWR]
Lò nước sôi đơn giản hóa (nhỏ, an toàn)	tanjunka (kogata, anzen) huttou sui gata ro （単純化〈小型、安全〉沸騰水型原子炉）	Simplified (Small, Safe) Boiling Water Reactor [SBWR]
Lò (nơtron) nhiệt tiên tiến	shingata tenkan ro （新型転換炉）	Advanced Thermal Reactor [ATR]
Lò nhanh sử dùng Natri để làm chất tải nhiệt	natoriumu reikyaku kousoku ro （ナトリウム冷却高速炉）	Sodium-Cooled Fast Reactor [SFR]
Lò nhiệt độ cao sử dụng chất khí để làm mát	kouon gasu reikyaku gata genshi ro （高温ガス冷却型原子炉）	High Temperature Gas Coolant Reactor [HTGR]
Lò nước nặng	ju-usui ro （重水炉）	Heavy Water Reactor [HWR]
Lò nước nặng làm mát bằng hơi	jouki reikyaku ju-usui gensoku gata ro （蒸気冷却重水減速型炉）	Steam Cooled Heavy Water Reactor [SCHWR]
Lò nước nhẹ làm chậm bằng graphit	kokuen gensoku keisui reikyaku ro （黒鉛減速軽水冷却炉）	Light Water Cooled, Graphite Moderated Reactor [LWGR(RBMK)]
Lò phản ứng (Lò nguyên tử)	genshi ro （原子炉）	Reactor [Rx]
Lò sử dụng kim loại lỏng làm mát	ekitai kinzoku reikyaku ro （液体金属冷却炉）	Liquid Metal Reactor [LMR]
Lò tái sinh thực nghiệm	zoushoku jikken ro （増殖実験炉）	Experimental Breeder Reactor
Lò tái sinh nhanh	kousoku zoushoku ro （高速増殖炉）	Fast Breeder Reactor [FBR]
Lò tái sinh nhanh làm mát bằng khí	gasu reikyaku kousoku zoushoku ro （ガス冷却高速増殖炉）	Gas Cooled Fast Breeder Reactor [GCFBR]

39

Lò tái sinh nhanh sử dụng kim loại lỏng để làm mát	ekitai kinzoku reikyaku kousoku zoushoku ro（液体金属冷却高速増殖炉）	Liquid Metal Fast Breeder Reactor [LMFBR]
Lò tái sinh sử dụng muối nóng chảy	youyu-u en zoushoku ro（溶融塩増殖炉）	Molten Salt Breeder Reactor [MSBR]
Lỗ thăm dò (kiểm tra)	kensa kou, hando hooru（検査孔、ハンドホール）	Hand Hole
Lò tầng cuội	peburu beddo gata genshi ro（ペブルベッド型原子炉）	Pebble Bed Reactor [PBR]
Lỗ thoát khí trên đỉnh thùng lò	genshiro atsuryoku youki bento（原子炉圧力容器ベント）	Reactor Vent
Lò TRIGA (Đào tạo, nghiên cứu, sản xuất các đồng vị phóng xạ, nghiên cứu cơ bản về hạt nhân) [Hoa Kỳ]	toriga gata genshiro [beikoku]（トリガ型原子炉［米国］）	Training, Research, Isotope Production, General Atomic [USA] [TRIGA]
Loại bỏ tải	huka shadan（負荷遮断）	Load Rejection
Lối dẫn phía trên (nhiên liệu)	joubu nozuru [nenryou]（上部ノズル［燃料］）	Top Nozzle [Fuel]
Lỗi do con người	hyuuman eraa（ヒューマンエラー）	Human Error [HE]
Lõi hút ẩm (ở phần đầu thanh nhiên liệu)	getta [nenryou bou no gasu damari]（ゲッタ［燃料棒のガス溜］）	Getter [water getter in fuel rod]
Lối ra thùng lò	genshiro youki deguchi nozuru（原子炉容器出口ノズル）	Reactor Vessel Outlet Nozzle
Lối vào thùng lò	genshiro youki iriguchi nozuru（原子炉容器入口ノズル）	Reactor Vessel Inlet Nozzle
Lối xuyên cho đường điện	denki you kantsu-u bu（電気用貫通部）	Electric Penetration
Lựa chọn vị trí, địa điểm	saito sentei（サイト選定）	Site Selection
Luật cấm phổ biến vũ khí hạt nhân [Hoa Kỳ]	kaku hukakusan hou [beikoku]（核不拡散法［米国］）	Nuclear Nonproliferation Act [USA] [NNPA]
Luật cơ bản về năng lượng nguyên tử [Nhật Bản]	genshiryoku kihon hou [nippon]（原子力基本法［日本］）	The atomic energy basic act [Japan]
Luật năng lượng nguyên tử [Hoa Kỳ]	genshiryoku hou [beikoku]（原子力法［米国］）	Atomic Energy Act [USA][AEA]

Luật về bồi thường do các hư hại hạt nhân [Nhật Bản]	genshiryoku songai baishou hou [nippon]（原子力損害賠償法［日本］）	The Act on Compensation for Nuclear Damage [Japan]
Luật về các biện pháp đặc biệt liên quan đến ứng phó khẩn cấp sự cố hạt nhân [Nhật Bản]	genshiryoku saigai taisaku tokubetsu sochi hou [nippon]（原子力災害対策特別措置法［日本］）	The act on special measures concerning nuclear emergency preparedness [Japan]
Luật về pháp quy đối với nguyên, nhiên vật liệu hạt nhân và lò phản ứng [Nhật Bản]	kaku genryou busshitsu, kaku nenryou busshitsu oyobi genshiro no kisoku ni kansuru houritsu [nippon]（核原料物質、核燃料物質及び原子炉の規制に関する法律［日本］）	The act on the regulation of nuclear source material, nuclear fuel material and reactors [Japan]
Lưới đỡ	shiji koushi（支持格子）	Grid Support
Lưới trên	joubu koushi ban（上部格子板）	Upper Grid
Lưới, tấm giữ ống	kanban (chuubu shiito)（管板〈チューブシート〉）	Tube Sheet, Tube Plate
Lượng thu vào tối đa cho phép	saidai kyoyou sesshu ryou（最大許容摂取量）	Maximum Permissible Intake
Lưu giữ bên ngoài lò	rogai nenryou chozou（炉外燃料貯蔵）	External Vessel Storage
Lưu giữ được giám sát	kanshi tsuki kaishu-u kanou chozou（監視付回収可能貯蔵）	Monitored Retrievable Storage
Lưu giữ khô	kanshiki chozou（乾式貯蔵）	Dry Storage
Lưu giữ trong lò	ronai chozou（炉内貯蔵）	In Vessel Storage
Lưu giữ trung gian	chu-ukan chozou（中間貯蔵）	Intermediate Storage
Lưu lượng kế siêu âm	chouonpa ryu-uryou kei（超音波流量計）	Ultrasonic Flowmeter
M		
Màn hình xoay	rootari sukuriin（ロータリスクリーン）	Rotary Screen
Máng lấy mẫu	shiryou saishu rakku（試料採取ラック）	Sampling Rack
Mảnh vụn	deburi（デブリ）	Debris
Mất bộ cấp nhiệt nước cấp	kyu-usui kanetsu soushitsu（給水加熱喪失）	Loss of Feed Water Heater [LFWH]

41

Màn hình xoay

Mất cấu hình vùng hoạt	roshin taikei soushitsu（炉心体系喪失）	Loss of Core Configuration [LOCC]
Mất chức năng tải nhiệt dư	yonetsu jokyo soushitsu（余熱除去喪失）	Loss of Residual Heat Removal [LRHR]
Mất điện	dengen soushitsu（電源喪失）	Loss of Power
Mất điện toàn bộ nhà máy	zen kouryu-u dengen soushitsu（全交流電源喪失）	Station Blackout [SBO]
Mật độ công suất	shutsuryoku mitsudo（出力密度）	Power Density
Mật độ công suất trung bình vùng hoạt	roshin heikin shutsuryoku mitsudo（炉心平均出力密度）	Core Average Power Density [CAPD]
Mất hệ thống tải nhiệt dư	houkainetsu jokyo kei kinou soushitsu (jiko)（崩壊熱除去系機能喪失（事故））	Loss of Heat Removal System [LOHRS]
Mất hệ thống tải nhiệt dư khi dừng lò	zanryu-unetsu jokyo nouryoku soushitsu（残留熱除去能力喪失）	Loss of Shutdown Heat Removal System [LSHRS]
Mất nguồn điện xoay chiều	ei shii dengen soushitsu, gaibu dengen soushitsu（AC電源喪失、外部電源喪失）	Loss of AC Power [LOAC]
Mất nguồn tản nhiệt	jonetsugen soushitsu（除熱源喪失）	Loss of Heat Sink [LOHS]
Mất nước cấp (vào bình sinh hơi)	kyu-usui soushitsu（給水喪失）	Loss of Feed Water [LOFW]
Mất nước cấp chính	shu kyu-usui soushitsu（主給水喪失）	Loss of Main Feed Water [LMFW]
Mất tính toàn vẹn của đường ống	haikan hason（配管破損）	Loss of Piping Integrity
Mẫu chiếu xạ	shousha shikenhen（照射試験片）	Irradiation Sample
Máy biến áp khởi động	kidou hen-atsuki（起動変圧器）	Start-Up Transformer [STr]
Máy biến áp trong nhà	shonai hen-atsuki（所内変圧器）	House Transformer [H. Tr]
Máy biến thế chính	shu hen-atsuki（主変圧器）	Main Transformer [MTr]
Máy bơm dầu khẩn cấp cho ổ trục tuốc bin	shu taabin hijou abura ponpu（主タービン非常油ポンプ）	Turbine Emergency Bearing Oil Pump [EOP]
Máy cắt điện bằng khí nén	ku-uki shadanki（空気遮断器）	Air Blast Circuit Breaker [ABB]

Máy cắt không khí	kichu-u shadanki（気中遮断器）	Air Circuit Breaker [ACB]
Máy chuẩn bị nhiên liệu	chan-neru chakudatsu ki [bii daburyu aaru]（チャンネル着脱機［BWR］）	Fuel Preparation Machine [BWR] [FPM]
Máy đo liều kỹ thuật số có cảnh báo	araamu tsuki dejitaru senryou kei（アラーム付デジタル線量計）	Alarm Digital Dosimeter
Máy gia tốc thẳng (tuyến tính)	senkei kasokuki（線形加速器）	Linear Accelerator [LINAC]
Máy hút chân không kiểu hơi nước	joukishiki ku-uki chu-ushutsuki（蒸気式空気抽出器）	Steam Jet Ejector [SJAE]
Máy làm mát không khí	ku-uki reikyakuki（空気冷却器）	Air Cooler
Máy nén khí	ku-uki asshukuki（空気圧縮機）	Air Compressor
Máy nén thủy lực	gen-youki（減容機）	Baling Machine (Baler)
Máy pha trộn axit boric	housan kongouki（ほう酸混合器）	Boric Acid Blender
Máy phân tích đa hình ảnh trực tiếp	ion maikuro shitsuryou bunseki ki（イオンマイクロ質量分析器）	Direct Imagining Mass Analyzer
Máy phát	hatsudenki [Gen]（発電機［Gen］）	Generator [G]
Máy phát Diesel	dhiizeru hatsudenki（ディーゼル発電機）	Diesel Generator [D/G]
Máy phóng điện (ắc quy)	houden kakou（放電加工）	Electrical Discharge Machining [EDM]
Máy thao tác thanh điều khiển	seigyo bou koukan ki（制御棒交換機）	Control Rod Handling Machine
Máy tính xử lý tiến trình	purosesu keisanki / unten kanshi hojo souchi（プロセス計算機／運転監視補助装置）	Process Computer
Máy vi phân tích ion	ion bishou bunseki souchi（イオン微小分析装置）	Ion Micro Analyzer
Miệng hạn chế lưu lượng	ryu-uryou seigen orifisu（流量制限オリフィス）	Restriction Flow Orifice
Mở (đóng) khi mất tín hiệu	kudougen soushitsuji kai (hei)（駆動源喪失時開（閉））	Fail Open (Closed) [FO (FC)]
Mở bình thường	heijouji kai（平常時開）	Normal Open [NO]
Mở có khóa giữ	kai ichi sejou（開位置施錠）	Locked Open [LO]
Mô đun (cấu trúc theo từng khối tách rời)	mojuuru（モジュール）	Module

43

Mô tơ, bộ kết nối bằng chất lỏng và máy phát	ryu-utai tsugite tsuki emu jii (dendou hatsudenki) setto（流体継手付 MG〈電動発電機〉セット）	Motor, Fluid Coupler & Generator
Mối nối giãn nở	shinshuku tsugite（伸縮継手）	Expansion Joint
Môi trường tản nhiệt cuối cùng	saishu-u reikyaku gen（最終冷却源）	Ultimate Heat Sink [UHS]
Mức độ tối đa cho phép	saidai kyoyou reberu（最大許容レベル）	Maximum Permissible Level
(Mức độ) động đất dừng lò an toàn	anzen teishi jishin（安全停止地震）	Safe Shutdown Earthquake [SSE]
Mức nước bình thường	tsu-ujou sui-i（通常水位）	Normal Water Level [NWL]
Mức nước cao	kou sui-i reberu（高水位レベル）	High Water Level [HWL]
Mức nước trong lò phản ứng	genshiro sui-i（原子炉水位）	Reactor Water Level
Mức phóng xạ bề mặt	hyoumen housha senryou ritsu（表面放射線量率）	Surface Radiation Level
N		
Năm tài chính	yosan nendo（予算年度）	Fiscal Year [FY]
Nâng cao khả năng chịu ứng suất nhiệt	koushu-uha kanetsu shori（高周波加熱処理）	Induction Heating Stress Improvement [IHSI]
Nạp nhiên liệu	nenryou souka（燃料装荷）, roshin nenryou souka（炉心燃料装荷）	Fuel Loading [FL], Core Loading [CL]
Nắp trên thùng lò	genshiro youki uwabuta（原子炉容器上蓋）	Reactor Vessel Top Head
Nắp vách bao	shuraudo heddo（シュラウドヘッド）	Shroud Head
Ngắt/dừng bơm tái tuần hoàn	sai junkan ponpu torippu（再循環ポンプトリップ）	Recirculation Pump Trip [RPT]
Nghị định thư bổ sung của IAEA	ai ee ii ee tsuika gitei sho（IAEA 追加議定書）	the Additional Protocol [IAEA] [NPTAP]
Ngưng tụ tạo nước bù	hukusui hokyu-u sui（復水補給水）	Make Up Water Condensate
Nguồn điện ngoài nhà máy	gaibu dengen（外部電源）	Off Site Power Source

Nguồn điện trong nhà máy	shonai dengen（所内電源）	On Site Power
Nguồn nơtron	chu-useishi gen（中性子源）	Neutron Source
Nguyên tố siêu urani	chou uran genso（超ウラン元素）	Trans Uranium [TRU]
Nguyên tử Đơ-tơ-ri	ju-u youshi（重陽子）	Deuteron
Nguyên tử Triniti (đồng vị của Hidro)	sanju-u suiso（三重水素）	Tritium [T]
Nhà máy điện	hatsudensho（発電所）	Power Station
Nhà máy điện hạt nhân	genshiryoku hatsudensho（原子力発電所）	Nuclear Power Plant [NPP], Nuclear Power Station [NPS]
Nhà thao tác với nhiên liệu	nenryou toriatsukai tateya（燃料取扱建屋）	Fuel Handling Building [FHB]
Nhãn hiệu N (Tiêu chuẩn hạt nhân, ASME)	enu sutanpu [asume genshiryoku kikaku]（Nスタンプ［ASME原子力規格］）	N Stamp [nuclear standard, ASME]
Nhân viên an toàn bức xạ	houshasen anzen kanri sha（放射線安全管理者）	Radiation Safety Officer
Nhân viên vận hành phòng điều khiển	seigyoshitsu unten-in（制御室運転員）	Control Room Operator
Nhiên liệu	nenryou（燃料）	Fuel
Nhiên liệu bị lỗi	hason nenryou（破損燃料）	Defected Fuel
Nhiên liệu đã hư	hason nenryou（破損燃料）	Defected Fuel
Nhiên liệu đã qua sử dụng	shiyouzumi nenryou（使用済燃料）	Spent Fuel [SF]
Nhiên liệu ôxit hỗn hợp giữa urani và plutoni	uran purutoniumu kongou sankabutsu nenryou（ウラン・プルトニウム混合酸化物燃料）	Mixed Oxide Fuel [MOX]
Nhiên liệu urani	uran nenryou（ウラン燃料）	Uranium Fuel
Nhiên liệu urani làm giàu cao	kou noushuku uran（高濃縮ウラン）	High Enriched Uranium [HEU]
Nhiệt độ chuyển tiếp sang tính dẻo	muensei sen-i ondo（無延性遷移温度）	Nil Ductility Transition Temperature [NDTT]
Nhiệt độ chuyển tiếp trong thiết kế	sekkei sen-i ondo（設計遷移温度）	Design Transition Temperature
Nhiệt độ cực đại của vỏ bọc thanh nhiên liệu	nenryou hihukukan saikou ondo [ii shii shii esu kijun]（燃料被覆管最高温度［ECCS基準］）	Peak Cladding Temperature [ECCS] [PCT]

45

Nhiệt độ điểm chuyển tiếp xuất hiện nứt gãy	hamen sen-i ondo（破面遷移温度）	Fracture Appearance Transition Temperature [FATT]
Nhiệt độ làm việc bình thường	teikaku unten ondo（定格運転温度）	Normal Operating Temperature
Nhiệt độ làm việc thấp nhất	saitei shiyou ondo（最低使用温度）	Lowest Service Temperature
Nhiệt độ thiết kế	sekkei ondo（設計温度）	Design Temperature
Nhiệt hạch hạt nhân	kaku yu-ugou（核融合）	Nuclear Fusion
Nhiệt kế gamma	ganma sen ondo kei（ガンマ線温度計）	Gamma Thermometer [GT]
Nhiều sai hỏng đồng thời	taju-u shiikensu koshou（多重シーケンス故障）	Multi Sequence Failure [MSF]
Nhóm các thanh điều khiển	seigyoyou seigyobou banku（制御用制御棒バンク）	Control Bank
Nhóm thẩm định an toàn vận hành [IAEA]	genshiryoku hatsudensho unten kanri chousadan [IAEA]（原子力発電所運転管理調査団［IAEA］）	Operational Safety Review Team [IAEA] [OSART]
Nhu cầu oxi sinh học (duy trì sự sống)	sei kagakuteki sanso youkyu-u kijun（生化学的酸素要求基準）	Biological Oxygen Demand [BOD]
Nhựa ion âm	in-ion jushi（陰イオン樹脂）	Anion Resin [AR]
Nổ hydro	suiso bakuhatsu（水素爆発）	Hydrogen Explosion
Nội địa hóa	kokusan ka（国産化）	localization
Nồi hơi phụ	hojo boira（補助ボイラ）	Auxiliary Boiler
Nồng độ tối đa cho phép	saidai kyoyou noudo（最大許容濃度）	Maximum Permissible Concentration
Nơtron	chu-useishi（中性子）	Neutron [n]
Nơtron nhanh	kousoku chu-useishi（高速中性子）	Fast Neutron
Nơtron nhiệt	netsu chu-useishi（熱中性子）	Thermal Neutron
Nơtron trễ	chihatsu chu-useishi（遅発中性子）	Delayed Neutron
Nơtron tức thời	sokuhatsu chu-useishi（即発中性子）	Prompt Neutrons
Nước biển để dẫn thoát nhiệt dư	zanryu-unetsu jokyo kaisui（残留熱除去海水）	Residual Heat Removal Sea Water [RHRS]
Nước biển làm mát thiết bị phụ trợ tuốc bin	taabin hoki reikyaku kaisui（タービン補機冷却海水）	Turbine Sea Water [TSW]

Nứt gãy do ăn mòn ứng suất chuyển dịch hạt

Nước bù	hokyu-u sui（補給水）	Make Up Water [MUW(MU)]
Nước bù vòng sơ cấp	ichiji kei hokyu-u sui, ichiji kei junsui（一次系補給水、一次系純水）	Primary Make Up Water [PMW]
Nước cấp chính	shu kyu-usui（主給水）	Main Feedwater [MFW]
Nước cấp phụ trợ	hojo kyu-usui（補助給水）	Auxiliary Feed Water [AFW]
Nước cứu hỏa	shouka sui（消火水）	Fire Service Water
Nước khử khoáng	datsuen sui (junsui)（脱塩水〈純水〉）	Demineralized Water [DW]
Nước làm mát boongke lò	kakunou youki reikyaku kaisui（格納容器冷却海水）	Containment Cooling Service Water
Nước làm mát thiết bị	genshiro hoki reikyaku sui（原子炉補機冷却水）	Component Cooling Water [CCW]
Nước làm mát vòng thứ cấp	nijikei reikyaku sui（二次系冷却水）	Secondary Cooling Water
Nước làm mát vùng hoạt của hệ thống giàn phun cao áp	kouatsu roshin supurei hoki reikyaku sui（高圧炉心スプレイ補機冷却水）	High Pressure Core Spray Cooling Water [HPCW]
Nước nặng (⇄ nước nhẹ H_2O)	ju-usui（重水）	Heavy Water [⇄ Light Water H_2O] [D_2O]
Nước ngưng tụ	hukusui（復水）	Condensate Water
Nước nhẹ (⇄ nước nặng D_2O)	keisui（軽水）	Light Water [⇄ Heavy Water D_2O]
nước thải đã khử nhiễm	josen haieki（除染廃液）	Detergent Drain
Nước thải không nhiễm xạ	hi houshasei doren（非放射性ドレン）	Miscellaneous Non-radioactive Drain Liquid
Nước thải từ giặt rửa	sentaku haieki（洗たく廃液）	Laundry Drain Liquid
Nước thô (chưa qua tinh lọc)	gensui（原水）	Raw Water
Nước tuần hoàn	junkan sui（循環水）	Circulating Water [CW]
Nứt gãy do ăn mòn ứng suất	ouryoku hushoku ware（応力腐食割れ）	Stress Corrosion Cracking [SCC]
Nứt gãy do ăn mòn ứng suất chuyển dịch hạt	ryu-unai (kanryu-ugata) ouryoku hushoku ware（粒内〈貫粒型〉応力腐食割れ）	Trans granular Stress Corrosion Cracking [TGSCC]

47

Nứt gãy do ứng suất ăn mòn dạng hạt trên biên	ryu-ukaigata ouryoku hushoku ware（粒界型応力腐食割れ）	Inter Granular Stress Corrosion Crack [IGSCC]
O		
Ô mạng nhiên liệu	nenryou koushi（燃料格子）	Fuel Lattice
Ô tô quan trắc (phóng xạ)	monita kaa（モニタカー）	Monitoring Car
Ống bọc ngoài cách nhiệt	netsu ouryoku boushi suriibu（熱応力防止スリーブ）	Thermal Sleeve
Ống dẫn	an-naikan [nenryou]（案内管［燃料］）	Guide Tube [Fuel] [GT]
Ống dẫn hơi tái cấp nhiệt	kurosu anda kan（クロスアンダ管）	Cross Under Pipe
Ống dẫn liên áp	kurosu ooba kan（クロスオーバ管）	Cross Over Pipe
Ống dẫn phía trên	joubu an-nai kan（上部案内管）	Upper Guide Tube
Ống dẫn thanh điều khiển	seigyo bou an-nai kan（制御棒案内管）, seigyo bou an-nai shinburu（制御棒案内シンブル）	Control Rod Guide Tube, Control Rod Guide Thimble
Ống dẫn thiết bị đo trong vùng hoạt	ronai keisou an-nai kan（炉内計装案内管）	In Core Instrumentation Guide
Ống đếm (phóng xạ) Geige -Muller	gaigaa myuuraa（ガイガー・ミューラー）	Geiger Muller [GM]
Ống đứng	sutando paipu（スタンドパイプ）	Stand Pipe
Ống nước tuần hoàn	junkan sui kan（循環水管）	Circulating Water Pipe
Ống thải khí	haiki tou（排気筒）	Vent Stack
Ống thải khí chính	haiki tou（排気筒）	Main Stack
Ống thoát bộ gia nhiệt	kyu-usui kanetsuki doren（給水加熱器ドレン）	Heater Drain [HD]
Ống trao đổi nhiệt bình ngưng	hukusuiki saikan（復水器細管）	Condenser Tube
Ôxit nitơ	chisso sankabutsu（窒素酸化物）	Nitrogen Oxide [NOX]
Ôxy bị hòa tan	youzon sanso（溶存酸素）	Dissolved Oxygen [DO]
P		
Pentanborat-natri	go housan natoriumu（五ほう酸ナトリウム）	Sodium Pentaborate
Pha tạp (vật liệu) bằng chùm nơtron	chu-useishi doopingu（中性子ドーピング）	Neutron Doping

Phần (ống) dẫn phía trên vùng hoạt	joubu koushi ban （上部格子板）	Top Guide
Phần đỉnh thùng lò	genshiro youki huta （原子炉容器ふた）	Reactor Vessel Head [RVH]
Phần đỡ đáy bó nhiên liệu	nenryou shiji kanagu puragu （燃料支持金具プラグ）	Fuel Support Plug
Phần giỏ lò phía dưới vùng hoạt	kabu roshin sou （下部炉心槽）	Lower Core Barrel
Phân hạch tự phát	jihatsu kaku bunretsu （自発核分裂）	Spontaneous Fission
Phân loại chống động đất	taishin ju-uyou do bunrui （耐震重要度分類）	Seismic Classification
Phân ly do phóng xạ	houshasen bunkai （放射線分解）	Radiolysis
Phân tách đồng vị bằng la-de	reezaa douitai bunri （レーザー同位体分離）	Laser Isotope Separation
Phân tách vật lý	bunri sekkei （分離設計）	Physical Separation
Phân tích an toàn xác suất	kakuritsu ron teki anzen kaiseki （確率論的安全解析）	Probabilistic Safety Analysis [PSA]
Phân tích động lực học	doutokusei kaiseki, douteki kaiseki （動特性解析、動的解析）	Dynamic Analysis
Phân tích không phá hủy	hihakai bunseki （非破壊分析）	Non-Destructive Assay [NDA]
Phân tích quá độ	kato kaiseki （過渡解析）	Transient Analysis
Phân tích vật liệu bằng nhiễu xạ electron	denshi sen kaisetsu bunseki （電子線回折分析）	Electron Channeling Pattern Analysis [ECPA]
Phần trên của giếng khô	joubu doraiweru （上部ドライウェル）	Upper Dry-well
Phần tử lưu lượng	huroo eremento （フローエレメント）	Flow Element [FE]
Phần tử nhiên liệu	nenryou youso （燃料要素）	Fuel Element
Phản ứng của nước với kim loại	mizu kinzoku han-nou （水金属反応）	Metal Water Reaction [MWR]
Phản ứng của zirconi với nước	jirukoniumu-mizu han-nou （ジルコニウム－水反応）	Zr-H_2O Reaction
Phản ứng dây chuyền	rensa han-nou （連鎖反応）	Chain Reaction
Phản ứng giữa natri và nước	natoriumu mizu han-nou （ナトリウム水反応）	Sodium Water Reaction

Phản ứng phân hạch hạt nhân	kaku bunretsu han-nou（核分裂反応）	Nuclear Fission
Phê duyệt thiết kế cuối cùng	saishu-u sekkei shounin（最終設計承認）	Final Design Approval [FDA]
Phin lọc áp lực có mạ lót	ka-atsu purikooto firuta（加圧プリコートフィルタ）	Pressure Precoat Filter
Phin lọc dùng than hoạt tính	youso firuta（よう素フィルタ）	Charcoal Filter [CF]
Phin lọc tuyệt đối	biryu-ushi firuta（微粒子フィルタ）	Absolute Filter
Phổ đáp ứng của nền (địa chấn)	yuka outou supekutoru（床応答スペクトル）	Floor Response Spectra [FRS]
Phổ đáp ứng của sàn/ nền (địa chấn)	yuka outou kyokusen [taishin]（床応答曲線［耐震］）	Floor Response Spectrum [Seismic] [FRS]
Phơi nhiễm ngoài	gaibu hibaku（外部被ばく）	External Exposure
Phơi nhiễm bức xạ nghề nghiệp	shokugyou hibaku（職業被ばく）	Occupational Radiation Exposure
Phơi nhiễm phóng xạ	houshasen hibaku（放射線被ばく）	Radiation Exposure
Phơi nhiễm trong	naibu hibaku（内部被ばく）	Internal Exposure
Phòng cháy chữa cháy	kasai bougo（火災防護）	Fire Protection
Phòng điều khiển	seigyo shitsu（制御室）	Control Room
Phòng điều khiển chính	chu-uou seigyo shitsu（中央制御室）	Main Control Room [MCR]
Phòng điều khiển khẩn cấp	hijou you seigyo shitsu（非常用制御室）	Emergency Control Room [ECR]
Phòng điều khiển trung tâm	chu-uou sousa shitsu（中央操作室）	Main Control Room [MCR]
Phòng quản lý ra vào	deiri kanri shitsu（出入管理室）	Access Control Room [ACR]
Phòng thí nghiệm lạnh	koorudo rabo（コールドラボ）	Cold Laboratory
Phòng thí nghiệm nóng	hotto rabo（ホットラボ）	Hot Laboratory
Phóng xạ	houshanou（放射能）	Radioactivity
Phụ tải thông thường	tsu-ujou kaju-u（通常荷重）	Normal Load
Phun nước vào vùng hoạt	roshin supurei（炉心スプレイ）	Core Spray [CS]

Phương pháp chụp ảnh nơtron	chu-useishi rajiogurafi （中性子ラジオグラフィ）	Neutron Radio-graphy [NRG]
Phương pháp thủy tinh hóa cải tiến	kairyou garasu koka hou （改良ガラス固化法）	Advanced Vitrification Method
Phương thức vận hành nhiên liệu (công suất) theo từng mức	nenryoubou narashi unten houhou （燃料棒ならし運転方法）	PCIOMR [Pre Conditioning Interim Operating Management Recommendation] [PCIOMR]
Plutoni không phân hạch	hi kaku bunretsusei purutoniumu （非核分裂性プルトニウム）	Non-fissionable Plutonium
Plutoni phân hạch	kaku bunretsusei purutoniumu （核分裂性プルトニウム）	Fissile Plutonium [Puf]
Q		
Quá trình chiết tách plutoni và urani	purutoniumu uran kangen chu-ushutsu hou (pyuurekkusu hou)（プルトニウム・ウラン還元抽出法〈ピューレックス法〉）	Plutonium Uranium Reduction Extraction (Process) [PUREX]
Quá trình quá độ	kato henka （過渡変化）	Transient
Quản lý chất lượng	hinshitsu kanri （品質管理）	Quality Control [QC]
Quản lý kiểm kê vật liệu hạt nhân	kaku busshitsu keiryou kanri （核物質計量管理）	Nuclear Material Accountancy [NMA]
Quản lý sự cố nặng/tai nạn nghiêm trọng	kakoku jiko manejimento （苛酷事故マネジメント）	Severe Accident Management [SAM]
Quản lý tai nạn/sự cố	jiko manejimento （事故マネジメント）	Accident Management [AM]
Quản lý tiến độ	koutei kanri （工程管理）	Schedule Management
Quản lý vật liệu	kaku nenryou busshitsu kanri （核燃料物質管理）	Material Management
Quản lý vòng đời hoạt động (của thiết bị, nhà máy)	raihu saikuru kanri （ライフサイクル管理）	Life Cycle Management
Quản lý vùng hoạt	roshin kanri （炉心管理）	Core Management
Quan trắc môi trường	kankyou houshasen kanshi （環境放射線監視）	Environment Monitoring
Quan trắc phóng xạ ngoài nhà máy	shu-uhen monita （周辺モニタ）	Off Site Radiation Monitor
Quan trắc quá trình bức xạ	purosesu houshasen monita （プロセス放射線モニタ）	Process Radiation Monitor [PrRM]

51

Tiếng Việt	Tiếng Nhật	Tiếng Anh
Quy chế/quy định an toàn	anzen kisei（安全規制）	Safety Regulation
Quy định phòng chống thương tích phóng xạ; quy định kiểm soát nguy hiểm phóng xạ	houshasen shougai yobou kitei（放射線障害予防規定）	Regulations on Prevention From Radiation Injury; Radiation Hazard Control Regulations
Quy trình kỹ thuật hàn	yousetsu sekou shiyou（溶接施工仕様）	Welding Procedure Specification [WPS]
Quy trình vận hành khẩn cấp	kinkyu-uji sousa tejun（緊急時操作手順）	Emergency Operating Procedure [EOP]
R		
Rạn nứt ăn mòn do căng kéo	hizumi kasokugata ouryoku hushoku ware（歪加速型応力腐食割れ）	Strain Induced Corrosion Cracking [SICC]
Rơ le điện	keiden ki（継電器）	Relay [Ry]
Rò rỉ trước khi bị vỡ	hadan mae rouei, rouei senkou gata hason（破断前漏えい、漏えい先行型破損）	Leak Before Break [LBB]
Rotor máy phát	hatsudenki kaitenshi（発電機回転子）	Generator Rotor
S		
Sai hỏng cùng kiểu	kyoutsu-u youin koshou（共通要因故障）	Common Mode Failure [CMF]
Sai hỏng cùng nguyên nhân	kyoutsu-u gen-in koshou（共通原因故障）	Common Cause Failure [CCF]
Sai hỏng đơn	tan-itsu koshou（単一故障）	Single Failure
Sàn chắn	daiyahuramu huroa [pii shii vi]（ダイヤフラムフロア［PCV］)	Diaphragm Floor [PCV]
Sản phẩm ăn mòn	hushoku seiseibutsu（腐食生成物）	Corrosion Products
Sản phẩm phân hạch	kaku bunretsu seiseibutsu（核分裂生成物）	Fission Product [FP]
SCRAM (đưa toàn bộ các thanh điều khiển khẩn cấp để dập lò)	sukuramu (seigyobou no kinkyu-u sounyu-u)（スクラム〈制御棒の緊急挿入〉）	Safety Control Rod Axe Man [SCRAM]
Sơ đồ bố trí mặt bằng nhà máy	kounai haichi zu（構内配置図）	Plot Plan
Sơ đồ bố trí tổng thể	kiki haichi zu（機器配置図）	General Arrangement [GA]

Sơ đồ cân bằng lưu lượng	ryu-uryou heikou zu（流量平衡図）	Flow Balance Diagram [FBD]
Sơ đồ chức năng	fankushonaru daiyaguramu [pii daburyu aaru]（ファンクショナルダイヤグラム［PWR］）	Functional Diagram [PWR]
Sơ đồ đường cáp điện/ sơ đồ cáp điều khiển	tenkai setsuzoku zu（展開接続図）	Electrical Cable Wiring Diagram,or,Elementaly Wiring Diagram [ECWD/EWD]
Sơ đồ đường dây đơn tuyến	tan sen kessen zu（単線結線図）	One Line Wiring Diagram
Sơ đồ hệ thống	keitou zu（系統図）	Flow Diagram [FD]
Sơ đồ khối khóa liên động	sousa burokku zu (kinou setsumei zu)（操作ブロック図〈機能説明図〉）	Interlock Block Diagram [IBD]
Sơ đồ nạp nhiên liệu	nenryou souka pataan（燃料装荷パターン）	Fuel Loading Pattern
Sơ đồ nguyên lý điều khiển	keisou keitou zu（計装系統図）	Control Flow Diagram [CFD]
Sơ đồ ống dẫn và thiết bị đo lường	haikan oyobi keisou senzu（配管及び計装線図）	Piping & Instrumentation Diagram [P&ID]
Sơ đồ phụ tải ngày	nikkan shutsuryoku chousei（日間出力調整）	Daily Load Follow [DLF]
Sơ đồ quá trình	purosesu senzu（プロセス線図）	Process Flow Diagram [PFD]
Sơ đồ trang thiết bị, dụng cụ đo lường	keisou burokku zu（計装ブロック図）	Instrument Equipment Diagram, or Instrument Engineering Diagram [IED]
Số giờ vận hành theo mức công suất danh định quy đổi	jikkou teikaku shutsuryoku unten jikan, zen shutsuryoku kansan jikan（実効定格出力運転時間、全出力換算時間）	Effective Full Power Hour [EFPH]
Số hạng nguồn	sengen kyoudo（線源強度）	Source Term
Số liệu hạt nhân của các sản phẩm phân hạch	kaku bunretsu seisei butsu kaku deeta（核分裂生成物核データ）	Fission Product Nuclear Data
Số năm vận hành theo mức công suất danh định quy đổi	jikkou teikaku shutsuryoku unten nensu-u, zen shutsuryoku kansan nensu-u（実効定格出力運転年数、全出力換算年数）	Effective Full Power Year [EFPY]

53

Số ngày vận hành theo mức công suất danh định quy đổi

Số ngày vận hành theo mức công suất danh định quy đổi	jikkou teikaku shutsuryoku unten nissu-u, zen shutsuryoku kansan nissu-u（実効定格出力運転日数、全出力換算日数）	Effective Full Power Day [EFPD]
Số Reynold	reinoruzu su-u（レイノルズ数）	Reynolds Number [Re]
Sốc nhiệt	netsu shougeki（熱衝撃）	Thermal Shock
Sôi bọt	kaku huttou（核沸騰）	Nucleate Boiling [NB]
Sôi dưới bão hòa	sabukuuru iki deno huttou（サブクール域での沸騰）	Subcool Boiling
Sôi khối/sôi bão hòa	baruku huttou（バルク沸騰）	Bulk Boiling
Sôi màng	usumaku huttou（薄膜沸騰）	Film Boiling
Stator của máy phát điện	hatsudenki koteishi（発電機固定子）	Generator Stator
Sự ăn mòn do cọ xước	huretthingu hushoku（フレッティング腐食）	Fretting Corrosion
Sự bố trí mặt bằng	haichi（配置）	Layout
Sự chấp nhận của công chúng	koushu-u rikai（公衆理解）	Public Acceptance [PA]
Sự chiếu xạ	shousha（照射）	Irradiation
Sự chiếu xạ nhiên liệu	nenryou shousharyou（燃料照射量）	Fuel Exposure
Sự chuyển giao nhiên liệu hạt nhân quốc tế	kokusai kakunenryou torasuto（国際核燃料トラスト）	International Nuclear Fuel Trust [INFT]
Sự cố bật thanh (điều khiển) ra khỏi lò	seigyobou isshutsu jiko（制御棒逸出事故）	Rod Ejection (or Eject) Accident [REA]
Sự cố do rơi thanh điều khiển vào lò	seigyo bou rakka jiko（制御棒落下事故）	Control Rod Drop Accident [CRDA]
Sự cố đưa độ phản ứng dương vào lò	han-noudo inka jiko（反応度印加事故）	Reactivity Insertion Accident [RIA]
Sự cố đưa vào độ phản ứng	han-noudo tounyu jishou（反応度投入事象）	Reactivity Insertion Accident [RIA]
Sự cố được giả định để đánh giá an toàn cho cộng đồng xung quanh nhà máy	ricchi hyouka jiko（立地評価事故）	Siting Evaluation Accident [SEA]
Sự cố gãy đôi ống dẫn	ryoutan girochin hadan（両端ギロチン破断）	Double Ended Guillotine Break [DEGB]

Sự cố mang tính giả thuyết	kasou jiko（仮想事故）	Hypothetical Accident [HA]
Sự cố giả định	soutei jiko（想定事故）	Postulated Accident
Sự cố khi thao tác nhiên liệu	nenryou rakka jiko（燃料落下事故）	Fuel Handling Accident [FHA]
Sự cố mất chất tải nhiệt	reikyakuzai soushitsu jiko（冷却材喪失事故）	Loss of Coolant Accident [LOCA]
Sự cố mất chất tải nhiệt vỡ nhỏ/sự cố LOCA vỡ nhỏ	shouhadan reikyakuzai soushitsu jiko, shouhadan roka（小破断冷却材喪失事故、小破断 LOCA）	Small Break Loss of Coolant Accident [SBLOCA]
Sự cố mất điện lưới	gaibu dengen soushitsu jiko（外部電源喪失事故）	Loss of Off-site Power Accident [LOPA]
Sự cố mất dòng chất tải nhiệt	reikyakuzai ryu-uryou soushitsu jiko（冷却材流量喪失事故）	Loss of Flow Accident [LOFA]
Sự cố mất tương xứng của tải với công suất	shutsuryoku reikyaku hukinkou jiko（出力冷却不均衡事故）	Power Cooling Mismatch Accident [PCMA]
Sự cố máy bay rơi	kouku-uki shoutotsu（航空機衝突）	Airplane Crash [APC]
Sự cố lớn	ju-udai jiko（重大事故）	Major Accident [MA]
Sự cố nặng/Tai nạn nghiêm trọng	kakoku jiko, shibia akushidento（苛酷事故、シビアアクシデント）	Severe Accident [SA]
Sự cố ngoài cơ sở thiết kế	sekkei kijun gai jiko（設計基準外事故）	Beyond Design Basis Accident [BDBA]
Sự cố tối đa có thể xảy ra	saidai soutei jiko（最大想定事故）	Maximum Credible Accident
Sự cố tới hạn	rinkai jiko（臨界事故）	Critical Accident
Sự cố trệch công suất	shutsuryoku issou jiko（出力逸走事故）	Power Excursion Accident [PEA]
Sự cố trong cơ sở thiết kế	sekkei kijun jiko（設計基準事故）	Design Basis Accident [DBA]
Sự cố vỡ đường hơi chính	shujoukikan hadan jiko（主蒸気管破断事故）	Main Steam Line Break Accident [MSLBA]
Sự dập tắt	kuencha (jouki gyoushukuki)（クエンチャ（蒸気凝縮器））	Quencher
Sự giảm lưu lượng tái tuần hoàn	saijunkan ran bakku（再循環ランバック）	Recirculation Run Back
Sự giám sát bức xạ	houshasen kanshi（放射線監視）	Radiation Monitoring

Sự giám sát sau tai nạn	jiko go keisou（事故後計装）	Post Accident Monitoring [PAM]
Sự kiện ngoài cơ sở thiết kế	sekkei kijun gai jisho（設計基準外事象）	Beyond Design Basis Event [BDBE]
Sự kiện trong cơ sở thiết kế	sekkei kijun jisho（設計基準事象）	Design Basis Event [DBE]
Sự mất cân bằng phụ tải	shutsuryoku huka huheikou（出力負荷不平衡）	Power Load Unbalance [PLU]
Sự mất điện áp nhất thời	shuntei, shunkan den-atsu soushitsu（瞬停、瞬間電圧喪失）	Momentary Voltage Loss [MVD]
Sự mỏi của kim loại do ăn mòn	hushoku hirou（腐食疲労）	Corrosion Fatigue
Sự mỏi sau chu kỳ dài	kou saikuru hirou（高サイクル疲労）	High Cycle Fatigue
Sự nứt vỡ dưới lớp vỏ bọc	yousetsu kuraddo ware（溶接クラッド割れ）	Under Clad Cracking [UCC]
Sự phồng rộp	sueringu（スエリング）	Swelling
Sự phun an toàn trung áp	chu-uatsu anzen chu-unyu-u（中圧安全注入）	Medium Head Safety Injection [MHSI]
Sự quay lại của nước ngưng tụ từ hơi trích nhiệt	shonai jouki modori kei（所内蒸気戻り系）	Heating Steam Condensate Water Return [HSCR]
Sự quét tia Gamma	ganma sukyaningu（ガンマ・スキャニング）	Gamma Scanning
Sự rời khỏi chế độ sôi bọt (nhiên liệu)	genkai netsu ryu-usoku no meyasu tonaru huttou sen-i ten, kaku huttou genkai, kaku huttou karano itsudatsu [nenryou]（限界熱流束の目安となる沸騰遷移点、核沸騰限界、核沸騰からの逸脱［燃料］）	Departure from Nucleate Boiling [Fuel] [DNB]
Sự tải nhiệt dư	yonetsu jokyo kei（余熱除去系）	Residual Heat Removal [RHR]
Sự thẩm thấu ngược	gyaku shintou（逆浸透）	Reverse Osmusis [RO]
Sự thẩm thấu, xuyên qua	kakunou youki kantsu-u bu（格納容器貫通部）	Penetration
Sự thay đổi sơ đồ sắp xếp thanh điều khiển	seigyo bou pataan koukan（制御棒パターン交換）	Control Rod Pattern Change
Sự xuyên qua boongke lò	genshiro kakunou youki kantsu-u bu（原子炉格納容器貫通部）	Containment Vessel Penetration

Tiếng Việt	Romaji (Kanji)	English
Sự/tính ổn định của vùng hoạt	roshin anteisei（炉心安定性）	Core Stability
Suất liều	senryouritsu（線量率）	Dose Rate
Sưởi ấm và thông gió	kanki ku-uchou（換気空調）	Heating and Ventilation
T		
Tách đồng vị bằng phương pháp la-de hóa hơi nguyên tử	genshi jouki reezaa douitai bunri hou（原子蒸気レーザー同位体分離法）	Atomic Vapor Laser Isotope Separation [AVLIS]
Tải động lực của hệ thống	jikoji kaju-u（事故時荷重）	Dynamic system load
Tài liệu tham khảo chuẩn	hyoujun shiryou（標準試料）	Standard Reference Material
Tai nạn nghiêm trọng	kakoku jiko, shibia akushidento（過酷事故、シビアアクシデント）	Severe Accident [SA]
Tái xử lý	saishori（再処理）	Reprocessing
Tấm chắn (các vật phóng ra)	misairu shahei（ミサイル遮蔽）	Missile Shield
Tấm chắn đỉnh thùng lò	genshiro shahei puragu（原子炉遮蔽プラグ）	Reactor Shield Plug
Tấm đỡ (bó) nhiên liệu	nenryou shiji kanagu（燃料支持金具）	Fuel Support
Tấm đỡ dưới vùng hoạt/tâm lò	kabu roshin shiji ban（下部炉心支持板）	Lower Core Support Plate
Tấm đỡ ống	kan shiji ban（管支持板）	Tube Support Plate
Tấm đỡ phía trên (nhiên liệu)	nenryou joubu ketsugou ban, joubu taipureeto [nenryou]（燃料上部結合板、上部タイプレート［燃料］）	Upper Tie Plate [Fuel] [UTP]
Tấm đỡ trên của vùng hoạt	joubu roshin ban（上部炉心板）	Upper Core Plate
Tấm đỡ/bệ tì	shiji ban（支持板）	Bearing Plate
Tấm giằng phía dưới	nenryou kabu ketsugou ban, kabu taipureeto（燃料下部結合板、下部タイプレート）	Lower Tie Plate [LTP]
Tấm lót	raina pureeto（ライナプレート）	Liner Plate
Tấm ngăn	bahhuru pureeto（バッフルプレート）	Baffle Plate
Tấm nhúng kim loại	umekomi kanamono（埋込み金物）	Embedded Plate

57

Tấm sàn	dekki pureeto（デッキプレート）	Deck Plate
Tấm/giá đỡ vùng hoạt	roshin shiji ban（炉心支持板）	Core Plate
Tần suất hỏng vùng hoạt	roshin sonshou hindo（炉心損傷頻度）	Core Damage Frequency [CDF]
Tần suất hư hỏng boongke lò	kakunou youki sonshou hindo（格納容器損傷頻度）	Containment Failure Frequency [CFF]
Tần suất nóng chảy vùng hoạt	roshin youyu-u hindo（炉心溶融頻度）	Core Melt Frequency [CMF]
Tần suất phát thải sớm lượng lớn chất phóng xạ	houshasei busshitsu tairyou houshutsu hassei kakuritsu（放射性物質大量放出発生確率）	Large Early Release Frequency [LERF]
Tầng cánh (ở tuốc bin) cuối cùng	saishu-u dan yoku [taabin]（最終段翼［タービン］）	Last Stage Blade [turbine] [LSB]
Tập đoàn chủ sở hữu	shoyu-u sha guruupu（所有者グループ）	Owner's Group [OG]
Thải ra	housui（放水）	Discharge
Thẩm định an toàn định kỳ	teiki anzen rebyu（定期安全レビュ）	Periodical Safety Review [PSR]
Thẩm định thiết kế	sekkei shinsa（設計審査）	Design Review [DR]
Thang sự cố hạt nhân quốc tế	kokusai genshiryoku jishou hyouka shakudo（国際原子力事象評価尺度）	International Nuclear Event Scale [INES]
Thanh bù trừ	shimu roddo（シムロッド）	Shim Rod
Thanh cái dẫn dòng cách ly	sou bunri bosen（相分離母線）	Isolated Phase Bus Duct
Thanh chống rung	huredome kanagu [esu/jii yuu bento bu]（振止め金具［S/GUベンド部］）	Anti Vibration Bar [AVB]
Thanh chứa nước	woota roddo [nenryou]（ウォータロッド[燃料]）	Water Rod [Fuel] [WR]
Thanh dẫn	an-nai bou [nenryou]（案内棒［燃料］）	Guide Rod [Fuel]
Thanh dịch chuyển phổ	supekutoru shihuto roddo [nenryou]（スペクトル・シフト・ロッド［燃料］）	Spectral Shift Rod [Fuel] [SSR]
Thanh điều khiển	seigyo bou（制御棒）	Control Rod [CR]
Thanh điều khiển bị bật ra	seigyo bou tobidashi（制御棒飛出し）	Control Rod Ejection

Thiết bị an toàn

Thanh điều khiển rơi xuống	seigyo bou rakka（制御棒落下）	Control Rod Drop
Thanh hấp thụ	kyu-ushu-u bou（吸収棒）	Absorption Rod
Thanh nhiên liệu	nenryou bou, nenryou pin（燃料棒、燃料ピン）	Fuel Rod
Thanh sát vật liệu hạt nhân	kaku busshitsu hoshou sochi（核物質保障措置）	Nuclear Materials Safeguards [NMS]
Thanh sát, bảo đảm	hoshou sochi（保障措置）	Safeguard [SG]
Thanh tra định kỳ hàng năm	nenji teiken（年次定検）	Annual Inspection
Thanh tra trước khi hoạt động	kyouyou mae kensa（供用前検査）	Pre-Service Inspection [PSI]
Thanh tra, kiểm tra, phân tích và tiêu chí chấp nhận được	aitakku（ITAAC）	Inspection, Test, Analysis, and Acceptance Criteria [ITAAC]
Thanh tra, xem xét trong quá trình hoạt động	kyouyou kikanchu-u kensa（供用期間中検査）	In-Service Inspection [ISI]
Tháo dỡ (nhà máy)	hairo（廃炉）	Decommissioning
Thao tác bằng tay	shudou sousa（手動操作）	Manual Operation
Tháp làm mát	reikyaku tou（冷却塔）	Cooling Tower
Thấp nhất hợp lý có thể đạt được	gouriteki ni tassei kanou na kagiri hikuku（合理的に達成可能な限り低く）	As Low As Reasonably Achievable [ALARA]
Tháp trao đổi anion	anion tou（アニオン塔）	Anion Exchanger Tank
Tháp trao đổi cation	kachion tou（カチオン塔）	Cation Exchanger Tank
Thể tích xả ra khi dập lò	sukuramu haishutsu youki（スクラム排出容器）	Scram Discharge Volume [SDV]
Theo phụ tải	huka tsuiju-u（負荷追従）	Load Follow [LF]
Thí nghiệm chiếu xạ	shousha shiken（照射試験）	Irradiation Test
Thí nghiệm rơi tải	rakka kaju-u shiken（落下荷重試験）	Drop Weight Test
Thí nghiệm thay đổi công suất	shutsuryoku yokusei shiken（出力抑制試験）	Power Suppression Test [detect fuel leak, by Control Rod]
Thiết bị an toàn	hoan souchi（保安装置）	Safety Device

59

Thiết bị báo và chống cháy	kemuri kanchiki rendou bouka danpa setsubi（煙感知器連動防火ダンパ設備）	Smoke Fire Dumper
Thiết bị bảo vệ chống ăn mòn bình ngưng bằng kỹ thuật điện hóa	hukusuiki denki boushoku souchi（復水器電気防食装置）	Condenser Cathode Protection Equipment
Thiết bị bay hơi/cô đặc	jouhatsuki（蒸発器）	Evaporator
Thiết bị biến tần	kahen shu-uhasu-u dengen souchi（可変周波数電源装置）	Variable Voltage Variable Frequency [VVVF]
Thiết bị bịt kín bằng khí nitơ	chisso hu-unyu-u souchi（窒素封入装置）	Nitrogen Gas Seal Equipment
Thiết bị cảnh báo	koshou keihou souchi（故障警報装置）	Annunciator [ANN]
Thiết bị cấp điện phụ trợ	hojo douryoku souchi（補助動力装置）	Auxiliary Power Unit [APU]
Thiết bị chỉ thị áp suất (đồng hồ áp suất)	atsuryoku shijikei（圧力指示計）	Pressure Indicator [PI]
Thiết bị điều khiển kiểu điện - thủy lực	denki-yuatsu shiki seigyo souchi（電気-油圧式制御装置）	Electro-Hydraulic Control [EHC]
Thiết bị đo bên ngoài lò phản ứng	rogai kaku keisou（炉外核計装）	Excore Nuclear Instrumentation System
Thiết bị đo lường và điều khiển	keisou seigyo（計装・制御）	Instrumentation and Control [I&C]
Thiết bị đo phơi nhiễm toàn thân	zenshin hibakuryou sokutei souchi（全身被ばく量測定装置）	Whole Body Counter [WBC]
Thiết bị dò tìm dị vật trong lò	ronai ibutsu kenshutsu souchi（炉内異物検出装置）	Loose Parts Monitoring System [LPM]
Thiết bị đo trong vùng hoạt	ronai kaku keisou（炉内核計装）	In Core Instrumentation [ICI]
Thiết bị giám sát các khối thanh dẫn	seigyobou hikinuki kanshi souchi（制御棒引抜監視装置）	Rod Block Monitor [RBM]
Thiết bị giám sát công suất nhiệt	netsu shutsuryoku monita（熱出力モニタ）	Thermal Power Monitor [TPM]
Thiết bị giám sát dải công suất	shutsuryoku ryouiki monita（出力領域モニタ）	Power Range Monitor [PRM]
Thiết bị giám sát dải công suất cục bộ	kyokusho shutsuryoku ryouiki chu-useishi kenshutsuki（局所出力領域中性子検出器）	Local Power Range Monitor [LPRM]

Thiết bị giám sát dải công suất trung bình	heikin shutsuryoku ryouiki monita （平均出力領域モニタ）	Average Power Range Monitor [APRM]
Thiết bị giám sát dải nguồn	chu-useishigen ryouiki monita （中性子源領域モニタ）	Source Range Monitor [SRM]
Thiết bị giám sát hoạt động của tuốc bin	taabin kanshi keiki （タービン監視計器）	Turbine Supervisory Instrumentation
Thiết bị giám sát phóng xạ (quần áo) chân tay	hando hutto monita （ハンドフットモニタ）	Hand Foot (cloth) Monitor
Thiết bị giám sát quá trình	purosesu monita （プロセスモニタ）	Process Monitor
Thiết bị giám sát trong vùng hoạt	inkoamonita （インコアモニタ）	In-core Monitor [ICM]
Thiết bị hạn chế dòng hơi chính	shujouki ryu-uryou seigenki （主蒸気流量制限器）	Main Steam Flow Limiter
Thiết bị hạn chế lưu lượng hơi	shujouki ryu-uryou seigenki （主蒸気流量制限器）	Steam Flow Restrictor
Thiết bị khử khí	datsu gasu souchi （脱ガス装置）	Gas Stripper Package
Thiết bị khử khoáng	junsui souchi （純水装置）	Demineralizer
Thiết bị khử khoáng anion	in-ion datsuen tou （陰イオン脱塩塔）	Anion Demineralizer
Thiết bị khử khoáng cation	you-ion datsuen tou （陽イオン脱塩塔）	Cation Demineralizer
Thiết bị khử khoáng hòa trộn	(reikyaku zai) konshou shiki datsuen tou （〈冷却材〉混床式脱塩塔）	Mixed Bed Demineralizer
Thiết bị kiểm soát khí phóng xạ	houshasei gasu monita （放射性ガスモニタ）	Radioactive Gas Monitor
Thiết bị làm mát boong ke lò thụ động	seiteki kakunou youki reikyakuki （静的格納容器冷却器）	Passive Containment Cooler
Thiết bị lọc và khử khoáng	roka datsuen souchi （濾過脱塩装置）	Filter Demineralizer [F/D]
Thiết bị nặng/siêu trọng	ju-uryou kiki （重量機器）	Heavy Component [HC]
Thiết bị phân tách hơi ẩm và cấp nhiệt	shitsubun bunri kanetsuki （湿分分離加熱器）	Moisture Separator and Heater [MSH]
Thiết bị quan trắc phóng xạ khu vực	eria monita （エリアモニタ）	Area Radiation Monitor [ARM]

Tiếng Việt	Japanese	English
Thiết bị thao tác nhiên liệu	nenryou toritatsukai souchi（燃料取扱装置）	Fuel Handling Machine [FHM]
Thiết bị tổng hợp hạt nhân kiểu Tokamak siêu dẫn từ trường cao	tokamaku gata kaku yu-ugou souchi（トカマク型核融合装置）	TOKAMAK Type Nuclear Fusion System
Thiết bị trao đổi nhiệt	netsu koukanki（熱交換器）	Heat Exchanger [Hx]
Thiết bị xử lý bằng clo	enso shori souchi（塩素処理装置）	Chlorinating Equipment
Thiết bị/bộ phận sấy hơi	suchiimu doraiya（スチームドライヤ）	Steam Dryer
Thiết kế an toàn	anzen sekkei（安全設計）	Safety Design
Thiết kế an toàn khi sai hỏng	feiru seehu sekkei（フェイルセーフ設計）	Fail Safe Design
Thiết kế chi tiết	shousai sekkei（詳細設計）	Detail Design
Thiết kế được máy tính hỗ trợ	konpyuuta shien sekkei（コンピュータ支援設計）	Computer Aided Design [CAD]
Thiết kế kháng chấn	taishin sekkei（耐震設計）	Seismic Design
Thỏa thuận hợp tác song phương về sử dụng hòa bình năng lượng nguyên tử	genshiryoku kyouryoku nikoku kan kyoutei（原子力協力二国間協定）	Bilateral Agreements for Cooperation Concerning Peaceful Uses of Nuclear Energy
Thời gian để thông lượng nơ tron tăng lên gấp đôi	baizou jikan（倍増時間）	Doubling Time
Thời gian trung bình dẫn đến hư hỏng	heikin koshou jumyou（平均故障寿命）	Mean (or Median) Time to Failure [MTTF]
Thời gian trung bình dẫn đến sửa chữa	heikin shu-uhuku jikan（平均修復時間）	Mean Time to Repair [MTTR]
Thời gian trung bình giữa các hỏng hóc	heikin koshou jikan kankaku（平均故障時間間隔）	Mean Time between Failures [MTBF]
Thời gian trung bình nâng công suất	heikin dousa kanou jikan（平均動作可能時間）	Mean Up Time [MUT]
Thời gian từ khi dùng đến khi hỏng	koshou jumyou, koshou jikan（故障寿命、故障時間）	Time to Failure [TTF]
Thông báo tình huống khẩn cấp	kinkyu-uji tsu-uchi（緊急時通知）	Emergency Notification
Thông lượng nhiệt cực đại	saidai netsuryu-usoku [nenryou]（最大熱流束［燃料］）	Maximum Heat Flux [Fuel] [MHF]
Thông lượng nhiệt tới hạn	genkai netsu ryu-usoku [nenryou]（限界熱流束［燃料］）	Critical Heat Flux [Fuel] [CHF]

Thông lượng nơtron	chu-useishi soku [fai]（中性子束［φ］）	Neutron Flux [nv]
Thông số kỹ thuật của vật liệu	zairyou shiyou（材料仕様）	Material Specification
Thông số thiết kế của hệ thống	keitou sekkei shiyou（系統設計仕様）	System Design Specification [SS]
Thông số thiết kế của thiết bị	kiki sekkei shiyou（機器設計仕様）	Equipment Design Specification [ES]
Thư đặt hàng	hacchu-u naiji（発注内示）	Letter of Intent [LOI]
Thử nghiệm áp lực	ka-atsu tesuto（加圧テスト）, taiatsu shiken（耐圧試験）	Pressure Test
Thử nghiệm bằng phương pháp hạt từ	jihun tanshou shiken（磁粉探傷試験）	Magnetic Particle Test [MT]
Thử nghiệm Charpy	sharupii shiken（シャルピー試験）	Charpy Test
Thử nghiệm chức năng	kinou shiken（機能試験）	Functional Test
Thử nghiệm chức năng ở trạng thái lạnh	reitai kinou shiken（冷態機能試験）	Cold Function Test
Thử nghiệm chức năng trạng thái nóng	ontai kinou shiken（温態機能試験）	Hot Functional Test [HFT]
Thử nghiệm quá áp suất	ka-atsu tesuto（過圧テスト）	Over Pressure Test
Thử nghiệm trước khi vận hành	shiunten shiken（試運転試験）	Comissioning Test
Thủ tục quy định làm việc trong điều kiện bức xạ	houshasen sagyou tejun（放射線作業手順）	Radiation Work Procedure
Thư viện dữ liệu hạt nhân Nhật Bản	hyouka zumi kaku deeta raiburarii（評価済核データ・ライブラリー）	Japanese Evaluated Nuclear Data Library [JENDL]
Thùng chứa nước tràn (tuần hoàn làm mát bể nước thay đảo nhiên liệu)	sukima saaji tanku（スキマサージタンク）	Skimmer Surge Tank
Thùng giãn nở nước làm lạnh (hệ thống điều hòa không khí)	ku-uchou you reisui bouchou tanku [ku-uchou setsubi]（空調用冷水膨張タンク［空調設備］）, ku-uchou you reitou bouchou tanku [ku-uchou setsubi]（空調用冷凍膨張タンク［空調設備］）	Chilled Water Expansion Tank [air conditioning], Chiller Water Expansion Tank [air conditioning]

Tiếng Việt	Tiếng Nhật	Tiếng Anh
Thùng lò phản ứng	genshiro youki [pii daburyu aaru]（原子炉容器［PWR］）	Reactor Vessel [RV]
Thùng lò phản ứng (RPV)	genshiro atsuryoku youki（原子炉圧力容器）	Reactor Pressure Vessel [RPV]
Thùng nhiên liệu	nenryou kyasuku（燃料キャスク）	Fuel Cask
Thùng nhiên liệu dùng cho ngày	dei tanku [dhii jii nenryou]（デイタンク［DG 燃料］）	Day Tank [DG fuel]
Thùng phân rã khí (phóng xạ)	gasu gensui tanku [bii daburyu aaru]（ガス減衰タンク［BWR］）	Gas Decay Tank [GDT]
Thùng vận chuyển nhiên liệu đã qua sử dụng	shiyouzumi nenryou yusou youki（使用済燃料輸送容器）	Spent Fuel Cask [SFC]
Tia phóng xạ	houshasen（放射線）	Radioactive Ray
Tích phân cộng hưởng	kyoumei sekibun（共鳴積分）	Resonance Integral [RI]
Tiết diện (phản ứng) hạt nhân	kaku bunretsu danmenseki（核分裂断面積）	Nuclear Cross Section
Tiết diện vĩ mô toàn phần hiệu dụng	jikkouteki zen kyoshiteki danmenseki（実効的全巨視的断面積）	Effective Total Macroscopic Cross Section
Tiêu chí chấp nhận thiết kế	sekkei shounin kijun（設計承認基準）	Design Acceptance Criteria [DAC]
Tiêu chuẩn an toàn hạt nhân	genshiro anzen kijun [ai ee ii ee]（原子炉安全基準［IAEA］）	Nuclear Safety Standards [IAEA] [NUSS]
Tiêu chuẩn công nghiệp Nhật Bản	nihon kougyou kikaku (ji su)（日本工業規格（JIS））	Japanese Industrial Standards [JIS]
Tiêu chuẩn quy chế liên bang Hoa kỳ	renpou kisei kijun [beikoku]（連邦規制基準［米国］）	Code of Federal Regulations [CFR]
Tiêu chuẩn thiết kế chung	ippan sekkei kijun（一般設計基準）	General Design Criteria [GDC]
Tính an toàn đặc trưng vốn có của quá trình	purosesu koyu-u chou anzen gata genshiro（プロセス固有超安全型原子炉）	Process Inherent Ultimate Safety [PIUS]
Tính bất ổn định xenon	kisenon huanteisei（キセノン不安定性）	Xenon Instability
Tính tự điều khiển	jiko seigyosei（自己制御性）	Self Regulation
Tivi công nghiệp	kougyouyou terebijon（工業用テレビジョン）	Industrial Television [ITV]
Tổ hợp khối đỉnh của lò phản ứng	huta ittaika kouzoubutsu（ふた一体化構造物）	Integrated Head Package [IHP]

Tổ máy đầu tiên	shogouki（初号機）	First of A Kind [FOAK]
Tổ máy thứ N	N gou ki（N 号基）	N-th of A Kind [NOAK]
Tòa nhà chứa chất thải phóng xạ	houshasei haikibutsu shori tateya（放射性廃棄物処理建屋）	Radioactive Waste Disposal Building [RW/B]
Tòa nhà chứa nhiên liệu	nenryou tateya（燃料建屋）	Fuel Building
Tòa nhà chứa than hoạt tính	chakooru tateya（チャコール建屋）	Charcoal Building [CH/B（CHB）]
Tòa nhà dịch vụ	saabisu tateya（サービス建屋）	Service Building [S/B]
Tòa nhà điều khiển	seigyo tateya（制御建屋）	Control Building [CB]
Tòa nhà hành chính	jimu honkan（事務本館）	Administration Building
Tòa nhà kiểm soát ra vào	deiri kanri tateya（出入管理建屋）	Access Control Building [ACB]
Tòa nhà lò phản ứng	genshiro tateya（原子炉建屋）	Reactor Building [RB (R/B)]
Tòa nhà phụ trợ	genshiro hojo tateya（原子炉補助建屋）	Auxiliary Building [AB]
Tòa nhà phức hợp	hukugou tateya（複合建屋）	Combination Building
Tòa nhà thông tin đại chúng	pii aaru kan（PR 館）	Public Information Building
Tòa nhà tuốc bin	taabin tateya（タービン建屋）	Turbine Building [TB]
Tòa nhà xử lý chất thải	haikibutsu shori tateya（廃棄物処理建屋）	Waste Disposal Building [WDB]
Tòa nhà xử lý chất thải phóng xạ	haikibutsu shori tateya（廃棄物処理建屋）	Radwaste Building [RW/B]
Toàn thân	zenshin（全身）	Whole Body
Tốc độ phát khí thải	kigasu houshutsu ritsu（希ガス放出率）	Off-Gas Emission Rate
Tốc độ sinh nhiệt tuyến tính cực đại	saikou sen shutsuryoku mitsudo（最高線出力密度）	Maximum Linear Heat Generation Rate [MLHGR]
Tốc độ truyền trung bình	heikin touka ritsu（平均透過率）	Mean Transmission Rate
Tới hạn	rinkai（臨界）	Criticality
Tổng cột áp động	zen you tei（全揚程）	Total Dynamic Head
Tổng/trữ lượng nước	mizu inbentori（水インベントリ）	Water Inventory

Trạm điện/Trạm biến áp	kaihei jo（開閉所）	Switch Yard [S/Y]
Trạm phân phối điện	pawaa senta, haiden ban（パワーセンタ、配電盤）	Power Center [P/C]
Trạm quan trắc	monitaringu posuto（モニタリングポスト）, monitaringu suteeshon（モニタリングステーション）	Monitoring Post [MP], Monitoring Station
Trạng thái dự phòng nóng	ontai teishi joutai（温態停止状態）	Hot Stand-by [HSB]
Trạng thái dưới tới hạn	rinkai miman（臨界未満）	Sub Critical
Trạng thái tới hạn tức thời	sokuhatsu rinkai（即発臨界）	Prompt Criticality
Trang thiết bị lưu giữ khí hiếm	ki gasu hoorudo appu souchi（希ガスホールドアップ装置）	Rare Gas Holdup Equipment
Trình tự rút thanh điều khiển tham chiếu	seigyobou hikinuki shiikensu（制御棒引抜シーケンス）	Reference Rod Pull Sequence
Trơ hóa boongke lò bằng khí nitơ	kakunouyouki chisso hukasseika（格納容器窒素不活性化）	Containment Nitrogen Inerting
Trưởng ca	touchoku chou（当直長）	Shift Supervisor
Tự che chắn	jiko shahei（自己遮蔽）	Self-Shielding
Tuốc bin áp suất cao	kouatsu taabin（高圧タービン）	High Pressure Turbine
Tuốc bin áp suất thấp	teiatsu taabin（低圧タービン）	Low Pressure Turbine
Tuốc bin chính	shu taabin（主タービン）	Main Turbine
Tuốc bin khí chu trình kín	mippei saikuru gasu taabin（密閉サイクル・ガス・タービン）	Closed Cycle Gas Turbine [CCGT]
Tường bảo vệ	shahei heki（遮蔽壁）	Shield Wall
Tường chắn bảo vệ lò phản ứng	genshiro shahei heki（原子炉遮蔽壁）	Reactor Shield Wall
Tường chắn sinh học	seitai shahei heki（生体遮蔽壁）	Biological Shielding Wall
Tương tác bê tông - vùng hoạt	roshin konkuriito sougosayou（炉心・コンクリート相互作用）	Core Concrete Interaction
Tương tác bê tông với vùng hoạt bị nóng chảy	youyu-u roshin konkuriito sougo sayou（溶融炉心・コンクリート相互作用）	Molten Core Concrete Interaction [MCCI]

Tương tác chất tải nhiệt với nhiên liệu bị nóng chảy	youyu-u nenryou reikyakuzai sougosayou（溶融燃料冷却材相互作用）	Molten Fuel Coolant Interaction [MFCI]
Tương tác chất tải nhiệt với vùng hoạt bị nóng chảy	youyu-u roshin reikyaku zai sougo sayou（溶融炉心・冷却材相互作用）	Molten Core Coolant Interaction [MCCI]
Tương tác cơ học của vỏ bọc thanh hấp thụ	kyu-ushu-u peretto hihukukan kikai teki sougosayou [nenryou]（吸収ペレット・被覆管機械的相互作用［燃料］）	Absorber Cladding Mechanical Interaction [Fuel]
Tương tác giữa kết cấu xây dựng và nền đất	jiban-tateya sougosayou [taishin]（地盤-建屋相互作用［耐震］）	Soil Structure Interaction [seismic] [SSI]
Tương tác giữa viên nhiên liệu và lớp vỏ bọc	peretto hihuku kan sougosayou [nenryou]（ペレット被覆管相互作用［燃料］）	Pellet Clad Interaction [Fuel] [PCI]
Tương tác hóa học giữa viên nhiên liệu và lớp vỏ bọc	peretto hihuku kan kagakuteki sougosayou [nenryou]（ペレット被覆管化学的相互作用［燃料］）	Pellet Clad Chemical Interaction [Fuel] [PCCI]
Tuyến giáp	koujou sen（甲状腺）	Thyroid Gland
Tỷ lệ hơi nước bị mang theo (hơi nước lưu hồi sau bộ tách ẩm)	kyarii anda（キャリーアンダ）	Carry Under [steam ratio of separator]
Tỷ lệ nước bị mang theo (nước sau bộ tách ẩm)	kyarii ooba（キャリーオーバ）	Carry Over [water ratio of separator]
Tỷ số biến đổi ban đầu	shoki tenkan ritsu（初期転換率）	Initial Conversion Ratio [ICR]
Tỷ số công suất tới hạn	genkai shutsuryoku hi [nenryou]（限界出力比［燃料］）	Critical Power Ratio [Fuel] [CPR]
Tỷ số công suất tới hạn cực tiểu giới hạn an toàn	anzen genkai saishou genkai shutsuryokuhi [nenryou]（安全限界最小限界出力比［燃料］）	Safety Limit Minimum Critical Power Ratio [Fuel] [SLMCPR]
Tỷ số công suất tới hạn cực tiểu giới hạn vận hành	unten genkai saishou genkai shutsuryoku hi（運転限界最小限界出力比）	Operating Limit Minimum Critical Power Ratio [OLMCPR]
Tỷ số công suất tới hạn tối thiểu	saishou genkai shutsuryoku hi [nenryou]（最小限界出力比［燃料］）	Minimum Critical Power Ratio [Fuel] [MCPR]

Tỷ số cực đại của mật độ công suất giới hạn	saidai genkai shutsuryoku mitsudo hi [nenryou]（最大限界出力密度比［燃料］）	Maximum Fraction of Limiting Power Density [Fuel] [MFLPD]
Tỷ số cực đại của mật độ công suất giới hạn trong vùng hoạt	roshin saidai genkai shutsuryoku mitsudo hi （炉心最大限界出力密度比）	Core Maximum Fraction of Limiting Power Density [CMFLPD]
Tỷ số cực tiểu rời khỏi chế độ sôi bọt	saishou genkai netsuryu-usoku hi [pii daburyu aaru] [nenryou]（最小限界熱流束比［PWR］［燃料］）	Minimum Departure from Nucleate Boiling Ratio [PWR] [Fuel] [MDNBR]
Tỷ số rời khỏi chế độ sôi bọt	kaku huttou genkai hi （核沸騰限界比）	Departure from Nucleate Boiling Ratio [DNBR]
Tỷ số sinh nhiệt tuyến tính cực đại	saidai sen shutsuryoku mitsudo hi [nenryou]（最大線出力密度比［燃料］）	Maximum Linear Heat Generation Ratio [Fuel] [MLHGR]
Tỷ số sinh nhiệt tuyến tính trung bình cực đại	saidai noodo danmen heikin senshutsuryoku mitsudo hi [nenryou]（最大ノード断面平均線出力密度比［燃料］）	Maximum Average Planar Linear Heat Generation Ratio [Fuel] [MAPLHGR (MAPL)]
Tỷ số suy giảm biên độ (độ ổn định của dao động)	genpuku hi [antei sei]（減幅比［安定性］）	Decay Ratio [stability]
Tỷ số tái sinh	zoushoku hi（増殖比）	Breeding Ratio [BR]
Tỷ số thông lượng nhiệt tới hạn	genkai netsu ryu-usoku hi [nenryou]（限界熱流束比［燃料］）	Critical Heat Flux Ratio [Fuel] [CHFR]
Tỷ số thông lượng nhiệt tới hạn cực tiểu vùng hoạt	roshin saishou genkai netsu ryu-usoku hi （炉心最小限界熱流束比）	Core Minimum Critical Heat Flux Ratio [CMCHFR(MCHFR)]
Tỷ số thông lượng nhiệt tới hạn tối thiểu	saishou genkai netsuryu-usoku hi [nenryou]（最小限界熱流束比［燃料］）	Minimum Critical Heat Flux Ratio [Fuel] [MCHFR (MCHF)]

U

Ứng suất màng	maku ouryoku（膜応力）	Membrane Stress
Urani độ giàu thấp	tei noushuku uran （低濃縮ウラン）	Low Enriched Uranium [LEU]
Urani được làm giàu	noushuku uran（濃縮ウラン）	Enriched Uranium
Urani nghèo	rekka uran（劣化ウラン）	Depleted Uranium

Urani thu hồi được	kaishu-u uran（回収ウラン）	Recovered Uranium [RU]
Urani tự nhiên	ten-nen uran（天然ウラン）	Natural Uranium
V		
Vách bao	shuraudo [roshin]（シュラウド［炉心］）	Shroud [core]
Vách bao vùng hoạt	roshin shuraudo（炉心シュラウド）	Core Shroud
Van an toàn của bình điều áp	ka-atsuki anzen ben（加圧器安全弁）	Pressurizer Safety Valve
Van an toàn đường dẫn hơi chính	shujouki anzen ben（主蒸気安全弁）	Main Steam Safety Valve [MSSV]
Van cách ly	kakuri ben（隔離弁）	Isolation Valve [IV]
Van chặn dòng	chu-ukan jouki tome ben（中間蒸気止め弁）	Intercept Stop Valve [ISV]
Vận chuyển nhiên liệu	nenryou yusou（燃料輸送）	Fuel Transportation
Van cô lập boongke lò	kakunou youki kakuri ben（格納容器隔離弁）	Containment Isolation Valve
Van cô lập đường dẫn hơi chính	shujouki kakuri ben（主蒸気隔離弁）	Main Steam Isolation Valve [MSIV]
Vấn đề an toàn chưa được giải quyết	mikaiketsu anzen mondai（未解決安全問題）	Unresolved Safety Issue [USI]
Van điều khiển	seigyo ben, kagen ben（制御弁、加減弁）	Control Valve [CV]
Van điều khiển đường dẫn hơi chính	shujouki kagen ben（主蒸気加減弁）	Main Steam Control Valve [CV]
Van điều khiển mức nước	sui-i seigyo ben（水位制御弁）	Level Control Valve
Van dừng chính	shujouki tome ben（主蒸気止め弁）	Main Stop Valve [MSV]
Van giảm áp	gen-atsu ben（減圧弁）	Depressurization Valve
Vận hành 1 người	unten-in hitori ni yoru unten（運転員一人による運転）	One-man Operation
Vận hành bằng không khí	ku-uki sadou（空気作動）	Air Operated [AO]
Vận hành bình thường	tsu-ujou unten（通常運転）	Normal Operation
Vận hành theo nhóm (thanh điều khiển)	seigyobou gun sousa（制御棒群操作）	Gang Operation

Vận hành thương mại	unkai (bi), shougyou unten (kaishibi)（運開〈日〉・商業運転（開始日））	Commercial Operation(Date) [CO(COD)]
Van hoạt động bằng mô tơ	dendou ben（電動弁）	Motor Operated Valve [MOV]
Van kiểm soát vượt lưu lượng	ka ryu-uryou soshi ben（過流量阻止弁）	Excess Flow Check Valve [EFCV]
Van phun (sương) trong bình điều áp	ka-atsuki supurei ben（加圧器スプレイ弁）	Pressurizer Spray Valve
Van tiết lưu	ryu-uryou seigyo ben（流量制御弁）	Flow Control Valve [FCV]
Vận tốc sóng trượt	sendan ha sokudo（せん断波速度）	Shear Wave Velocity [Vs]
Van xả	haiki ben（排気弁）, nigashi ben (nogashi ben)（逃し弁）	Exhaust Valve, Relief Valve [RV]
Van xả an toàn	nigashi anzen ben (nobashi anzen ben)（逃し安全弁）	Safety Relief Valve [SRV(SR/V)]
Van xả an toàn dòng hơi chính	shujouki nogashi anzen ben, (shujouki nigashi anzen ben)（主蒸気逃し安全弁）	Main Steam Safety Relief Valve [SRV]
Van xả của bình điều áp	ka-atsuki nigashi ben (ka-atsuki nogashi ben)（加圧器逃し弁）	Power Operated Relief Valve [PORV]
Van xả dòng hơi chính	shujouki nogashi ben, (shujouki nigashi ben)（主蒸気逃がし弁）	Main Steam Relief Valve [MSRV]
Vật liệu (hạt nhân) nguồn	kaku genryou busshitsu（核原料物質）	Nuclear Source Material
Vật liệu cách nhiệt	dan-netsu zai（断熱材）	Thermal Insulation
Vật liệu không kiểm toán được	humeikaku busshitsu ryou（不明核物質量）	Material Unaccounted For [MUF]
Vật liệu phân hạch	kaku bunretsu sei busshitsu（核分裂性物質）	Fission Material
Vật mẫu giám sát/đối chứng	kanshi you shiken hen（監視用試験片）	Surveillance Test Specimen
Vật văng ra từ tuốc bin	taabin misairu（タービンミサイル）	Turbine Missile
Vết nhiệt	hiito toreesu（ヒートトレース）	Heat Trace
Vị trí thanh điều khiển	seigyobou ichi [jikuhoukou], seigyobou chan-neru [kei houkou]（制御棒位置［軸方向］、制御棒チャンネル［径方向］）	Control Rod Position

Viên nhiên liệu	nenryou peretto（燃料ペレット）	Fuel Pellet
Vỏ bọc	uchibari zai（内張材）	Clad
Vỏ bọc thanh nhiên liệu	nenryou hihuku kan（燃料被覆管）	Fuel Cladding (Tube)
Vỏ bọc zircaloy lót zirconi	jirukoniumu raina tsuki jirukaroi tsuu hihukukan（ジルコニウムライナ付ジルカロイ-2被覆管）	Zirconium Lined Zircaloy-2 Cladding
Vỡ đường (ống) hơi	jouki haikan hadan（蒸気配管破断）	Steam Line Break [SLB]
Vỡ ống truyền nhiệt của bình sinh hơi	jouki hasseiki netsukan hason (jiko)（蒸気発生器伝熱管破損〈事故〉）	Steam Generator Tube Rupture [SGTR]
Vòi phun	supaaja（スパージャ）	Sparger
Vòi phun sương	supurei nozuru（スプレイノズル）	Spray Nozzle
Vòi phun trong bình điều áp	ka-atsuki supurei nozuru（加圧器スプレイノズル）	Pressurizer Spray Nozzle
Vòng đỡ vách bao	shuraudo sapooto ringu（シュラウドサポートリング）	Shroud Support Ring
Vùng hoạt ban đầu	sho souka roshin（初装荷炉心）	Initial Core
Vùng hoạt công suất không	zero shutsuryoku roshin（ゼロ出力炉心）	Zero Power Core
Vùng hoạt được điều khiển theo từng miền	kontorooru seru koa（コントロールセルコア）	Control Cell Core [CCC]
Vùng hoạt lò phản ứng	roshin（炉心）	Reactor Core
Vùng ít dân cư (mật độ thấp)	tei jinkou chitai（低人口地帯）	Low Population Zone [LPZ]
Vượt quá công suất	ka shutsuryoku（過出力）	Over Power
Vượt quá mômen quay	tentou moomento（転倒モーメント）	Over Turning Moment

X		
Xả đột ngột	buroo daun（ブローダウン）	Blow Down [BD]
Xác suất điều kiện hư hỏng boongke lò	kakunou youki jouken tsuki hason kakuritsu（格納容器条件付破損確率）	Containment Conditional Failure Probability [CCFP]
Xác suất hư hỏng (đứt gãy) cơ học	kakuritsuronteki hakai rikigaku（確率論的破壊力学）	Probabilistic Fracture Mechanics
Xác suất tránh bắt cộng hưởng	kyoumei wo nogareru kakuritsu（共鳴を逃れる確率）	Resonance Escape Probability [P]

Xe quan trắc (phóng xạ)

Xe quan trắc (phóng xạ)	houshanou kansokusha（放射能観測車）	Monitoring Car
Xin cấp phép cho kinh doanh tái chế	saishori jigyou shitei (ninka) shinsei（再処理事業指定〈認可〉申請）	Application Designation of Reprocessing Business [ADRB]
Xử lý hóa lỏng bằng nhiệt (cho chất thải rắn)	koyou taika shori（固溶体化処理）	Solution Heat Treatment [SHT]
Xử lý nhiệt sau hàn	yousetsu go netsu shori（溶接後熱処理）	Post Weld Heat Treatment [PWHT]
Xử lý nước bù	saisei sui hokyu-u sui（再生水補給水）	Make Up Water Treated
Xưởng cơ khí	kikai kousaku shitsu（機械工作室）	Machine Shop
Y		
Yêu cầu oxi hóa học	kagakuteki sanso youkyu-u ryou [suishitsu kijun]（化学的酸素要求量［水質基準］）	Chemical Oxygen Demand [COD]
Yếu tố con người	hyuuman fakuta（ヒューマンファクタ）	Human Factor [HF]

原子力用語辞典（日越英）

Japanese
—
Tiếng Việt
—
English

Japanese	Tiếng Việt	English
A		
aakitekuto enjiniaringu（アーキテクトエンジニアリング）	Công nghệ kiến trúc	Architect Engineering [AE]
abura doren kei（油ドレン系）	Hệ thống thu dầu thải	Oil Drain
ai ee ii ee tsuika gitei sho（IAEA 追加議定書）	Nghị định thư bổ sung của IAEA	the Additional Protocol [IAEA] [NPTAP]
aisoreeshon kondensa [bii daburyu aaru]（アイソレーションコンデンサ[BWR]）	Bình ngưng cách li	Isolation Condenser [BWR] [IC]
aisu kondensa [pii daburyu aaru]（アイスコンデンサ[PWR]）	Bình ngưng tụ băng, đá	Ice Condenser [PWR]
aitakku（ITAAC）	Thanh tra, kiểm tra, phân tích và tiêu chí chấp nhận được	Inspection, Test, Analysis, and Acceptance Criteria [ITAAC]
akisharu ohusetto ittei seigyo [pii daburyu aaru] [nenryou]（アキシャルオフセット一定制御[PWR]［燃料］）	Điều khiển độ lệch cố định (công suất) dọc trục	Constant Axial Offset Control [PWR] [Fuel] [CAOC]
an-nai bou [nenryou]（案内棒［燃料］）	Thanh dẫn	Guide Rod [Fuel]
an-naikan [nenryou]（案内管［燃料］）	Ống dẫn	Guide Tube [Fuel] [GT]
anion tou（アニオン塔）	Tháp trao đổi anion	Anion Exchanger Tank
ankaa heddo（アンカーヘッド）	Đầu neo	Anchor Head
anyurasu ku-uki jouka setsubi（アニュラス空気浄化設備）	Hệ thống làm sạch khí vùng vành xuyến (giữa hai lớp boongke lò)	Annulus Air Cleanup System
anyurasu shiiru（アニュラスシール）	Đệm kín vành xuyến (giữa các lớp boongke lò)	Annulus Seal
anzen genkai saishou genkai shutsuryokuhi [nenryou]（安全限界最小限界出力比［燃料］）	Tỷ số công suất tới hạn cực tiểu giới hạn an toàn	Safety Limit Minimum Critical Power Ratio [Fuel] [SLMCPR]
anzen hogo kei（安全保護系）	Hệ thống bảo vệ an toàn	Safety Protection System [SPS]
anzen hyouka houkokusho（安全評価報告書）	Báo cáo đánh giá an toàn	Safety Evaluation Report [SER]
anzen hyouka（安全評価）	Đánh giá an toàn	Safety Assessment

anzen kaiseki sho（安全解析書）	Báo cáo phân tích an toàn	Safety Analysis Report [SAR]
anzen kei parameeta hyouji shisutemu （安全系パラメータ表示システム）	Hệ thống hiển thị các thông số an toàn	Safety Parameter Display System [SPDS]
anzen kisei（安全規制）	Quy chế/quy định an toàn	Safety Regulation
anzen sekkei（安全設計）	Thiết kế an toàn	Safety Design
anzen shishin（安全指針）	Hướng dẫn an toàn	Safety Guide [SG]
anzen teishi jishin （安全停止地震）	(Mức độ) động đất dừng lò an toàn	Safe Shutdown Earthquake [SSE]
araamu tsuki dejitaru senryou kei （アラーム付デジタル線量計）	Máy đo liều kỹ thuật số có cảnh báo	Alarm Digital Dosimeter
atsuryoku baundari （圧力バウンダリ）	Biên chịu áp lực	Pressure Boundary
atsuryoku henkanki （圧力変換器）	Bộ truyền tín hiệu áp suất	Pressure Transmitter [PT]
atsuryoku shijikei（圧力指示計）	Thiết bị chỉ thị áp suất (đồng hồ áp suất)	Pressure Indicator [PI]
atsuryoku suicchi（圧力スイッチ）	Công tắc áp suất	Pressure Switch [PS]
atsuryoku yokusei puuru （圧力抑制プール）	Bể triệt áp	Pressure Suppression Pool [SP]
atsuryoku youki sutaddo boruto natto chakudatsu souchi（圧力容器スタッドボルトナット着脱装置）	Bộ xiết bulông (thùng lò)	Stud Tensioner [RPV/RV]
(atsuryoku) yokusei puuru （〈圧力〉抑制プール）	Bể khử/triệt áp	Suppression Pool
B		
baanaburu poizun （バーナブルポイズン）	Chất độc cháy được	Burnable Poison [BP]
bahhuru pureeto （バッフルプレート）	Tấm ngăn	Baffle Plate
baizou jikan （倍増時間）	Thời gian để thông lượng nơ tron tăng lên gấp đôi	Doubling Time
barometorikku kondensa （バロメトリックコンデンサ）	Bình ngưng khí áp	Barometric Condenser
baruku huttou（バルク沸騰）	Sôi khối/sôi bão hòa	Bulk Boiling
beesu matto（ベースマット）	Đệm nền	Base Mat [BM]

bichousei seigyobou kudou kikou [dendou]（微調整制御御棒駆動機構［電動］）	Cơ cấu dẫn động tinh thanh điều khiển	Fine Motion Control Rod Drive Mechanism [FMCRD]
biryu-ushi firuta（微粒子フィルタ）	Phin lọc tuyệt đối, Bộ lọc khí dạng hạt hiệu suất cao	Absolute Filter, High Efficiency Particulate Air Filter [HEPA]
boido (joukihou) kouka（ボイド（蒸気泡）効果）	Hiệu ứng rỗng (ở lò nước sôi)	Void Effect
boron touryou（ボロン当量）	Hàm lượng bo tương đương	Equivalent Boron Content
bunpu keisu-u（分布係数）	Hệ số phân bố	Distribution Factor
bunri sekkei（分離設計）	Phân tách vật lý	Physical Separation
bureedo gaido（ブレードガイド）	Bộ gá giữ thanh điều khiển (khi thay đảo nhiên liệu ở lò nước sôi)	Blade Guide [of Control rod in refueling]
buroo daun（ブローダウン）	Xả đột ngột	Blow Down [BD]
busshitsu shu-ushi（物質収支）	Cân bằng vật liệu	Material Balance
butteki bougo,（物的防護）	Bảo vệ thực thể	Physical Protection [PP]
C		
chakooru tateya（チャコール建屋）	Tòa nhà chứa than hoạt tính	Charcoal Building [CH/B（CHB）]
chan-neru chakudatsu ki [bii daburyu aaru]（チャンネル着脱機［BWR］）	Máy chuẩn bị nhiên liệu	Fuel Preparation Machine [BWR] [FPM]
channeru fasuna（チャンネルファスナ）	Bộ định vị kênh	Channel Fastener
chihatsu chu-useishi（遅発中性子）	Nơtron trễ	Delayed Neutron
chikuatsu chu-unyu-u kei（蓄圧注入系）	Hệ thống bình tích nước cao áp	Accumulator system
chikuatsuki（蓄圧器）	Bình tích nước cao áp	Accumulator [ACC]
chishi senryou（致死線量）	Liều lượng gây chết người	Lethal Dose
chisso hu-unyu-u souchi（窒素封入装置）	Thiết bị bịt kín bằng khí nitơ	Nitrogen Gas Seal Equipment
chisso sankabutsu（窒素酸化物）	Ôxit nitơ	Nitrogen Oxide [NOX]

chou kouatsu（超高圧）	Điện áp siêu cao thế	Ultra High Voltage [UHV]
chou uran genso（超ウラン元素）	Nguyên tố siêu urani	Trans Uranium [TRU]
chouka zoubai ritsu（超過増倍率）	Hệ số nhân dư	Excess Multiplication Factor [Kex]
chouonpa ryu-uryou kei（超音波流量計）	Lưu lượng kế siêu âm	Ultrasonic Flowmeter
chouonpa shiken（超音波試験）	Kiểm tra siêu âm	Ultrasonic Test [UT]
chousoku souchi（調速装置）	Bộ điều tốc	Governor [GOV]
chu-u reberu houshasei haikibutsu（中レベル放射性廃棄物）	Chất thải phóng xạ hoạt độ trung bình	Medium Level Radioactive Waste (Medium (Radio Active Waste) [MLW(MAW)]
chu-uatsu anzen chu-unyu-u（中圧安全注入）	Sự phun an toàn trung áp	Medium Head Safety Injection [MHSI]
chu-ukan chozou（中間貯蔵）	Lưu giữ trung gian	Intermediate Storage
chu-ukan jouki tome ben（中間蒸気止め弁）	Van chặn dòng	Intercept Stop Valve [ISV]
chu-ukan netsu koukanki（中間熱交換器）	Bộ trao đổi nhiệt trung gian	Intermediate Heat Exchanger
chu-ukan reberu haikibutsu（中間レベル廃棄物）	Chất thải hoạt độ trung bình	Intermediate Level Waste [ILW]
chu-ukan ryouiki monita（中間領域モニタ）	Hệ thống giám sát dải trung gian	Intermediate Range Monitor [IRM]
chu-ukan ryouiki（中間領域）	Dải trung gian	Intermediate Range
chu-ukanchi sentaku（中間値選択）	Cổng giá trị trung bình	Mean Value Gate [MVG]
chu-uki kei（抽気系）	Hệ thống trích hơi	Bleed Steam System
chu-uki（抽気）	Hơi được trích ra	Extraction Steam [ES]
chu-uku-ushi maku firuta（中空糸膜フィルタ）	Bộ lọc ngưng tụ sợi rỗng, Bộ lọc sợi rỗng	Condensate Hollow Filter [CHF], Hollow Fiber Filter [HFF]
chu-uou seigyo ban（中央制御盤）	Bảng điều khiển trung tâm	Main Control Board [MCB], Main Control Panel
chu-uou seigyo shitsu（中央制御室）	Phòng điều khiển chính	Main Control Room [MCR]

chu-uou sousa shitsu（中央操作室）	Phòng điều khiển trung tâm	Main Control Room [MCR]
chu-useishi doopingu（中性子ドーピング）	Pha tạp (vật liệu) bằng chùm nơtron	Neutron Doping
chu-useishi gen（中性子源）	Nguồn nơtron	Neutron Source
chu-useishi keisou kei（中性子計装系）	Hệ thống giám sát nơtron	Neutron Monitoring System
chu-useishi kyu-ushu-uzai（中性子吸収材）	Chất hấp thụ nơtron	Neutron Absorber
chu-useishi rajiogurafi（中性子ラジオグラフィ）	Phương pháp chụp ảnh nơtron	Neutron Radiography [NRG]
chu-useishi soku [fai]（中性子束［φ］）	Thông lượng nơtron	Neutron Flux [nv]
chu-useishi（中性子）	Nơtron	Neutron [n]
chu-useishigen ryouiki monita（中性子源領域モニタ）	Thiết bị giám sát dải nguồn	Source Range Monitor [SRM]
chuubu pureeto anagata [wesuchingu hausu sha esu jii]（チューブ・プレート穴型［WH社 SG］）	Giá đỡ ống (bình sinh hơi) kiểu khay trứng	Broached Egg Crate [WH] [BEC]
D		
daitai seigyobou sounyu-u kinou（代替制御棒挿入機能）	Đưa thanh điều khiển luân phiên vào lò	Alternate Rod Insertion [ARI]
daiyahuramu huroa [pii shii vi]（ダイヤフラムフロア［PCV］）	Sàn chắn	Diaphragm Floor [PCV]
dakkiki（脱気器）	Bình khử khí	Deaerator
dan-netsu zai（断熱材）	Vật liệu cách nhiệt	Thermal Insulation
dasuto houshasen monita（ダスト放射線モニタ）	Hệ thống giám sát bụi phóng xạ	Dust Radiation Monitor [DRM]
datsu gasu souchi（脱ガス装置）	Thiết bị khử khí	Gas Stripper Package
datsuen sui (junsui)（脱塩水〈純水〉）	Nước khử khoáng	Demineralized Water [DW]
datsuensui hokyu-u sui kei, junsui hokyu-u sui（脱塩水補給水、純水補給水）	Làm tinh khiết nước bù	Make Up Water Pure Water
deburi（デブリ）	Mảnh vụn	Debris
dei tanku [dhii jii nenryou]（デイタンク［DG 燃料］）	Thùng nhiên liệu dùng cho ngày	Day Tank [DG fuel]
deiri kanri shitsu（出入管理室）	Phòng quản lý ra vào	Access Control Room [ACR]

deiri kanri tateya（出入管理建屋）	Tòa nhà kiểm soát ra vào	Access Control Building [ACB]
dekki pureeto（デッキプレート）	Tấm sàn	Deck Plate
dendou ben（電動弁）	Van hoạt động bằng mô tơ	Motor Operated Valve [MOV]
dendou gata seigyobou kudou kikou（電動型制御棒駆動機構）	Dẫn động tinh thanh điều khiển	Fine Motion Control Rod Drive [FMCRD]
dendou hojo kyu-usui ponpu（電動補助給水ポンプ）	Bơm nước cấp phụ trợ truyền động bằng motor	Motor Driven Auxiliary Feed Water Pump [MDAFP]
dendou shu kyu-usui ponpu [pii daburyu aaru]（電動主給水ポンプ［PWR］）	Bơm nước cấp truyền động bằng motor	Motor Driven Feed Water Pump [PWR] [MDFWP]
dendouki kudou kyu-usui ponpu [bii daburyu aaru]（電動機駆動給水ポンプ［BWR］）	Bơm nước cấp dẫn động bằng motor	Motor Driven Reactor Feed Water Pump [BWR] [MDRFP]
dengen soushitsu（電源喪失）	Mất điện	Loss of Power
denki boushoku souchi（電気防食装置）	Hệ thống bảo vệ catôt (âm cực)	Cathode Protection System
denki boushoku（電気防食）	Bảo vệ catôt/âm cực	Cathodic Protection
denki you kantsu-u bu（電気用貫通部）	Lối xuyên cho đường điện	Electric Penetration
denki-yuatsu shiki seigyo souchi（電気 - 油圧式制御装置）	Thiết bị điều khiển kiểu điện - thủy lực	Electro-Hydraulic Control [EHC]
denri houshasen ni yoru seibutsu gaku teki eikyou（電離放射線による生物学的影響）	Các hiệu ứng sinh học do bức xạ ion hóa	Biological Effects Ionizing Radiation [BEIR]
denryoku keitou anteika souchi（電力系統安定化装置）	Bộ ổn định hệ thống điện	Power System Stabilizer [PSS]
denshi hokaku (kidou denshi hokaku)（電子捕獲〈軌道電子捕獲〉）	Bắt điện tử	Electron Capture(Orbital Electron Capture)
denshi sen kaisetsu bunseki（電子線回折分析）	Phân tích vật liệu bằng nhiễu xạ electron	Electron Channeling Pattern Analysis [ECPA]
denshi（電子）	Điện tử	Electron [e]
dhiizeru hatsudenki（ディーゼル発電機）	Máy phát Diesel	Diesel Generator [D/G]
doppura kouka (kyoumei kyu-ushu-u)（ドップラ効果〈共鳴吸収〉）	Hiệu ứng Đốp lơ (Hấp thụ cộng hưởng)	Doppler Effect (Resonance absorption)

doppura kouka (nenryoubou han-noudo)（ドップラ効果〈燃料棒温度反応度〉）

doppura kouka (nenryoubou ondo han-noudo)（ドップラ効果〈燃料棒温度反応度〉）	Hiệu ứng Đốp lơ (Độ phản ứng nhiệt độ nhiên liệu)	Doppler Effect (fuel temperature reactivity)
doppuraa keisu-u（ドップラー係数）	Hệ số Đốp lơ	Doppler Coefficient
dorai weru（ドライウェル）	Giếng khô	Drywell [D/W]
douteki kaiseki（動的解析）	Phân tích động lực học	Dynamic Analysis
douteki kaju-u keisu-u（動的荷重係数）	Hệ số tải động	Dynamic Load Factor [DLF]
doutokusei kaiseki（動特性解析）	Phân tích động lực học	Dynamic Analysis
E		
ea rokku（エアロック）	Khóa khí	Air Lock [AL]
ei shii dengen soushitsu（AC 電源喪失）	Mất nguồn điện xoay chiều	Loss of AC Power [LOAC]
ekitai kinzoku reikyaku kousoku zoushoku ro（液体金属冷却高速増殖炉）	Lò tái sinh nhanh sử dụng kim loại lỏng để làm mát	Liquid Metal Fast Breeder Reactor [LMFBR]
ekitai kinzoku reikyaku ro（液体金属冷却炉）	Lò sử dụng kim loại lỏng làm mát	Liquid Metal Reactor [LMR]
ekitai shintou tanshou kensa（液体浸透探傷検査）	Kiểm tra thẩm thấu (Phương pháp PT)	Penetrant Testing [PT]
emu jii setto（MG セット）	Bộ máy phát động cơ	Motor Generator Set [M-G Set]
enkaku teishi sousa kei（遠隔停止操作系）	Hệ thống dừng lò từ xa	Remote Shutdown System [RSS]
enshin shiki（遠心式）	Kiểu ly tâm	Centrifugal
enso chu-unyu-u（塩素注入）	Khử trùng bằng clo	Chlorination
enso shori souchi（塩素処理装置）	Thiết bị xử lý bằng clo	Chlorinating Equipment
enu sutanpu [asume genshiryoku kikaku]（N スタンプ［ASME 原子力規格］）	Nhãn hiệu N (Tiêu chuẩn hạt nhân, ASME)	N Stamp [nuclear standard, ASME]
eria monita（エリアモニタ）	Thiết bị quan trắc phóng xạ khu vực	Area Radiation Monitor [ARM]
esu enu kyokusen (hirou kyokusen)（S-N 曲線〈疲労曲線〉）	Đường cong S-N (Đường cong mỏi của kim loại)	Stress Number of Cycles to Failure [S-N]

F		
fankushonaru daiyaguramu [pii daburyu aaru]（ファンクショナルダイヤグラム［PWR］）	Sơ đồ chức năng	Functional Diagram [PWR]
feiru seehu sekkei（フェイルセーフ設計）	Thiết kế an toàn khi sai hỏng	Fail Safe Design
feiru seehu（フェイルセーフ）	An toàn khi sai hỏng	Fail Safe
firumu bajji（フィルムバッジ）	Liều kế dùng phim	Film Badge
G		
gadorinia [kanen sei seigyo zai]（ガドリニア［可燃性制御材］）	Gadolini	Gadolinia
gaibu dengen soushitsu（外部電源喪失）	Mất nguồn điện xoay chiều	Loss of AC Power [LOAC]
gaibu dengen soushitsu jiko（外部電源喪失事故）	Sự cố mất điện lưới	Loss of Off-site Power Accident [LOPA]
gaibu dengen（外部電源）	Nguồn điện ngoài nhà máy	Off Site Power Source
gaibu hibaku（外部被ばく）	Phơi nhiễm ngoài	External Exposure
gaibu shahei（外部遮蔽）	Lá chắn phía ngoài	Outer Shield [OS]
gaigaa myuuraa（ガイガー・ミューラー）	Ống đếm (phóng xạ) Geige-Muller	Geiger Muller [GM]
gaikan kensa（外観検査）	Kiểm tra trực quan	Visual Test [VT]
ganma sen ondo kei（ガンマ線温度計）	Nhiệt kế gamma	Gamma Thermometer [GT]
ganma sukyaningu（ガンマ・スキャニング）	Sự quét tia Gamma	Gamma Scanning
garasu senryou kei（ガラス線量計）	Liều kế thủy tinh	Glass Dosimeter
gasu enshin bunri（ガス遠心分離）	Bộ ly tâm khí (làm giàu urani)	Gas Centrifuge [GCF]
gasu gensui tanku（ガス減衰タンク）	Thùng phân rã khí (phóng xạ)	Gas Decay Tank [GDT]
gasu kakusan（ガス拡散）	Khuếch tán khí	Gaseous Diffusion
gasu reikyaku kousoku zoushoku ro（ガス冷却高速増殖炉）	Lò tái sinh nhanh làm mát bằng khí	Gas Cooled Fast Breeder Reactor [GCFBR]
gasu reikyaku ro（ガス冷却炉）	Lò dùng khí làm chất tải nhiệt	Gas Cooled Reactor [GCR]

gasu zetsuen gata kaihei souchi（ガス絶縁型開閉装置）	Bộ chuyển mạch cách điện bằng khí	Gas Insulated Switchgear [GIS]
gen-atsu ben（減圧弁）	Van giảm áp	Depressurization Valve
gen-youki（減容機）	Máy nén thủy lực	Baling Machine (Baler)
genba seigyo ban（現場制御盤）	Bảng điều khiển tại chỗ	Local Control Panel
genchi yousetsu（現地溶接）	Hàn tại hiện trường	Field Weld [FW]
genkai jouken（限界条件）	Điều kiện giới hạn	Limiting Condition
genkai netsu ryu-usoku [nenryou]（限界熱流束［燃料］）	Thông lượng nhiệt tới hạn	Critical Heat Flux [Fuel] [CHF]
genkai netsu ryu-usoku hi [nenryou]（限界熱流束比［燃料］）	Tỷ số thông lượng nhiệt tới hạn	Critical Heat Flux Ratio [Fuel] [CHFR]
genkai netsu ryu-usoku no meyasu tonaru huttou sen-i ten [nenryou]（限界熱流束の目安となる沸騰遷移点［燃料］）	Sự rời khỏi chế độ sôi bọt (nhiên liệu)	Departure from Nucleate Boiling [Fuel] [DNB]
genkai shutsuryoku [nenryou]（限界出力［燃料］）	Công suất tới hạn	Critical Power [Fuel]
genkai shutsuryoku hi [nenryou]（限界出力比［燃料］）	Tỷ số công suất tới hạn	Critical Power Ratio [Fuel] [CPR]
genpuku hi [antei sei]（減幅比［安定性］）	Tỷ số suy giảm biên độ (độ ổn định của dao động)	Decay Ratio [stability]
genshi jouki reezaa douitai bunri hou（原子蒸気レーザー同位体分離法）	Tách đồng vị bằng phương pháp la-de hóa hơi nguyên tử	Atomic Vapor Laser Isotope Separation [AVLIS]
genshi nenryou saikuru（原子燃料サイクル）	Chu trình nhiên liệu hạt nhân	Nuclear Fuel Cycle
genshi ro（原子炉）	Lò phản ứng (Lò nguyên tử)	Reactor [Rx]
genshiro anzen kijun [ai ee ii ee]（原子炉安全基準［IAEA］）	Tiêu chuẩn an toàn hạt nhân	Nuclear Safety Standards [IAEA] [NUSS]
genshiro atsuryoku youki bento（原子炉圧力容器ベント）	Lỗ thoát khí trên đỉnh thùng lò	Reactor Vent
genshiro atsuryoku youki uwabuta（原子炉圧力容器上蓋）	Đầu/nắp trên	Top Head
genshiro atsuryoku youki [bii daburyu aaru]（原子炉圧力容器［BWR］）	Thùng lò phản ứng	Reactor Pressure Vessel [RPV]

genshiro kyu-usui seigyo kei（原子炉給水制御系）

genshiro gureedo [hinshitsu kanri]（原子炉グレード［品質管理］）	Cấp độ hạt nhân	Nuclear Grade [Quality Control]
genshiro hogo kei（原子炉保護系）	Hệ thống bảo vệ lò phản ứng	Reactor Protection System [RPS]
genshiro hojo tateya（原子炉補助建屋）	Tòa nhà phụ trợ	Auxiliary Building [AB]
genshiro hoki reikyaku sui kei（原子炉補機冷却水系）	Hệ thống nước tuần hoàn làm mát thiết bị bên trong nhà lò	Reactor Building Closed Cooling Water System [RCW]
genshiro hoki reikyaku sui（原子炉補機冷却水）	Nước làm mát thiết bị	Component Cooling Water [CCW]
genshiro hukugou tateya（原子炉複合建屋）	Cấu trúc phối kết hợp	Combination Structure [building][C/S]
genshiro jouki kyoukyu-u kei（原子炉蒸気供給系）	Hệ thống cung cấp hơi hạt nhân	Nuclear Steam Supply System [NSSS]
genshiro kakunou youki kantsu-u bu（原子炉格納容器貫通部）	Sự xuyên qua boongke lò	Containment Vessel Penetration, RCV Penetration
genshiro kakunou youki（原子炉格納容器）	Boongke lò, Boongke lò sơ cấp	Containment Vessel [CV], Primary Containment Vessel [PCV]
genshiro kakuriji reikyaku kei（原子炉隔離時冷却系）	Hệ thống cô lập và làm mát vùng hoạt lò phản ứng	Reactor Core Isolation Cooling System [RCIC]
genshiro keitou igai no soushou（原子炉系統以外の総称）	Hệ thống BOP	Balance of Plant [BOP]
genshiro kiki reikyaku sui kaisui kei（原子炉機器冷却水海水系）	Hệ thống kiểu kín cấp nước biển cho nhà lò	Reactor Building Closed Cooling Sea Water System [RCWS]
genshiro kinkyu-u teishi kei（原子炉緊急停止系）	Hệ thống dừng/dập lò khẩn cấp	Emergency Shutdown System [ESS]
genshiro kyabithi shiiru（原子炉キャビティシール）	Làm kín khoang chứa lò phản ứng	Reactor Cavity Seal
genshiro kyu-u [hinshitsu kanri]（原子炉級［品質管理］）	Cấp độ hạt nhân	Nuclear Grade [Quality Control]
genshiro kyu-usui ponpu（原子炉給水ポンプ）	Bơm nước cấp lò phản ứng	Reactor Feedwater Pump [RFP]
genshiro kyu-usui seigyo kei（原子炉給水制御系）	Hệ thống điều khiển nước cấp lò phản ứng	Feedwater Control [FDWC] System

83

genshiro naizou gata ponpu（原子炉内蔵型ポンプ）	Bơm trong lò	Reactor Internal Pump [RIP]
genshiro netsu shutsuryoku（原子炉熱出力）	Công suất nhiệt vùng hoạt	Core Thermal Power [CTP]
genshiro reikyaku kei（原子炉冷却系）	Hệ thống làm mát lò phản ứng	Reactor Coolant System [RCS]
genshiro reikyaku zai saijunkan kei（原子炉冷却材再循環系）	Hệ thống tái tuần hoàn chất làm mát vòng sơ cấp	Primary Loop Recirculation [PLR] System
genshiro reikyakuzai atsuryoku baundari（原子炉冷却材圧力バウンダリ）	Biên áp lực của hệ thống chất tải nhiệt	Reactor Coolant Pressure Boundary [RCPB]
genshiro reikyakuzai（原子炉冷却材）	Chất làm mát/tải nhiệt lò phản ứng	Reactor Coolant
genshiro saijunkan ryu-uryou seigyo kei（原子炉再循環流量制御系）	Hệ thống điều khiển lưu lượng tái tuần hoàn trong lò phản ứng	Reactor Recirculation Flow Control System [RFC]
genshiro seigyo setsubi（原子炉制御設備）	Hệ thống điều khiển lò phản ứng	Reactor Control System [RCS]
genshiro shahei heki（原子炉遮蔽壁）	Tường chắn bảo vệ lò phản ứng	Reactor Shield Wall
genshiro shahei puragu（原子炉遮蔽プラグ）	Tấm chắn đỉnh thùng lò	Reactor Shield Plug
genshiro shikichi gai chozou [shiyouzumi nenryou]（原子炉敷地外貯蔵［使用済燃料］）	Kho lưu giữ nhiên liệu đã qua sử dụng cách xa lò phản ứng	Spent Fuel Storage Away From Reactor [Spent fuel]
genshiro shu-uki（原子炉周期）	Chu kỳ của lò phản ứng	Period
genshiro shudou sousa kei（原子炉手動操作系）	Hệ thống điều khiển lò phản ứng bằng tay	Reactor Manual Control System [RMCS]
genshiro shutsuryoku chousei souchi（原子炉出力調整装置）	Bộ điều chỉnh công suất của lò phản ứng	Reactor Power Regulator [RPR]
genshiro shutsuryoku to roshin ryu-uryou no mappu（原子炉出力と炉心流量のマップ）	Biểu đồ công suất - lưu lượng	Power Flow Map [PF Map]
genshiro sui-i（原子炉水位）	Mức nước trong lò phản ứng	Reactor Water Level
genshiro tateya（原子炉建屋）	Tòa nhà lò phản ứng	Reactor Building [RB (R/B)]
genshiro teishi（原子炉停止）	Dừng lò	Shutdown

genshiro youki deguchi nozuru （原子炉容器出口ノズル）	Lối ra thùng lò	Reactor Vessel Outlet Nozzle
genshiro youki huta （原子炉容器ふた）	Phần đỉnh thùng lò	Reactor Vessel Head [RVH]
genshiro youki iriguchi nozuru （原子炉容器入口ノズル）	Lối vào thùng lò	Reactor Vessel Inlet Nozzle
genshiro youki shitakagami （原子炉容器下鏡）	Đáy thùng lò	Reactor Vessel Bottom Head
genshiro youki uwabuta （原子炉容器上蓋）	Nắp trên thùng lò	Reactor Vessel Top Head
genshiro youki [pii daburyu aaru] （原子炉容器［PWR］）	Thùng lò phản ứng	Reactor Vessel [RV]
genshiryoku hatsudensho unten kanri chousadan [IAEA]（原子力発電所運転管理調査団[IAEA]）	Nhóm thẩm định an toàn vận hành [IAEA]	Operational Safety Review Team [IAEA] [OSART]
genshiryoku hatsudensho （原子力発電所）	Nhà máy điện hạt nhân	Nuclear Power Plant [NPP], Nuclear Power Station [NPS]
genshiryoku hou [beikoku] （原子力法［米国］）	Luật năng lượng nguyên tử [Hoa Kỳ]	Atomic Energy Act [USA][AEA]
genshiryoku kihon hou [nippon] （原子力基本法［日本］）	Luật cơ bản về năng lượng nguyên tử [Nhật Bản]	The atomic energy basic act [Japan]
genshiryoku kyouryoku nikoku kan kyoutei （原子力協力二国間協定）	Thỏa thuận hợp tác song phương về sử dụng hòa bình năng lượng nguyên tử	Bilateral Agreements for Cooperation Concerning Peaceful Uses of Nuclear Energy
genshiryoku saigai taisaku tokubetsu sochi hou [nippon] （原子力災害対策特別措置法[日本]）	Đạo luật về các biện pháp đặc biệt liên quan đến ứng phó khẩn cấp sự cố hạt nhân, Nhật Bản	The act on special measures concerning nuclear emergency preparedness [Japan]
genshiryoku songai baishou hou [nippon] （原子力損害賠償法［日本］）	Luật về bồi thường do các hư hại hạt nhân [Nhật Bản]	The Act on Compensation for Nuclear Damage [Japan]
genshiryoku songai no hokan teki hoshou ni kansuru jouyaku （原子力損害の補完的保障に関する条約）	Hiệp ước bồi thường bổ sung cho các hư hại hạt nhân	Convention on Supplementary Compensation for Nuclear Damage [CSC]
gensoku zai（減速材）	Chất làm chậm	Moderator

Japanese	Vietnamese	English
gensokuzai ondo han-noudo keisu-u（減速材温度反応度係数）	Hệ số nhiệt độ của chất làm chậm	Moderator Temperature Coefficient
gensui ka-atsu tanku（原水加圧タンク）	Bồn nước thô gia áp	Raw Water Pressurizer
gensui（原水）	Nước thô (chưa qua tinh lọc)	Raw Water
getta [nenryou bou no gasu damari]（ゲッタ［燃料棒のガス溜］）	Lõi hút ẩm (ở phần đầu thanh nhiên liệu)	Getter [water getter in fuel rod]
go housan natoriumu（五ほう酸ナトリウム）	Pentanborat-natri	Sodium Pentaborate
gojuppaasento chishi senryou（50％致死線量）	Liều trung bình gây chết người	Medium Lethal Dose
gouriteki ni tassei kanou na kagiri hikuku（合理的に達成可能な限り低く）	Thấp nhất hợp lý có thể đạt được	As Low As Reasonably Achievable [ALARA]
gurando jouki chousei ki（グランド蒸気調整器）	Bộ điều chỉnh hơi chèn	Gland Steam regulator [GSR]
gurando jouki hukusuiki（グランド蒸気復水器）	Bộ ngưng tụ hơi đệm	Gland Steam Condenser
gurando jouki（グランド蒸気）	Hơi đệm	Gland Steam [GS]
guriin hausu kouka（グリーンハウス効果）	Hiệu ứng nhà kính	Greenhouse Effect
gyaku shintou（逆浸透）	Sự thẩm thấu ngược	Reverse Osmusis [RO]
gyappu netsu dentatsu（ギャップ熱伝達）	Dẫn nhiệt qua khe khí trong thanh nhiên liệu	Gap Conductance
H		
hacchu-u naiji（発注内示）	Thư đặt hàng	Letter of Intent [LOI]
hadan mae rouei（破断前漏えい）	Rò rỉ trước khi bị vỡ	Leak Before Break [LBB]
haichi（配置）	Sự bố trí mặt bằng	Layout
haiden ban（配電盤）	Trạm phân phối điện	Power Center [P/C]
haieki jouhatsu souchi（廃液蒸発装置）	Gói thiết bị làm bay hơi chất thải	Waste Evaporator Package
haikan hason（配管破損）	Mất tính toàn vẹn của đường ống	Loss of Piping Integrity
haikan muchiuchi boushi kouzou butsu（配管むち打ち防止構造物）	Cấu trúc ngàm giữ đường ống	Pipe Whip Restraint Structure

haikan oyobi keisou senzu（配管及び計装線図）	Sơ đồ ống dẫn và thiết bị đo lường	Piping & Instrumentation Diagram [P&ID]
haiki ben（排気弁）	Van xả	Exhaust Valve
haiki butsu touki ni kakawaru kaiyou osen boushi jouyaku [rondon jouyaku]（廃棄物投棄に関わる海洋汚染防止条約［ロンドン条約］）	Hiệp ước ngăn ngừa ô nhiễm biển do chôn thải và các vấn đề khác (hiệp ước Luân Đôn về việc đổ rác thải)	Convention on the Prevention of Marine Pollution by Dumping of Wastes and Other Matter [London Dumping Convention]
haiki tou（排気筒）	Ống thải khí chính, Ống thải khí	Main Stack, Vent Stack
haikibutsu ko（廃棄物庫）	Kho lưu giữ chất thải rắn	Solid Waste Storage
haikibutsu shori tateya（廃棄物処理建屋）	Tòa nhà xử lý chất thải phóng xạ, Tòa nhà xử lý chất thải	Radwaste Building [RW/B], Waste Disposal Building [WDB]
hairo（廃炉）	Tháo dỡ (nhà máy)	Decommissioning
hakai hyouka kyokusen（破壊評価曲線）	Đường cong đánh giá hỏng hóc	Failure Assessment Curve [FAC]
hakai hyouka senzu（破壊評価線図）	Biểu đồ đánh giá hỏng hóc	Failure Assessment Diagram [FAD]
hakai jinsei（破壊靱性）	Độ bền chống gãy	Fracture Toughness
hakai kensa（破壊検査）	Kiểm tra phá hủy	Destructive Test
hamen sen-i ondo（破面遷移温度）	Nhiệt độ điểm chuyển tiếp xuất hiện nứt gãy	Fracture Appearance Transition Temperature [FATT]
han-noudo keisu-u（反応度係数）	Hệ số độ phản ứng	Reactivity Coefficient
han-noudo seigyo（反応度制御）	Điều khiển độ phản ứng	Reactivity Control
han-noudo inka jiko（反応度印加事故）	Sự cố đưa độ phản ứng dương vào lò	Reactivity Insertion Accident [RIA]
han-noudo tounyu jishou（反応度投入事象）	Sự cố đưa vào độ phản ứng	Reactivity Insertion Accident [RIA]
han-noudo（反応度）	Độ phản ứng	Reactivity
hanchi zenpuku（半値全幅）	Độ rộng phổ tại nửa cực đại	Full Width Half Maximum [FWHM]
hando hutto monita（ハンドフットモニタ）	Thiết bị giám sát phóng xạ (quần áo) chân tay	Hand Foot (cloth) Monitor

hangen ki（半減期）	Chu kỳ bán rã	Half Life
hansha zai（反射材）	Chất phản xạ	Reflector
hason nenryou（破損燃料）	Nhiên liệu bị lỗi, nhiên liệu đã hư	Defected Fuel
hason nenryoubou kenshutsu souchi（破損燃料棒検出装置）	Đầu dò phát hiện hư hại vỏ thanh nhiên liệu	Burst Cartridge Detector, Burst Slug Detector [BSD]
hatsuden tan denryoku（発電端電力）	Công suất điện toàn phần	Gross Power Output [Gross Mega-watt Electrical] [GMWE]
hatsudenki [Gen]（発電機 [Gen]）	Máy phát	Generator [G]
hatsudenki kaitenshi（発電機回転子）	Rotor máy phát	Generator Rotor
hatsudenki koteishi（発電機固定子）	Stator của máy phát điện	Generator Stator
hatsudenki mippu-u yu（発電機密封油）	Dầu chèn (làm kín) máy phát điện	Generator Seal Oil
hatsudensho（発電所）	Nhà máy điện	Power Station
hei ichi sejou（閉位置施錠）	Đóng có khóa	Locked Close [LC]
heijouji kai（平常時開）	Mở bình thường	Normal Open [NO]
heikin chishi senryou（平均致死線量）	Liều gây chết người trung bình	Mean Lethal Dose
heikin dousa kanou jikan（平均動作可能時間）	Thời gian trung bình nâng công suất	Mean Up Time [MUT]
heikin koshou jikan kankaku（平均故障時間間隔）	Thời gian trung bình giữa các hỏng hóc	Mean Time between Failures [MTBF]
heikin koshou jikan（平均故障時間）	Hỏng hóc trung bình theo thời gian	Mean (or Median) Time Failure [MTF]
heikin koshou jumyou（平均故障寿命）	Thời gian trung bình dẫn đến hư hỏng	Mean (or Median) Time to Failure [MTTF]
heikin shisutemu daun kankaku（平均システムダウン間隔）	Khoảng thời gian trung bình giữa các lần ngừng hệ thống	Mean Time between System Down [MTBSD]
heikin shu-uhuku jikan（平均修復時間）	Thời gian trung bình dẫn đến sửa chữa	Mean Time to Repair [MTTR]
heikin shutsuryoku ryouiki monita（平均出力領域モニタ）	Thiết bị giám sát dài công suất trung bình	Average Power Range Monitor [APRM]
heikin touka ritsu（平均透過率）	Tốc độ truyền trung bình	Mean Transmission Rate

hi houshasei doren （非放射性ドレン）	Nước thải không nhiễm xạ	Miscellaneous Non-radioactive Drain Liquid
hi kaku bunretsusei purutoniumu （非核分裂性プルトニウム）	Plutoni không phân hạch	Non-fissionable Plutonium
hi kakunenryou roshin kouseihin （非核燃料炉心構成品）	Các thành phần phi nhiên liệu trong vùng hoạt	Non Fuel Bearing Components [NFBC]
hi kanri kuiki （非管理区域）	Khu vực không kiểm soát bức xạ	Radiation Uncontrolled Area
hi sainen saikuru （非再燃サイクル）	Chu trình không tái gia nhiệt	Non Reheating Cycle [NRC]
hi sainetsu houshiki （非再熱方式）	Hệ thống không tái gia nhiệt	Non Reheat System
hi saisei netsu koukanki （非再生熱交換器）	Bộ trao đổi nhiệt không tái sinh	Non Generative Heat Exchanger
hibaku hyouka （被ばく評価）	Đánh giá phơi nhiễm bức xạ	Radiation Exposure Evaluation
hibaku senryou gendo （被ばく線量限度）	Giới hạn liều (phóng xạ)	Dose Limit
hidorajin （ヒドラジン）	Hidrazin	Hydrazine
hihakai bunseki （非破壊分析）	Phân tích không phá hủy	Non- Destructive Assay [NDA]
hihakai kensa （非破壊検査）	Kiểm tra không phá hủy	Non-Destructive Inspection [NDI]
hihakai shiken （非破壊試験）	Kiểm tra không phá hủy	Non-Destructive Test [NDT], Non-Destructive Examination [NDE]
hiito toreesu （ヒートトレース）	Vết nhiệt	Heat Trace
hijou you hoki reikyaku (kai) sui kei （非常用補機冷却〈海〉水系）	Hệ thống nước phục vụ làm mát khẩn cấp	Emergency Cooling Water Service Water System [ECWS]
hijou you hoki reikyaku kei （非常用補機冷却系）	Hệ thống nước làm mát khẩn cấp	Emergency Cooling Water System
hijou you kyu-usui ponpu （非常用給水ポンプ）	Bơm nước cấp khẩn cấp	Emergency Feedwater Pump [EFP]
hijou you roshin reikyaku kei （非常用炉心冷却系）	Hệ thống làm mát vùng hoạt khẩn cấp	Emergency Core Cooling System [ECCS]
hijou you seigyo shitsu （非常用制御室）	Phòng điều khiển khẩn cấp	Emergency Control Room [ECR]

89

Japanese	Vietnamese	English
hijouyou gasu shorikei（非常用ガス処理系）	Hệ thống xử lý khí dự phòng (trong trường hợp bất thường)	Stand-by Gas Treatment System [SGTS]
hinshitsu hoshou（品質保証）	Bảo đảm chất lượng	Quality Assurance [QA]
hinshitsu kanri（品質管理）	Quản lý chất lượng	Quality Control [QC]
hishutsuryoku（比出力）	Công suất riêng	Specific Power
hizumi kasokugata ouryoku hushoku ware（歪加速型応力腐食割れ）	Rạn nứt ăn mòn do căng kéo	Strain Induced Corrosion Cracking [SICC]
hoan kitei（保安規定）	Các thông số kỹ thuật	Technical Specification
hoan souchi（保安装置）	Thiết bị an toàn	Safety Device
hogo kei（保護系）	Hệ thống bảo vệ	Protection System
hojo boira（補助ボイラ）	Nồi hơi phụ	Auxiliary Boiler
hojo douryoku souchi（補助動力装置）	Thiết bị cấp điện phụ trợ	Auxiliary Power Unit [APU]
hojo jouki kei（補助蒸気系）	Hệ thống hơi phụ trợ	Auxiliary Steam System [ASS]
hojo jouki（補助蒸気）	Hơi phụ trợ	Auxiliary Steam [AS]
hojo kyu-usui（補助給水）	Nước cấp phụ trợ	Auxiliary Feed Water [AFW]
hojo reikyaku setsubi（補助冷却設備）	Hệ thống làm mát phụ trợ	Auxiliary Cooling System [ACS]
hojo roshin reikyaku kei（補助炉心冷却系）	Hệ thống làm mát vùng hoạt phụ trợ	Auxiliary Core Cooling System
hoki kaisui kei（補機海水系）	Hệ thống nước biển phụ trợ	Auxiliary Sea Water [ASW] System
hoki reikyaku kei（補機冷却系）	Hệ thống làm mát thiết bị	Component Cooling System
hoki reikyaku sui kei（補機冷却水系）	Hệ thống nước làm mát thiết bị	Component Cooling Water System [CCWS]
hokyu-u sui（補給水）	Nước bù	Make Up Water [MUW(MU)]
hokyu tanku（補給タンク）	Bể phân đợt axit boric	Batching Tank
hoshasen sagyou kyoka (shou)（放射線作業許可〈証〉）	Giấy phép làm công việc bức xạ	Radiation Work Permit [RWP]
hoshou sochi（保障措置）	Thanh sát, bảo đảm	Safeguard [SG]
hoshou sochi you kanshi kamera（保障措置用監視カメラ）	Hệ thống video tích hợp dạng môđun	Modular Integrated Video System [MIVS]

hoshu hoshu-u sei（保守・補修性）	(Có) khả năng bảo trì	Maintainability
hoshu pafoomansu shihyou（保守パフォーマンス指標）	Chỉ số chất lượng bảo trì	Maintenance Performance Indicator
hotto rabo（ホットラボ）	Phòng thí nghiệm nóng	Hot Laboratory
hotto regu（ホットレグ）	Chân nóng (của lò phản ứng)	Hot Leg
hotto zero pawa（ホットゼロパワ）	Công suất không ở trạng thái nóng	Hot Zero Power [HZP]
hou san（ほう酸）	Axit boric	Boric Acid
houden kakou（放電加工）	Máy phóng điện (ắc quy)	Electrical Discharge Machining [EDM]
houkainetsu jokyo kei kinou soushitsu (jiko)（崩壊熱除去系機能喪失［事故］）	Mất hệ thống tải nhiệt dư	Loss of Heat Removal System [LOHRS]
houkatsuteki kaku jikken kinshi jouyaku（包括的核実験禁止条約）	Hiệp ước cấm thử vũ khí hạt nhân toàn diện	Comprehensive Test Ban Treaty [CTBT]
housan kongouki（ほう酸混合器）	Máy pha trộn axit boric	Boric Acid Blender
housansui chu-unyu-u kei（ほう酸水注入系）	Hệ thống kiểm soát chất lỏng dự phòng	Stand-by Liquid Control System [SLC]
houshanou kansokusha（放射能観測車）	Xe quan trắc (phóng xạ)	Monitoring Car
houshanou（放射能）	Phóng xạ	Radioactivity
houshasei busshitsu tairyou houshutsu hassei kakuritsu（放射性物質大量放出発生確率）	Tần suất phát thải sớm lượng lớn chất phóng xạ	Large Early Release Frequency [LERF]
houshasei doren isou kei（放射性ドレン移送系）	Hệ thống thu chất lỏng phóng xạ	Radioactive Drain [RD] System
houshasei douitai（放射性同位体）	Đồng vị phóng xạ	Radio-isotope [RI]
houshasei gasu monita（放射性ガスモニタ）	Thiết bị kiểm soát khí phóng xạ	Radioactive Gas Monitor
houshasei haikibutsu shori tateya（放射性廃棄物処理建屋）	Tòa nhà chứa chất thải phóng xạ	Radioactive Waste Disposal Building [RW/B]
houshasei ki gasu（放射性希ガス）	Khí trơ phóng xạ	Radioactive Noble Gas
houshasei youso（放射性よう素）	Iốt phóng xạ	Radioactive Iodine
houshasen anzen kanri sha（放射線安全管理者）	Nhân viên an toàn bức xạ	Radiation Safety Officer

houshasen bougo kijun（放射線防護基準）	Hướng dẫn bảo vệ bức xạ	Radiation Protection Guide [RPG]
houshasen bunkai（放射線分解）	Phân ly do phóng xạ	Radiolysis
houshasen eikyou hyouka（放射線影響評価）	Bản đánh giá hậu quả của bức xạ	Radiological Consequence Evaluation [RCE]
houshasen hibaku（放射線被ばく）	Phơi nhiễm phóng xạ	Radiation Exposure
houshasen kanri kuiki（放射線管理区域）	Khu vực kiểm soát bức xạ	Radiation Control Area
houshasen kanshi（放射線監視）	Sự giám sát bức xạ	Radiation Monitoring
houshasen sagyou tejun（放射線作業手順）	Thủ tục quy định làm việc trong điều kiện bức xạ	Radiation Work Procedure
houshasen shougai boushi hou（放射線障害防止法）	Các luật liên quan đến ngăn ngừa các rủi ro bức xạ	Laws Concerning the Prevention from Radiation Hazards due to Radioisotopes and Others
houshasen shougai yobou kitei（放射線障害予防規定）	Quy định phòng chống thương tích phóng xạ; quy định kiểm soát nguy hiểm phóng xạ	Regulations on Prevention From Radiation Injury ; Radiation Hazard Control Regulations
houshasen sonshou（放射線損傷）	Hư hại do bức xạ	Radiation Damage
houshasen touka shiken（放射線透過試験）	Kiểm tra chụp ảnh phóng xạ	Radiographic Test [RT]
houshasen（放射線）	Tia phóng xạ	Radioactive Ray
houso netsu saisei netsu koukanki（ほう素熱再生熱交換器）	Bộ tái gia nhiệt (cho nước trích lưu chuyền)	Letdown Reheat Exchanger
houso noudo seigyo kei（ほう素濃度制御系）	Hệ thống kiểm soát nồng độ boron	Boron Control System
housui kou houshasen monita（放水口放射線モニタ）	Hệ thống giám sát phóng xạ trong kênh dẫn	Canal Radiation Monitoring System
housui（放水）	Thải ra	Discharge
huka shadan（負荷遮断）	Loại bỏ tải	Load Rejection
huka tsuiju-u（負荷追従）	Theo phụ tải	Load Follow [LF]
hukassei gasu kei(不活性ガス系)	Kiểm soát không khí	Atmospheric Control
hukugou tateya（複合建屋）	Tòa nhà phức hợp	Combination Building
hukusui（復水）	Nước ngưng tụ	Condensate Water

hushoku den-i（腐食電位）

hukusui buusuta ponpu （復水ブースタ・ポンプ）	Bơm tăng tốc ngưng tụ	Condensate Booster Pump [CBP]
hukusui chozou tanku （復水貯蔵タンク）	Bể chứa nước ngưng tụ	Condensate Storage Tank [CST]
hukusui datsuenki（復水脱塩器）	Bộ khử khoáng nước ngưng	Condensate Demineralizer [CD]
hukusui hokyu-u sui （復水補給水）	Ngưng tụ tạo nước bù	Make Up Water Condensate
hukusui jouka kei（復水浄化系）	Hệ thống làm sạch bình ngưng	Condensate Clean-up System
hukusui kaishu-u tanku （復水回収タンク）	Bể thu hồi nước ngưng	Condensate Return Tank
hukusui kyu-usui kei （復水給水系）	Hệ thống cấp nước ngưng	Condensate Feed Water System
hukusui ponpu（復水ポンプ）	Bơm nước ngưng	Condensate Pump [CP]
hukusui roka souchi （復水ろ過装置）	Bộ khử khoáng và lọc nước ngưng, Hệ thống phin lọc nước ngưng tụ	Condensate Filter Demineralizer [CFD], Condensate Filter System [CF]
hukusuiki denki boushoku souchi （復水器電気防食装置）	Thiết bị bảo vệ chống ăn mòn bình ngưng bằng kỹ thuật điện hóa	Condenser Cathode Protection Equipment
hukusuiki hotto weru （復水器ホットウェル）	Bể chứa nước nóng trong bình ngưng	Condenser Hot Well
hukusuiki saikan（復水器細管）	Ống trao đổi nhiệt bình ngưng	Condenser Tube
hukusuiki suishitsu（復水器水室）	Khoang chứa nước bình ngưng	Condenser Water Box
hukusuiki（復水器）	Bình ngưng	Condenser
humeikaku busshitsu ryou （不明核物質量）	Vật liệu không kiểm toán được	Material Unaccounted For [MUF]
hurasshingu（フラッシング）	Làm sạch (bằng xối nước)	Flushing
huredome kanagu [esu/jii yuu bento bu]（振止め金具［S/GU ベンド部］）	Thanh chống rung	Anti Vibration Bar [AVB]
huretthingu hushoku （フレッティング腐食）	Sự ăn mòn do cọ xước	Fretting Corrosion
huroo eremento （フローエレメント）	Phần tử lưu lượng	Flow Element [FE]
hushoku den-i（腐食電位）	Điện thế ăn mòn	Corrosion Potential

93

hushoku hirou（腐食疲労）	Sự mỏi của kim loại do ăn mòn	Corrosion Fatigue
hushoku seiseibutsu（腐食生成物）	Sản phẩm ăn mòn	Corrosion Products
huta ittaika kouzoubutsu（ふた一体化構造物）	Tổ hợp khối đỉnh của lò phản ứng	Integrated Head Package [IHP]
huttou sen-i（沸騰遷移）	Chuyển dịch các chế độ sôi	Boiling Transition [BT]
huttou sui gata genshiro（沸騰水型原子炉）	Lò nước sôi (nước nhẹ)	Boiling Water Reactor [BWR]
huupu tendon（フープ・テンドン）	Cốt thép khung vòng	Hoop Tendon
hyoujun anzen kaiseki sho（標準安全解析書）	Báo cáo phân tích an toàn tiêu chuẩn	Standard Safety Analysis Report [SSAR]
hyoujun gijutsu shiyousho（標準技術仕様書）	Các thông số kỹ thuật tiêu chuẩn	Standard Technical Specifications [STS]
hyoujun shinsa keikaku（標準審査計画）	Kế hoạch thẩm định tiêu chuẩn	Standard Review Plan [SRP]
hyoujun shiryou（標準試料）	Tài liệu tham khảo chuẩn	Standard Reference Material
hyouka zumi kaku deeta raiburarii（評価済核データ・ライブラリー）	Thư viện dữ liệu hạt nhân Nhật Bản	Japanese Evaluated Nuclear Data Library [JENDL]
hyoumen housha senryou ritsu（表面放射線量率）	Mức phóng xạ bề mặt	Surface Radiation Level
hyuuman eraa（ヒューマンエラー）	Lỗi do con người	Human Error [HE]
hyuuman fakuta（ヒューマンファクタ）	Yếu tố con người	Human Factor [HF]
I		
ibento tsurii（イベント・ツリー）	Cây sự kiện	Event Tree [ET]
ichiji kei（一次系）	Hệ thống sơ cấp	Primary System
ichiji kei hokyu-u sui（一次系補給水）	Nước bù vòng sơ cấp	Primary Make Up Water [PMW]
ichiji kei hutai setsubi（一次系附帯設備）	Hệ thống BOP	Balance of Plant [BOP]
ichiji kei junsui（一次系補給水）	Nước bù vòng sơ cấp	Primary Make Up Water [PMW]
ichiji kei kiki（一次系機器）	Các thành phần sơ cấp	Primary Component
ichiji kei reikyaku kei（一次系冷却系）	Hệ thống làm mát sơ cấp	Primary Cooling System

ichiji reikyakuzai ponpu (一次冷却材ポンプ)	Bơm tuần hoàn vòng sơ cấp, Bơm tuần hoàn lò	Primary Coolant Pump, Reactor Coolant Pump [RCP]
ichiji shahei （一次遮蔽）	Lá chắn sơ cấp	Primary Shield
ichiji kei reikyakusui kuura (一次系冷却水クーラ)	Bộ trao đổi nhiệt làm mát thiết bị, thành phần hệ thống sơ cấp	Component Cooling Heat Exchanger
idou kyori [kakubutsuri chuuseishi] (移動距離［核物理、中性子］)	Độ dài dịch chuyển (của nơtron)	Migration Length [nuclear physics, neutron] [M]
idoushiki ronai keisou (移動式炉内計装)	Đầu dò loại dịch chuyển đặt trong vùng hoạt, Đầu dò di động trong vùng hoạt	Movable In-core Detector [MID], Traversing In-Core Probe [TIP]
ijou eikyou kanwa kei （異常影響緩和系）	Hệ thống giảm thiểu (hậu quả) tai nạn	Mitigation System [MS]
ijou hassei boushi kei （異常発生防止系）	Hệ thống phòng ngừa, ngăn chặn (tai nạn)	Prevention System [PS]
in-ion datsuen tou （陰イオン脱塩塔）	Thiết bị khử khoáng anion	Anion Demineralizer
in-ion jushi （陰イオン樹脂）	Nhựa ion âm	Anion Resin [AR]
inbaata （インバータ）	Bộ đảo điện	Inverter
inkoamonita （インコアモニタ）	Thiết bị giám sát trong vùng hoạt	In-core Monitor [ICM]
inkoneru goukin （インコネル合金）	Hợp kim inconel	Inconel Alloy
intaarokku shisutemu （インターロック・システム）	Hệ thống khóa liên động	Interlock System
ion bishou bunseki souchi （イオン微小分析装置）	Máy vi phân tích ion	Ion Micro Analyzer
ion maikuro shitsuryou bunseki ki （イオンマイクロ質量分析器）	Máy phân tích đa hình ảnh trực tiếp	Direct Imagining Mass Analyzer
ippan sekkei kijun （一般設計基準）	Tiêu chuẩn thiết kế chung	General Design Criteria [GDC]
J		
jakkingu oiru ponpu （ジャッキングオイルポンプ）	Bơm kích dầu	Jacking Oil Pump [JOP]
jetto ponpu （ジェットポンプ）	Bơm phun	Jet Pump [JP(J/P)]

Japanese	Vietnamese	English
jiban-tateya sougosayou [taishin] （地盤－建屋相互作用［耐震］）	Tương tác giữa kết cấu xây dựng và nền đất	Soil Structure Interaction [seismic] [SSI]
jibun no uraniwa niha okotowari [sono shisetsu ha hitsuyou daga] （自分の裏庭にはお断り［その施設は必要だが］）	"Không ở sân sau nhà tôi"	Not In My Back Yard [NIMBY]
jidou den-atsu chouseiki （自動電圧調整器）	Bộ điều chỉnh điện áp tự động	Automatic Voltage Regulator [AVR]
jidou gen-atsu kei （自動減圧系）	Hệ thống xả tự động [ABS], Hệ thống giảm áp tự động	Automatic Blowdown System [ABS], Automatic Depressurization System [ADS]
jidou huka seigyo souchi （自動負荷制御装置）	Bộ điều chỉnh phụ tải tự động	Automatic Load Regulator [ALR]
jidou nenshou seigyo （自動燃焼制御）	Kiểm soát cháy tự động	Automatic Combustion Control
jidou shu-uhasu-u seigyo （自動周波数制御）	Điều khiển tần số tự động	Automatic Frequency Control [AFC]
jidou teishi [genshiro] （自動停止［原子炉］）	Dừng lò tự động	Automatic Shutdown [reactor]
jihatsu kaku bunretsu （自発核分裂）	Phân hạch tự phát	Spontaneous Fission
jihun tanshou shiken （磁粉探傷試験）	Thử nghiệm bằng phương pháp hạt từ	Magnetic Particle Test [MT]
jikkou chu-useishi zoubai ritsu （実効中性子増倍率）	Hệ số nhân (nơtron) hiệu dụng	Effective multiplication factor [Keff]
jikkou senryou touryou （実効線量当量）	Liều tương đương	Effective Dose Equivalent
jikkou teikaku shutsuryoku unten jikan （実効定格出力運転時間）	Số giờ vận hành theo mức công suất danh định quy đổi	Effective Full Power Hour [EFPH]
jikkou teikaku shutsuryoku unten nensu-u （実効定格出力運転年数）	Số năm vận hành theo mức công suất danh định quy đổi	Effective Full Power Year [EFPY]
jikkou teikaku shutsuryoku unten nissu-u（実効定格出力運転日数）	Số ngày vận hành theo mức công suất danh định quy đổi	Effective Full Power Day [EFPD]
jikkouteki zen kyoshiteki danmenseki （実効的全巨視的断面積）	Tiết diện vĩ mô toàn phần hiệu dụng	Effective Total Macroscopic Cross Section

jiko go keisou（事故後計装）	Sự giám sát sau tai nạn	Post Accident Monitoring [PAM]
jiko go sanpuringu kei（事故後サンプリング系）	Hệ thống lấy mẫu sau tai nạn	Post Accident Sampling System [PASS]
jiko manejimento（事故マネジメント）	Quản lý tai nạn/sự cố	Accident Management [AM]
jiko seigyosei（自己制御性）	Khả năng tự điều chỉnh, Tính tự điều khiển	Self Controllability, Self Regulation
jiko shahei（自己遮蔽）	Tự che chắn	Self-Shielding
jikoji kaju-u（事故時荷重）	Tải động lực của hệ thống	Dynamic system load
jiku houkou shutsuryoku hensa [nenryou, roshin]（軸方向出力偏差［燃料、炉心］）	Độ lệch công suất dọc trục (nhiên liệu)	Axial Offset [fuel, core] [AO]
jimu honkan（事務本館）	Tòa nhà hành chính	Administration Building
jinkou ganban（人工岩盤）	Đá nhân tạo	Man Made Rock [MMR]
jirukaroi (jirukoniumu goukin)（ジルカロイ（ジルコニウム合金））	Hợp kim zirconi	Zircaloy（Zirconium Alloy）
jirukoniumu raina tsuki jirukaroi tsuu hihukukan（ジルコニウムライナ付ジルカロイ-2 被覆管）	Vỏ bọc zircaloy lót zirconi	Zirconium Lined Zircaloy-2 Cladding
jirukoniumu-mizu han-nou（ジルコニウム－水反応）	Phản ứng của zirconi với nước	Zr-H_2O Reaction
jonetsugen soushitsu（除熱源喪失）	Mất nguồn tản nhiệt	Loss of Heat Sink [LOHS]
josen（除染）	Khử/tẩy xạ	Decontamination
josen haieki（除染廃液）	nước thải đã khử nhiễm	Detergent Drain
josen keisu-u（除染係数）	Hệ số tẩy/khử xạ	Decontamination Factor [DF]
josen shisu-u（除染指数）	Chỉ số khử/tẩy xạ	Decontamination Index
joubu an-nai kan（上部案内管）	Ống dẫn phía trên	Upper Guide Tube
joubu doraiweru（上部ドライウェル）	Phần trên của giếng khô	Upper Dry-well
joubu koushi ban（上部格子板）	Phần (ống) dẫn phía trên vùng hoạt, Lưới trên	Top Guide, Upper Grid

joubu nozuru [nenryou]（上部ノズル［燃料］）

joubu nozuru [nenryou]（上部ノズル［燃料］）	Lối dẫn phía trên (nhiên liệu)	Top Nozzle [Fuel]
joubu roshin ban（上部炉心板）	Tấm đỡ trên của vùng hoạt	Upper Core Plate
joubu roshin kouzoubutsu（上部炉心構造物）	Các thành phần bên trong phía trên vùng hoạt	Upper Core Internals
joubu taipureeto [nenryou]（上部タイプレート［燃料］）	Tấm đỡ phía trên (nhiên liệu)	Upper Tie Plate [Fuel] [UTP]
jouchou sei（冗長性）	Dự phòng	Redundancy
jouhatsuki（蒸発器）	Thiết bị bay hơi/cô đặc	Evaporator
jouki gyoushuku moodo（蒸気凝縮モード）	Chế độ ngưng tụ hơi nước	Steam Condensing Mode
jouki haikan hadan（蒸気配管破断）	Vỡ đường (ống) hơi	Steam Line Break [SLB]
jouki hasseiki [magunokkusu ro]（蒸気発生器［マグノックス炉］）	Bộ phận dâng hơi	Steam Rising Unit [Magnox Reactor]
jouki hasseiki netsukan hason (jiko)（蒸気発生器伝熱管破損〈事故〉）	Vỡ ống truyền nhiệt của bình sinh hơi	Steam Generator Tube Rupture [SGTR]
jouki hasseiki（蒸気発生器）	Bình sinh hơi	Steam Generator [SG]
jouki kansouki（蒸気乾燥器）	Bộ sấy hơi	Steam Dryer
jouki reikyaku ju-usui gensoku gata ro（蒸気冷却重水減速型炉）	Lò nước nặng làm mát bằng hơi	Steam Cooled Heavy Water Reactor [SCHWR]
joukishiki ku-uki chu-ushutsuki（蒸気式空気抽出器）	Máy hút chân không kiểu hơi nước	Steam Jet Ejector [SJAE]
jouyou bosen（常用母線）	Đường truyền thông thường	Normal Bus
ju-u suiso（重水素）	Đơ-tơ-ri (đồng vị của Hidro)	Deuterium [D]
ju-u ten kouatsu chu-unyu-u kei（充てん高圧注入系）	Hệ thống phun nước an toàn bổ sung	Charging Safety Injection System
ju-u youshi（重陽子）	Nguyên tử Đơ-tơ-ri	Deuteron
ju-udai jiko（重大事故）	Sự cố lớn	Major Accident [MA]
ju-uryoku rakkashiki kinkyu-u roshin reikyaku kei（重力落下式緊急炉心冷却系）	Hệ thống cấp nước làm mát vùng hoạt bằng trọng lực	Gravity Driven Core Cooling System [GDCS]
ju-uryou kiki（重量機器）	Thiết bị nặng/siêu trọng	Heavy Component [HC]

ka-atsuki sui-i seigyo souchi（加圧器水位制御装置）

ju-usui gensoku gasu reikyaku ro（重水減速ガス冷却炉）	Lò làm chậm bằng nước nặng làm mát bằng khí	Heavy Water (Moderated) Gas Cooled Reactor [HWGCR]
ju-usui ro（重水炉）	Lò nước nặng	Heavy Water Reactor [HWR]
ju-usui（重水）	Nước nặng（⇄ nước nhẹ H_2O）	Heavy Water [⇄ Light Water H_2O] [D_2O]
judouteki anzen [⇄ noudouteki anzen]（受動的安全 [⇄ 能動的安全]）	An toàn thụ động（⇄ an toàn chủ động）	Passive Safety [⇄ Active Safety]
junkan sui kan（循環水管）	Ống nước tuần hoàn	Circulating Water Pipe
junkan sui（循環水）	Nước tuần hoàn	Circulating Water [CW]
junsui souchi（純水装置）	Thiết bị khử khoáng	Demineralizer
K		
ka ryu-uryou soshi ben（過流量阻止弁）	Van kiểm soát vượt lưu lượng	Excess Flow Check Valve [EFCV]
ka shutsuryoku（過出力）	Vượt quá công suất	Over Power
ka-atsu ju-usui gata genshiro（加圧重水型原子炉）	Lò áp lực nước nặng	Pressurized Heavy Water Reactor [PHWR]
ka-atsu purikooto firuta（加圧プリコートフィルタ）	Phin lọc áp lực có mạ lót	Pressure Precoat Filter
ka-atsu tesuto（加圧テスト）	Thử nghiệm áp lực	Pressure Test
ka-atsu tesuto（過圧テスト）	Thử nghiệm quá áp suất	Over Pressure Test
ka-atsuki anzen ben（加圧器安全弁）	Van an toàn của bình điều áp	Pressurizer Safety Valve
ka-atsuki atsu seigyo souchi（加圧器圧制御装置）	Hệ thống điều khiển áp suất của bình điều áp	Pressurizer Pressure Control System
ka-atsuki nigashi ben (ka-atsuki nogashi ben)（加圧器逃し弁）	Van xả của bình điều áp	Power Operated Relief Valve [PORV]
ka-atsuki nigashi tanku (ka-atsuki nogashi tanku)（加圧器逃しタンク）	Bể xả của bình điều áp	Pressurizer Relief Tank
ka-atsuki sui-i seigyo souchi（加圧器水位制御装置）	Hệ thống điều khiển mức nước trong bình điều áp	Pressurizer Water Level Control System

99

ka-atsuki supurei ben（加圧器スプレイ弁）

ka-atsuki supurei ben （加圧器スプレイ弁）	Van phun (sương) trong bình điều áp	Pressurizer Spray Valve
ka-atsuki supurei nozuru （加圧器スプレイノズル）	Vòi phun trong bình điều áp	Pressurizer Spray Nozzle
ka-atsuki（加圧器）	Bình điều áp	Pressurizer [PR/PZR/Pz]
ka-atsu sui gata genshiro （加圧水型原子炉）	Lò áp lực (nước nhẹ)	Pressurized Water Reactor [PWR]
kabu roshin kouzoubutsu （下部炉心構造物）	Các thành phần bên trong phía dưới vùng hoạt	Lower Core Internals [LCI]
kabu roshin shiji ban （下部炉心支持板）	Tấm đỡ dưới vùng hoạt/tâm lò	Lower Core Support Plate
kabu roshin sou（下部炉心槽）	Phần gió lò phía dưới vùng hoạt	Lower Core Barrel
kabu taipureeto （下部タイプレート）	Tấm giằng phía dưới	Lower Tie Plate [LTP]
kachion tou（カチオン塔）	Tháp trao đổi cation	Cation Exchanger Tank
kadou kogata chu-useishi kenshutsuki （可動小型中性子検出器）	Đầu dò kiểu nhỏ loại dịch chuyển	Movable Miniature Detector
kagaku taiseki seigyo kei [pii daburyu aaru] （化学体積制御系［PWR］）	Hệ thống kiểm soát thể tích và hóa chất	Chemical and Volume Control System [PWR] [CVCS]
kagakuteki sanso youkyu-u ryou [suishitsu kijun] （化学的酸素要求量［水質基準］）	Yêu cầu oxi hóa học	Chemical Oxygen Demand [COD]
kagen ben（加減弁）	Van điều khiển	Control Valve [CV]
kahen shu-uhasu-u dengen souchi [seishigata] （可変周波数電源装置［静止型］）	Cơ cấu điều tốc	Adjustable Speed Drive [ASD]
kahen shu-uhasu-u dengen souchi （可変周波数電源装置）	Thiết bị biến tần	Variable Voltage Variable Frequency [VVVF]
kai ichi sejou（開位置施錠）	Mở có khóa giữ	Locked Open [LO]
kaihei jo（開閉所）	Trạm điện/Trạm biến áp	Switch Yard [S/Y]
kairyou garasu koka hou （改良ガラス固化法）	Phương pháp thủy tinh hóa cải tiến	Advanced Vitrification Method
kairyou gata huttou sui gata genshiro （改良型沸騰水型原子炉）	Lò nước sôi cải tiến	Advanced Boiling Water Reactor [ABWR]

kaku busshitsu bougo（核物質防護）

kairyou gata ka-atsu sui gata genshiro（改良型加圧水型原子炉）	Lò áp lực cải tiến	Advanced Pressurized Water Reactor [APWR]
kairyou gata keisui ro（改良型軽水炉）	Lò nước nhẹ cải tiến	Advanced Light Water Reactor [ALWR]
kairyou gata gasu reikyaku ro（改良型ガス冷却炉）	Lò làm mát bằng khí cải tiến	Advanced Gas Cooled Reactor [AGR]
kaishu-u kanou chihyou chozou shisetsu（回収可能地表貯蔵施設）	Cơ sở lưu giữ bề mặt hoàn nguyên được	Retrievable Surface Storage Facility
kaishu-u uran（回収ウラン）	Urani thu hồi được	Recovered Uranium [RU]
kaisui kei（海水系）	Hệ thống cấp nước biển	Sea Water System [SWS]
kaiyou seibutsu huchaku boushi souchi（海洋生物付着防止装置）	Hệ thống ngăn chặn sinh vật biển bám vào	Marine Growth Preventing System
kakoku jiko manejimento（苛酷事故マネジメント）	Quản lý sự cố nặng/tai nạn nghiêm trọng	Severe Accident Management [SAM]
kakoku jiko（苛酷事故）	Tai nạn nghiêm trọng	Severe Accident [SA]
kaku bunretsu danmenseki（核分裂断面積）	Tiết diện (phản ứng) hạt nhân	Nuclear Cross Section
kaku bunretsu denri bako（核分裂電離箱）	Buồng phân hạch	Fission Chamber
kaku bunretsu han-nou（核分裂反応）	Phản ứng phân hạch hạt nhân	Nuclear Fission
kaku bunretsu sei busshitsu（核分裂性物質）	Vật liệu phân hạch	Fission Material
kaku bunretsu seisei butsu kaku deeta（核分裂生成物核データ）	Số liệu hạt nhân của các sản phẩm phân hạch	Fission Product Nuclear Data
kaku bunretsu seisei gasu（核分裂生成ガス）	Khí phân hạch	Fission Gas
kaku bunretsu seiseibutsu（核分裂生成物）	Sản phẩm phân hạch	Fission Product [FP]
kaku bunretsu shu-uritsu（核分裂収率）	Hiệu suất phân hạch	Fission Yield
kaku bunretsusei purutoniumu（核分裂性プルトニウム）	Plutoni phân hạch	Fissile Plutonium [Puf]
kaku busshitsu bougo（核物質防護）	Bảo vệ thực thể	Physical Protection [PP]

101

kaku busshitsu bougo jouyaku（核物質防護条約）

kaku busshitsu bougo jouyaku（核物質防護条約）	Hiệp ước bảo vệ thực thể vật liệu hạt nhân	Convention on the Physical Protection of Nuclear Material
kaku busshitsu idou kiroku (houkoku)（核物質移動記録〈報告〉）	Hạn (báo cáo) về vận chuyển vật liệu hạt nhân	Nuclear Materials Transfer Date (Report) [NMTD(NMTR)]
kaku busshitsu joukyou houkokusho（核物質状況報告書）	Báo cáo trạng thái vật liệu	Material Status Report [MSR]
kaku busshitsu kanri（核物質管理）	Kiểm soát vật liệu hạt nhân	Nuclear Material Control [NMC]
kaku busshitsu keiryou kanri（核物質計量管理）	Quản lý kiểm kê vật liệu hạt nhân	Nuclear Material Accountancy [NMA]
kaku busshitsu hoshou sochi（核物質保障措置）	Thanh sát vật liệu hạt nhân	Nuclear Materials Safeguards [NMS]
kaku genryou busshitsu, kaku nenryou busshitsu oyobi genshiro no kisoku ni kansuru houritsu [nippon]（核原料物質、核燃料物質及び原子炉の規制に関する法律［日本］）	Luật về pháp quy đối với nguyên, nhiên vật liệu hạt nhân và lò phản ứng [Nhật Bản]	The act on the regulation of nuclear source material, nuclear fuel material and reactors [Japan]
kaku genryou busshitsu（核原料物質）	Vật liệu (hạt nhân) nguồn	Nuclear Source Material
kaku henkan（核変換）	Chuyển hóa hạt nhân	Nuclear Transmutation
kaku hukakusan（核不拡散）	Không phổ biến vũ khí hạt nhân	Nuclear Non-Proliferation
kaku hukakusan hou [beikoku]（核不拡散法［米国］）	Luật cấm phổ biến vũ khí hạt nhân [Hoa Kỳ]	Nuclear Nonproliferation Act [USA] [NNPA]
kaku hukakusan jouyaku（核不拡散条約）	Hiệp ước không phổ biến vũ khí hạt nhân	Non-Proliferation Treaty of Nuclear Weapons [NPT]
kaku huttou（核沸騰）	Sôi bọt	Nucleate Boiling [NB]
kaku huttou genkai [nenryou]（核沸騰限界［燃料］）	Sự rời khỏi chế độ sôi bọt (nhiên liệu)	Departure from Nucleate Boiling [Fuel] [DNB]
kaku huttou genkai hi（核沸騰限界比）	Tỷ số rời khỏi chế độ sôi bọt	Departure from Nucleate Boiling Ratio [DNBR]
kaku huttou karano itsudatsu [nenryou]（核沸騰からの逸脱［燃料］）	Sự rời khỏi chế độ sôi bọt (nhiên liệu)	Departure from Nucleate Boiling [Fuel] [DNB]

kaku kakusan boushi jouyaku（核拡散防止条約）	Hiệp ước không phổ biến vũ khí hạt nhân	Non-Proliferation Treaty of Nuclear Weapons [NPT]
kaku kanetsu（核加熱）	Gia nhiệt hạt nhân	Nuclear Heating
kaku keisou（核計装）	Đo lường hạt nhân	Nuclear Instrumentation [NI]
kaku nenryou busshitsu kanri（核燃料物質管理）	Quản lý vật liệu	Material Management
kaku nenryou saikuru（核燃料サイクル）	Chu trình nhiên liệu hạt nhân	Nuclear Fuel Cycle
kaku yu-ugou（核融合）	Nhiệt hạch hạt nhân	Nuclear Fusion
kakunou youki atsuryoku yokusei kei（格納容器圧力抑制系）	Hệ thống triệt áp trong boongke lò	Containment Pressure Suppression System
kakunou youki dasuto houshasen monita（格納容器ダスト放射線モニタ）	Giám sát bụi bức xạ trong boongke lò	Containment Dust Radiation Monitor
kakunou youki gasu monita（格納容器ガスモニタ）	Giám sát khí trong boongke lò	Containment Gas Monitor
kakunou youki jouken tsuki hason kakuritsu（格納容器条件付破損確率）	Xác suất điều kiện hư hỏng boongke lò	Containment Conditional Failure Probability [CCFP]
kakunou youki kakuri ben（格納容器隔離弁）	Van cô lập boongke lò	Containment Isolation Valve
kakunou youki kantsu-u bu（格納容器貫通部）	Sự thẩm thấu, xuyên qua	Penetration
kakunou youki kureen (poora kureen)（格納容器クレーン〈ポーラ・クレーン〉）	Cầu trục	Polar Crane [PC(P/C)]
kakunou youki nai hun-iki monita（格納容器内雰囲気モニタ）	Hệ thống giám sát không khí trong boongke lò	Containment Atmospheric Monitoring System [CAMS]
kakunou youki nai reikyaku（格納容器内冷却）	Làm mát giếng khô	Drywell Cooling [DWC]
kakunou youki reikyaku kaisui（格納容器冷却海水）	Nước làm mát boongke lò	Containment Cooling Service Water
kakunou youki reikyaku kei（格納容器冷却系）	Hệ thống làm mát boongke lò	Containment Cooling System [CCS]
kakunou youki sonshou hindo（格納容器損傷頻度）	Tần suất hư hỏng boongke lò	Containment Failure Frequency [CFF]

Japanese	Vietnamese	English
kakunou youki suiso seigyo setsubi（格納容器水素制御設備）	Hệ thống kiểm soát khí hidro	Hydrogen Control System
kakunou youki supurei reikyaku kei（格納容器スプレイ冷却系）	Hệ thống phun sương làm mát boongke lò	Containment Spray Cooling System
kakunouyouki chisso hukasseika（格納容器窒素不活性化）	Trơ hóa boongke lò bằng khí nitơ	Containment Nitrogen Inerting
kakuri ben（隔離弁）	Van cách ly	Isolation Valve [IV]
kakuritsu ron teki anzen hyouka（確率論的安全評価）	Đánh giá an toàn xác suất	Probabilistic Safety Assessment [PSA]
kakuritsu ron teki anzen kaiseki（確率論的安全解析）	Phân tích an toàn xác suất	Probabilistic Safety Analysis [PSA]
kakuritsu ronteki risuku hyouka（確率論的リスク評価）	Đánh giá xác suất rủi ro	Probabilistic Risk Assessment [PRA]
kakuritsuronteki hakai rikigaku（確率論的破壊力学）	Xác suất hư hỏng (đứt gãy) cơ học	Probabilistic Fracture Mechanics
kakusan keisu-u（拡散係数）	Hệ số khuếch tán	Diffusion Factor
kakusan kyori（拡散距離）	Chiều dài khuếch tán	Diffusion Length [L]
kakushu（核種）	Đồng vị	Nuclide
kakyou poriechiren zetsuen biniiru shiisu keeburu（架橋ポリエチレン絶縁ビニールシースケーブル）	Cáp CV	CV Cable [CV=Crosslinked Polyethylene Insulated PVC Sheathed Cable]
kan shiji ban（管支持板）	Tấm đỡ ống	Tube Support Plate
kan-nai housou souchi（館内放送装置）	Hệ thống phát thanh nội bộ	Paging System
kanada gata ju-usui ro（カナダ型重水炉）	Lò áp lực nước nặng kiểu Canada	Canada Deuterium Uranium Reactor [CANDU]
kanban (chuubu shiito)（管板〈チューブシート〉）	Lưới, tấm giữ ống	Tube Sheet, Tube Plate
kanensei gasu noudo seigyo souchi（可燃性ガス濃度制御装置）	Hệ thống kiểm soát khí dễ cháy	Flammability Gas Control System [FCS]
kanetsu koiru（加熱コイル）	Cuộn dây đốt nóng	Heating Coil
kanki ku-uchou kei（換気空調系）	Sưởi ấm và thông gió, Hệ thống điều hòa, thông gió và sưởi ấm	Heating and Ventilation, Heating Ventilation and Air Conditioning [HVAC] System
kankyou eikyou hyouka（環境影響評価）	Đánh giá tác động môi trường	Environmental Impact Assessment [EIA]

keisou seigyo (計装・制御)

kankyou houshasen kanshi souchi（環境放射線監視装置）	Hệ thống quan trắc phóng xạ môi trường	Environmental Radiation Monitoring System
kankyou houshasen kanshi（環境放射線監視）	Quan trắc môi trường	Environment Monitoring
kanshi keikaku（監視計画）	Chương trình giám sát	Surveillance Program
kanshi tsuki kaishu-u kanou chozou（監視付回収可能貯蔵）	Lưu giữ được giám sát	Monitored Retrievable Storage
kanshi you shiken hen（監視用試験片）	Vật mẫu giám sát/đối chứng	Surveillance Test Specimen
kanshiki chozou（乾式貯蔵）	Lưu giữ khô	Dry Storage
kasai bougo（火災防護）	Phòng cháy chữa cháy	Fire Protection
kasokudo torippu（過速度トリップ）	Dừng do quá tốc độ	Over Speed Trip
kasou jiko（仮想事故）	Sự cố mang tính giả thuyết	Hypothetical Accident [HA]
kasukeedo（カスケード）	Bậc thềm (từng tầng, lớp)	Cascade
kato henka（過渡変化）	Quá trình quá độ	Transient
kato jishou（過渡事象）	Chuyển tiếp/quá độ	Transient
kato kaiseki（過渡解析）	Phân tích quá độ	Transient Analysis
katsudan sou（活断層）	Đứt gãy hoạt động	Active Fault
keeson（ケーソン）	Khoang ngầm	Caisson
keiden ki（継電器）	Rơ le điện	Relay [Ry]
keiki ban（計器盤）	Bảng mạch thiết bị đo lường	Instrument Panel
keiki shiyou hyou（計器仕様表）	Bảng biểu dữ liệu về dụng cụ đo	Instrument Data Sheet
keisoku seigyo kei（計測制御系）	Điều khiển và đo lường	Control and Instrumentation [C&I]
keisou burokku zu（計装ブロック図）	Sơ đồ trang thiết bị, dụng cụ đo lường	Instrument Equipment Diagram, or Instrument Engineering Diagram [IED]
keisou keitou zu（計装系統図）	Sơ đồ nguyên lý điều khiển	Control Flow Diagram [CFD]
keisou rakku（計装ラック）	Giá để dụng cụ	Instrument rack
keisou seigyo（計装・制御）	Thiết bị đo lường và điều khiển	Instrumentation and Control [I&C]

Japanese	Vietnamese	English
keisou you ku-uki（計装用空気）	Khí dùng trong đo lường	Instrument Air [IA]
keisui（軽水）	Nước nhẹ (〈⇄〉 nước nặng D₂O)	Light Water [〈⇄〉 Heavy Water D$_2$O]
keisui ro（軽水炉）	Lò nước nhẹ	Light Water Reactor [LWR]
keitou sekkei shiyou（系統設計仕様）	Thông số thiết kế của hệ thống	System Design Specification [SS]
keitou zu（系統図）	Sơ đồ hệ thống	Flow Diagram [FD]
kemikaru ankaa boruto（ケミカルアンカーボルト）	Bulông có neo chịu hóa chất	Chemical Anchor Bolt
kemikaru shimu [pii daburyu aaru]（ケミカル・シム [PWR]）	Bù hóa chất	Chemical Shim [PWR]
kemuri kanchiki rendou bouka danpa setsubi（煙感知器連動防火ダンパ設備）	Thiết bị báo và chống cháy	Smoke Fire Dumper
kendaku kokeibutsu（懸濁固形物）	Chất rắn huyền phù	Suspended Solid [SS]
kensa kou (hando hooru)（検査孔（ハンドホール））	Lỗ kiểm tra/ thăm dò	Hand Hole
kensetsu unten ikkatsu ninka（建設・運転一括認可）	Giấy phép kết hợp (xây dựng và vận hành)	Combined License [Construction and Operation] [COL]
kensetsukyoka（建設許可）	Giấy phép xây dựng	Construction Permit [CP]
ki gasu hoorudo appu souchi（希ガスホールドアップ装置）	Trang thiết bị lưu giữ khí hiếm	Rare Gas Holdup Equipment
ki gasu（希ガス）	Khí trơ	Noble Gas
kichu-u shadanki（気中遮断器）	Máy cắt không khí	Air Circuit Breaker [ACB]
kidou hen-atsuki（起動変圧器）	Máy biến áp khởi động	Start-Up Transformer [STr]
kidou shiken（起動試験）	Kiểm tra quá trình khởi động lò	Start-up Test
kieki bunpai keisu-u（気液分配係数）	Hệ số tách khí/lỏng (tách hơi), Hệ số phân chia	Gas/Liquid Separation Coefficient, Partition Factor
kigasu houshutsu ritsu（希ガス放出率）	Tốc độ phát khí thải	Off-Gas Emission Rate
kihonteki busshitsu kanri（基本的の物質管理）	Kiểm soát vật liệu cơ bản	Fundamental material control

kikagakuteki bakkuringu（幾何学的バックリング）	Buckling hình học	Geometrical Buckling
kikai kousaku shitsu（機械工作室）	Xưởng cơ khí	Machine Shop
kikai yuatsu shiki seigyo souchi（機械油圧式制御装置）	Bộ điều chỉnh cơ thủy lực	Mechanical Hydraulic Controller [MHC]
kiken yochi toreeningu（危険予知トレーニング）	Khóa đào tạo dự báo nguy hiểm	Kiken Yochi Training [KYT]
kiki hacchi（機器ハッチ）	Cửa vận chuyển thiết bị	Equipment Hatch [E/H]
kiki haichi zu（機器配置図）	Sơ đồ bố trí tổng thể	General Arrangement [GA]
kiki sekkei shiyou（機器設計仕様）	Thông số thiết kế của thiết bị	Equipment Design Specification [ES]
kinkyu-u ro teishi（緊急炉停止）	Dừng lò khẩn cấp	Emergency Reactor Shutdown
kinkyu-uji keikaku（緊急時計画）	Kế hoạch khẩn cấp	Emergency Plan
kinkyu-uji sousa gaidorain（緊急時操作ガイドライン）	Hướng dẫn thủ tục thao tác khẩn cấp	Emergency Procedure Guideline [EPG]
kinkyu-uji sousa tejun（緊急時操作手順）	Quy trình vận hành khẩn cấp	Emergency Operating Procedure [EOP]
kinkyu-uji taiou gaidorain（緊急時対応ガイドライン）	Hướng dẫn ứng phó khẩn cấp	Emergency Response Guideline [ERG]
kinkyu-uji taisaku shien shisutemu（緊急時対策支援システム）	Hệ thống hỗ trợ ứng phó khẩn cấp	Emergency Response Support System [ERSS]
kinkyu-uji taisaku shisetsu（緊急時対策施設）	Cơ sở điều hành trong tình huống khẩn cấp	Emergency Operation Facility [EOF]
kinkyu-uji taisaku（緊急時対策）	Chuẩn bị ứng phó trong tình huống khẩn cấp.	Emergency Preparedness [EP]
kinkyu-uji tsu-uchi（緊急時通知）	Thông báo tình huống khẩn cấp	Emergency Notification
kinou kankei zu（機能関係図）	Biểu đồ điều khiển chức năng	Functional Control Diagram [FCD]
kinou setsumei sho（機能説明書）	Biểu đồ điều khiển chức năng	Functional Control Diagram [FCD]
kinou shiken（機能試験）	Thử nghiệm chức năng	Functional Test
kisei shishin [beikoku, NRC]（規制指針［米国・NRC］）	Hướng dẫn pháp quy [NRC, Hoa Kỳ]	Regulatory Guide [NRC, USA] [RG]
kisenon huanteisei（キセノン不安定性）	Tính bất ổn định xenon	Xenon Instability

kisenon shindou（キセノン振動）	Dao động xênon	Xenon Oscillation
kisui bunriki（気水分離器）	Bộ tách hơi	Steam Separator, Steam Water Separator
kitai haikibutsu shori kei（気体廃棄物処理系）	Hệ thống xử lý khí thải	Off Gas Treatment System [OG]
kitai haikibutsu shori setsubi（気体廃棄物処理設備）	Hệ thống xử lý khí thải	Gaseous Waste Disposal System [GWDS]
kokuen gensoku huttou keisui reikyaku atsuryoku kangata dai shutsuryoku ro [rokoku]（黒鉛減速沸騰軽水冷却圧力管型大出力炉 (chernobyl type)［露国］）	Lò kênh công suất lớn của Nga	RBMK [Reaktory Bolshoi Moshchnosti Kanalynye [Chernobyl type]] [Russia] [RBMK]
kokuen gensoku keisui reikyaku ro（黒鉛減速軽水冷却炉）	Lò nước nhẹ làm chậm bằng graphit	Light Water Cooled, Graphite Moderated Reactor [LWGR(RBMK)]
kokuen ro（黒鉛炉）	Lò graphit	Graphite Reactor
kokusai genshiryoku jishou hyouka shakudo（国際原子力事象評価尺度）	Thang sự cố hạt nhân quốc tế	International Nuclear Event Scale [INES]
kokusai genshiryoku jouhou shisutemu（国際原子力情報システム）	Hệ thống thông tin hạt nhân quốc tế (của IAEA)	International Nuclear Information System [INIS]
kokusai kakunenryou saikuru hyoka（国際核燃料サイクル評価）	Đánh giá chu trình nhiên liệu hạt nhân quốc tế	International Nuclear Fuel Cycle Evaluation [INFCE]
kokusai kakunenryou torasuto（国際核燃料トラスト）	Sự chuyển giao nhiên liệu hạt nhân quốc tế	International Nuclear Fuel Trust [INFT]
kokusan ka（国産化）	Nội địa hóa	localization
konkuriito sei kakunou youki（コンクリート製格納容器）	Boongke lò bằng bê tông	Concrete Containment Vessel [CCV]
konpyuuta wo riyou shita enjiniaringu（コンピュータを利用したエンジニアリング）	Công nghệ được máy tính hỗ trợ	Computer Aided Engineering [CAE]
konpyuuta shien sekkei（コンピュータ支援設計）	Thiết kế được máy tính hỗ trợ	Computer Aided Design [CAD]
kontorooru seru koa（コントロールセルコア）	Vùng hoạt được điều khiển theo từng miền	Control Cell Core [CCC]
koorudo kaunto shitsu（コールドカウント室）	Buồng lạnh	Cold Count Room

koorudo rabo（コールドラボ）	Phòng thí nghiệm lạnh	Cold Laboratory
koorudo regu（コールドレグ）	Chân lạnh (của lò phản ứng)	Cold Leg
koorudo regu ryouiki（コールドレグ領域）	Chân lạnh (của lò phản ứng)	Cold Leg
kosyou jikan（故障時間）	Thời gian từ khi dùng đến khi hỏng	Time to Failure [TTF]
kosyou jumyou（故障寿命）	Thời gian từ khi dùng đến khi hỏng	Time to Failure [TTF]
koshou keihou souchi（故障警報装置）	Thiết bị cảnh báo	Annunciator [ANN]
koshou moodo eikyou kaiseki（故障モード影響解析）	Kiểu hư hỏng và phân tích các hiệu ứng	Failure Mode and Effects Analysis [FMEA]
kotai haikibutsu chozouko（固体廃棄物貯蔵庫）	Cơ sở lưu giữ chất thải rắn	Drum Yard
kou chu-useishi biimu ro（高中性子ビーム炉）	Lò chùm thông lượng cao	High Flux Beam Reactor [HFBR]
kou dendoudo haieki（高電導度廃液）	Chất thải có độ dẫn điện cao	High Conductivity Waste
kou noushuku uran（高濃縮ウラン）	Nhiên liệu urani làm giàu cao	High Enriched Uranium [HEU]
kou reberu garasu koka housheisei haikibutsu（高レベル・ガラス固化放射性廃棄物）	Chất thải phóng xạ hoạt độ cao được thủy tinh hóa	Vitrified High Level (Radioactive) Waste [VHLW]
kou reberu houshasei haikibutsu（高レベル放射性廃棄物）	Chất thải phóng xạ hoạt độ cao	High Activity Waste, High Level Radioactive Waste [HLW]
kou saikuru hirou（高サイクル疲労）	Sự mỏi sau chu kỳ dài	High Cycle Fatigue
kou sui-i reberu（高水位レベル）	Mức nước cao	High Water Level [HWL]
kou tenkan ro（高転換炉）	Lò có hệ số chuyển đổi cao	High Conversion Reactor [HCR]
kouatsu anzen chu-unyu-u kei（高圧安全注入系）	Hệ thống phun (tiếp) nước cao áp	High Head Safety Injection [HHSI]
kouatsu chu-unyu-u kei（高圧注入系）	Hệ thống phun (tiếp) nước cao áp	High Pressure Injection System [HPI] System
kouatsu chu-usui kei（高圧注水系）	Hệ thống phun chất làm mát áp suất cao	High Pressure Coolant Injection [HPCI] System

kouatsu hukusui ponpu （高圧復水ポンプ）	Bơm ngưng tụ cao áp	High Pressure Condensate Pump [HPCP]
kouatsu roshin chu-unyu-u kei （高圧炉心注入系）	Hệ thống giàn phun vùng hoạt áp suất cao (lò ABWR)	High Pressure Core Spray System [HPCS]
kouatsu roshin chu-usui kei （高圧炉心注水系）	Hệ thống cấp nước làm ngập vùng hoạt áp suất cao	High Pressure Core Flooder System [HPCF]
kouatsu roshin supurei hoki reikyaku sui （高圧炉心スプレイ補機冷却水）	Nước làm mát vùng hoạt của hệ thống giàn phun cao áp	High Pressure Core Spray Cooling Water [HPCW]
kouatsu taabin（高圧タービン）	Tuốc bin áp suất cao	High Pressure Turbine
kougaku shiken setsubi （工学試験設備）	Cơ sở thử nghiệm kỹ thuật	Engineering Test Facility
kougakuteki anzen shisetsu （工学的安全施設）	Hệ thống kỹ thuật đảm bảo an toàn	Engineered Safety Features
kougyouyou terebijon （工業用テレビジョン）	Tivi công nghiệp	Industrial Television [ITV]
kouhan konkuriito （鋼板コンクリート）	Bê tông cốt thép	Steel Concrete [SC]
kouji ninka（工事認可）	Giấy phép xây dựng	Construction Permit [CP]
koujou sen（甲状腺）	Tuyến giáp	Thyroid Gland
kouku-uki shoutotsu hyouka （航空機衝突評価）	Đánh giá tác động của máy bay đâm	Aircraft Impact Assessment [AIA]
kouku-uki shoutotsu （航空機衝突）	Sự cố máy bay rơi	Airplane Crash [APC]
kounai haichi zu（構内配置図）	Sơ đồ bố trí mặt bằng nhà máy	Plot Plan
kouon gasu reikyaku gata genshi ro（高温ガス冷却型原子炉）	Lò nhiệt độ cao sử dụng chất khí để làm mát	High Temperature Gas Coolant Reactor [HTGR]
kouon taiki（高温待機）	Dự phòng nóng	Hot Standby
kouon teishi（高温停止）	Dừng lò ở trạng thái nóng	Hot Shutdown [HSD]
kousei genshiro kakunou youki （鋼製原子炉格納容器）	Boongke lò bằng thép	Steel Containment Vessel [SCV]
kousei kakunou youki （鋼製格納容器）	Boongke lò bằng thép	Steel Contaiment

kousei kyu-u gata kakunou youki（鋼製球型格納容器）	Boongke lò hình cầu bằng thép	Spherical Steel Containment Vessel [SSCV]
koushu-u rikai（公衆理解）	Sự chấp nhận của công chúng	Public Acceptance [PA]
koushu-uha kanetsu shori（高周波加熱処理）	Nâng cao khả năng chịu ứng suất nhiệt	Induction Heating Stress Improvement [IHSI]
kousoku chu-useishi（高速中性子）	Nơtron nhanh	Fast Neutron
kousoku zoushoku ro（高速増殖炉）	Lò tái sinh nhanh	Fast Breeder Reactor [FBR]
koutei kanri（工程管理）	Quản lý tiến độ	Schedule Management
kouzoubutsu, keitou, konpoonento（構造物、系統、コンポーネント）	Cấu trúc, hệ thống và thành phần	Structure, System and Component [SSC]
koyou taika shori（固溶体化処理）	Xử lý hóa lỏng bằng nhiệt (cho chất thải rắn)	Solution Heat Treatment [SHT]
koyu-u no anzensei（固有の安全性）	An toàn nội tại	Inherent Safety
ku-uchou souchi（空調装置）	Hệ thống xử lý không khí	Air Handling System (Unit)
ku-uchou you reisui bouchou tanku [ku-uchou setsubi]（空調用冷水膨張タンク［空調設備］）	Thùng giãn nở nước làm lạnh (hệ thống điều hòa không khí)	Chilled Water Expansion Tank [air conditioning]
ku-uchou you reitou bouchou tanku [ku-uchou setsubi]（空調用冷凍膨張タンク［空調設備］）	Thùng giãn nở nước làm lạnh (hệ thống điều hòa không khí)	Chiller Water Expansion Tank [air conditioning]
ku-uchou yunitto you reikyaku kei [ku-uchou setsubi]（空調ユニット用冷却系［空調設備］）	Hệ thống nước làm lạnh [hệ thống điều hòa không khí]	Chilled Water System [air conditioning]
ku-uchou yunitto（空調ユニット）	Bộ phận điều chỉnh thông khí và sưởi ấm	Heating Ventilating Handling Unit
ku-uki asshukuki（空気圧縮機）	Máy nén khí	Air Compressor
ku-uki chu-ushutsu kei（空気抽出系）	Hệ thống rút trích không khí	Air Off Take [AO] System
ku-uki reikyakuki（空気冷却器）	Máy làm mát không khí	Air Cooler
ku-uki sadou（空気作動）	Vận hành bằng không khí	Air Operated [AO]

ku-uki shadanki（空気遮断器）	Máy cắt điện bằng khí nén	Air Blast Circuit Breaker [ABB]
kudou gen soushitsuji joutai hoji（駆動源喪失時状態保持）	Đưa về trạng thái an toàn khi hỏng	Fail As Is
kudougen soushitsuji kai (hei)（駆動源喪失時開〈閉〉）	Mở (đóng) khi mất tín hiệu	Fail Open (Closed) [FO(FC)]
kuencha (jouki gyoushukuki)（クエンチャ〈蒸気凝縮器〉）	Sự dập tắt	Quencher
kuraddo (huyousei kendaku busshitsu)（クラッド〈不溶性懸濁物質〉）	Chất kết tủa không xác định	Crud [Chalk River Unidentification Deposit] [CRUD]
kuraddo huchaku ni yoru hushoku（クラッド付着による腐食）	Ăn mòn cục bộ do bám dính tạp chất	Crud Induced Localized Corrosion [CILC]
kurasuta gata seigyobou（クラスタ型制御棒）	Bó thanh điều khiển dạng chùm (Cluster)	Rod Cluster Control Assembly [RCCA]
kurosu anda kan（クロスアンダ管）	Ống dẫn hơi tái cấp nhiệt	Cross Under Pipe
kurosu ooba kan（クロスオーバ管）	Ống dẫn liên áp	Cross Over Pipe
kyabiteeshon（キャビテーション）	Hiện tượng xâm thực	Cavitation
kyarii anda（キャリーアンダ）	Tỷ lệ hơi nước bị mang theo (hơi nước lưu hồi sau bộ tách ẩm)	Carry Under [steam ratio of separator]
kyarii ooba（キャリーオーバ）	Tỷ lệ nước bị mang theo (nước sau bộ tách ẩm)	Carry Over [water ratio of separator]
kyokusho piikingu keisu-u（局所ピーキング係数）	Hệ số đỉnh cục bộ	Local Peaking Factor [LPF]
kyokusho shutsuryoku piikingu keisu-u（局所出力ピーキング係数）	Hệ số đỉnh công suất cục bộ	Local Power Peaking Factor
kyokusho shutsuryoku ryouiki chu-useishi kenshutsuki（局所出力領域中性子検出器）	Thiết bị giám sát dải công suất cục bộ	Local Power Range Monitor [LPRM]
kyoninka topikaru repooto（許認可トピカルレポート）	Báo cáo chuyên đề xin cấp phép	Licensing Topical Report [LTR]
kyoumei sekibun（共鳴積分）	Tích phân cộng hưởng	Resonance Integral [RI]
kyoumei wo nogareru kakuritsu（共鳴を逃れる確率）	Xác suất tránh bắt cộng hưởng	Resonance Escape Probability [P]

kyoutsu-u gen-in koshou（共通原因故障）	Sai hỏng cùng nguyên nhân	Common Cause Failure [CCF]
kyoutsu-u youin koshou（共通要因故障）	Sai hỏng cùng kiểu	Common Mode Failure [CMF]
kyouyou kikanchu-u kensa（供用期間中検査）	Thanh tra, xem xét trong quá trình hoạt động	In-Service Inspection [ISI]
kyouyou mae kensa（供用前検査）	Thanh tra trước khi hoạt động	Pre-Service Inspection [PSI]
kyoyou genkai chi（許容限界値）	Giới hạn (liều) cho phép	Allowable Limit
kyu-u hukusui kei（給復水系）	Hệ thống nước cấp và nước ngưng	Condensate and Feed Water System
kyu-ushu-u bou（吸収棒）	Thanh hấp thụ	Absorption Rod
kyu-ushu-u peretto hihukukan kikai teki sougosayou [nenryou]（吸収ペレット・被覆管機械的相互作用［燃料］）	Tương tác cơ học của vỏ bọc thanh hấp thụ	Absorber Cladding Mechanical Interaction [Fuel]
kyu-usui buusuta ponpu（給水ブースタ・ポンプ）	Bơm gia tốc nước cấp	Feed Water Booster Pump
kyu-usui kanetsuki（給水加熱器）	Bộ gia nhiệt nước cấp	Feedwater Heater
kyu-usui kanetsu soushitsu（給水加熱喪失）	Mất bộ cấp nhiệt nước cấp	Loss of Feed Water Heater [LFWH]
kyu-usui kanetsuki doren（給水加熱器ドレン）	Ống thoát bộ gia nhiệt	Heater Drain [HD]
kyu-usui kei（給水系）	Hệ thống nước cấp	Feed Water [FDW/FW] System
kyu-usui ponpu（給水ポンプ）	Bơm nước cấp	Feed Water Pump [FWP]
kyu-usui seigyo kei（給水制御系）	Hệ thống điều khiển nước cấp	Feed Water Control System [FWCS]
kyu-usui soushitsu（給水喪失）	Mất nước cấp (vào bình sinh hơi)	Loss of Feed Water [LOFW]
M		
mainaa akuchinido（マイナーアクチニド）	Actinit hiếm	Minor Actinide [MA]
maku ouryoku（膜応力）	Ứng suất màng	Membrane Stress
man mashin intaafeisu（マン・マシン・インターフェイス）	Giao diện tương tác giữa người và máy tính	Man Machine Interface [MMI]

man mashin shisutem（マン・マシン・システム）	Hệ thống tương tác giữa người và máy tính	Man Machine System
maruchi sutaddo tenshona (sutaddo douji yurume souchi)（マルチスタッドテンショナ〈スタッド同時ゆるめ装置〉）	Bộ vặn đa bulông đồng bộ	Multi Stud Tensioner [MST]
masutaa paatsu risuto（マスターパーツリスト）	Danh sách các thành phần chính	Master Parts List [MPL]
meiban（銘板）	Bảng tên	Name Plate
metakura (metaru kuraddo suicchigia)（メタクラ〈メタルクラッドスイッチギア〉）	Bộ chuyển mạch phủ kim loại	Metal Clad Switchgear [M/C]
meyasu senryou（目やす線量）	Liều cho phép	Allowable Dose
mikaiketsu anzen mondai（未解決安全問題）	Vấn đề an toàn chưa được giải quyết	Unresolved Safety Issue [USI]
mippei saikuru gasu taabin（密閉サイクル・ガス・タービン）	Tuốc bin khí chu trình kín	Closed Cycle Gas Turbine [CCGT]
misairu shahei（ミサイル遮蔽）	Tấm chắn (các vật phóng ra)	Missile Shield
mizu inbentori（水インベントリ）	Tổng/trữ lượng nước	Water Inventory
mizu kagaku（水化学）	Hóa nước	Water Chemistry
mizu kinzoku han-nou（水金属反応）	Phản ứng của nước với kim loại	Metal Water Reaction [MWR]
mojuuru（モジュール）	Mô đun (cấu trúc theo từng khối tách rời)	Module
mokushi kensa（目視検査）	Kiểm tra trực quan	Visual Test [VT]
monita kaa（モニタカー）	Ô tô quan trắc (phóng xạ)	Monitoring Car
monitaringu posuto（モニタリングポスト）	Trạm quan trắc	Monitoring Post [MP]
monitaringu suteeshon（モニタリングステーション）	Trạm quan trắc	Monitoring Station
moota kontorooru senta（モータコントロールセンタ）	Buồng điều khiển động cơ	Motor Control Center [MCC]
moota kudou（モータ駆動）	Dẫn động bằng mô tơ	Motor Drive [MD (M/D)]
muensei sen-i ondo（無延性遷移温度）	Nhiệt độ chuyển tiếp sang tính dẻo	Nil Ductility Transition Temperature [NDTT]

nenryou hihukukan saikou ondo [ii shii shii esu kijun]（燃料被覆管最高温度［ECCS 基準］）

muensei sen-i（無延性遷移）	Điểm chuyển tiếp sang tính dẻo	Nil Ductility Transition [NDT]
mugen baishitsu ni okeru chu-useishi zoubai ritsu（無限媒質における中性子増倍率）	Hệ số nhân (nơtron) vô hạn	Infinite Multiplication Factor [K ∞]
N		
N gou ki（N 号基）	Tổ máy thứ N	N-th of A Kind [NOAK]
naibu hibaku（内部被ばく）	Phơi nhiễm trong	Internal Exposure
naibu konkuriito（内部コンクリート）	Kết cấu bê tông (bên trong boongke lò)	Inner Concrete [of CV], Internal Concrete [of CV] [IC]
naimen mizu reikyaku yousetsu hou（内面水冷却溶接法）	Công nghệ hàn có giải nhiệt (nhằm giảm ứng suất dư do quá trình hàn tạo ra)	Heat Sink Welding [HSW]
natoriumu kokuen ro（ナトリウム黒鉛炉）	Lò dùng natri làm chất tải nhiệt và graphit làm chậm	Sodium Graphite Reactor [SGR]
natoriumu mizu han-nou（ナトリウム水反応）	Phản ứng giữa natri và nước	Sodium Water Reaction
natoriumu reikyaku kousokuro（ナトリウム冷却高速炉）	Lò nhanh sử dụng Natri để làm chất tải nhiệt	Sodium-Cooled Fast Reactor [SFR]
nen sesshu gendo（年摂取限度）	Giới hạn hấp thụ hàng năm	Annual Limit of Intake
nenji teiken（年次定検）	Thanh tra định kỳ hàng năm	Annual Inspection
nenryou bou（燃料棒）	Thanh nhiên liệu	Fuel Rod
nenryou chan-neru bokkusu（燃料チャンネルボックス）	Hộp kênh nhiên liệu	Fuel Channel Box [CB]
nenryou chozou setsubi（燃料貯蔵設備）	Hệ thống lưu giữ nhiên liệu	Fuel Storage System
nenryou hason（燃料破損）	Hỏng hóc nhiên liệu	Fuel Failure
nenryou hihuku kan（燃料被覆管）	Vỏ bọc thanh nhiên liệu	Fuel Cladding (Tube)
nenryou hihukukan saikou ondo [ii shii shii esu kijun]（燃料被覆管最高温度［ECCS 基準］）	Nhiệt độ cực đại của vỏ bọc thanh nhiên liệu	Peak Cladding Temperature [ECCS] [PCT]

115

nenryou isou kyanaru（燃料移送キャナル）	Kênh dùng để thay đảo nhiên liệu	Refueling Canal
nenryou isou souchi（燃料移送装置）	Hệ thống di chuyển nhiên liệu	Fuel Transfer System
nenryou joubu ketsugou ban [nenryou]（燃料上部結合板［燃料］）	Tấm đỡ phía trên (nhiên liệu)	Upper Tie Plate [Fuel] [UTP]
nenryou kabu ketsugou ban（燃料下部結合板）	Tấm giằng phía dưới	Lower Tie Plate [LTP]
nenryou koushi（燃料格子）	Ô mạng nhiên liệu	Fuel Lattice
nenryou kyasuku（燃料キャスク）	Thùng nhiên liệu	Fuel Cask
nenryou kyoyou sekkei genkai（燃料許容設計限界）	Giới hạn hư hỏng nhiên liệu chấp nhận được	Acceptable Fuel Damage Limits
nenryou peretto（燃料ペレット）	Viên nhiên liệu	Fuel Pellet
nenryou pin（燃料ピン）	Thanh nhiên liệu	Fuel Rod
nenryou rakka jiko（燃料落下事故）	Sự cố khi thao tác nhiên liệu	Fuel Handling Accident [FHA]
nenryou saikuru kosuto（燃料サイクルコスト）	Chi phí chu trình nhiên liệu	Fuel Cycle Cost [FCC]
nenryou saikuru shisetsu（燃料サイクル施設）	Cơ sở chu trình nhiên liệu	Fuel Cycle Facility
nenryou shiji kanagu puragu（燃料支持金具プラグ）	Phần đỡ đáy bó nhiên liệu	Fuel Support Plug
nenryou shiji kanagu（燃料支持金具）	Đế đỡ nhiên liệu, Tấm đỡ (bó) nhiên liệu	Fuel Support
nenryou shousharyou（燃料照射量）	Sự chiếu xạ nhiên liệu	Fuel Exposure
nenryou shu-ugou tai（燃料集合体）	Bó nhiên liệu	Fuel Assembly, Fuel Bundle
nenryou souka pataan（燃料装荷パターン）	Sơ đồ nạp nhiên liệu	Fuel Loading Pattern
nenryou souka（燃料装荷）	Nạp nhiên liệu	Fuel Loading [FL]
nenryou tateya（燃料建屋）	Tòa nhà chứa nhiên liệu	Fuel Building
nenryou toriatsukai souchi（燃料取扱装置）	Thiết bị thao tác nhiên liệu	Fuel Handling Machine [FHM]
nenryou toriatsukai tateya（燃料取扱建屋）	Nhà thao tác với nhiên liệu	Fuel Handling Building [FHB]

netsu keikou senryou kei(熱蛍光線量計)

nenryou torikae kureen (manipyureeta kureen)(燃料取替クレーン〈マニピュレータクレーン〉)	Cần trục thao tác bằng tay	Manipulator Crane
nenryou torikae saikuru(燃料取替えサイクル)	Chu trình thay đảo nhiên liệu	Refueling Cycle
nenryou torikae yousui jouka souchi(燃料取替用水浄化装置)	Hệ thống làm sạch nước dùng để đảo nhiên liệu	Refueling Water Cleanup System [RWCS]
nenryou torikae yousui kei(燃料取替用水系)	Hệ thống nước thay đảo nhiên liệu	Refueling Water System [RWS]
nenryou torikae yousui tanku(燃料取替用水タンク)	Bể chứa nước thay đảo nhiên liệu	Refueling Water Storage Tank [RWST]
nenryou youso(燃料要素)	Phần tử nhiên liệu	Fuel Element
nenryou yu-ukou chou joutan(燃料有効長上端)	Đỉnh của phần nhiên liệu (trong thanh nhiên liệu)	Top of Active Fuel [TAF]
nenryou yu-ukou chou katan(燃料有効長下端)	Đáy của phần nhiên liệu (trong thanh nhiên liệu)	Bottom of Active Fuel Length [BAF]
nenryou yu-ukou chou(燃料有効長)	Chiều dài hiệu dụng của thanh nhiên liệu	Active Fuel Length [AFL]
nenryou yusou(燃料輸送)	Vận chuyển nhiên liệu	Fuel Transportation
nenryou(燃料)	Nhiên liệu	Fuel
nenryoubou narashi unten houhou(燃料棒ならし運転方法)	Phương thức vận hành nhiên liệu (công suất) theo từng mức	PCIOMR [Pre Conditioning Interim Operating Management Recommendation]
nenryoun kakou(燃料加工)	Chế tạo nhiên liệu	Fuel Fabrication
nenshoudo keisoku souchi(燃焼度計測装置)	Giám sát độ sâu cháy	Burn Up Monitor [BUM]
nenshoudo(燃焼度)	Độ sâu cháy	Burn-up [BU]
netsu chu-useishi riyou ritsu(熱中性子利用率)	Hệ số sử dụng nơtron nhiệt	Thermal Neutron Utilization Factor[f]
netsu chu-useishi(熱中性子)	Nơtron nhiệt	Thermal Neutron
netsu eikyou bu(熱影響部)	Khu vực chịu ảnh hưởng nhiệt	Heat Affected Zone [HAZ]
netsu heikou senzu(熱平衡線図)	Biểu đồ cân bằng nhiệt	Heat Balance Diagram
netsu keikou senryou kei(熱蛍光線量計)	Liều kế nhiệt-phát quang	Thermo-Luminescence Dosimeter [TLD]

117

netsu koukanki（熱交換器）	Thiết bị trao đổi nhiệt	Heat Exchanger [Hx]
netsu ouryoku boushi suriibu（熱応力防止スリーブ）	Ống bọc ngoài cách nhiệt	Thermal Sleeve
netsu shahei（熱遮蔽）	Lá chắn nhiệt	Thermal Shield
netsu shougeki（熱衝撃）	Sốc nhiệt	Thermal Shock
netsu shutsuryoku monita（熱出力モニタ）	Thiết bị giám sát công suất nhiệt	Thermal Power Monitor [TPM]
nigashi anzen ben (nobashi anzen ben)（逃し安全弁）	Van xả an toàn	Safety Relief Valve [SRV(SR/V)]
nigashi ben (nogashi ben)（逃し弁）	Van xả	Relief Valve [RV]
nihon kougyou kikaku (ji su)（日本工業規格〈JIS〉）	Tiêu chuẩn công nghiệp Nhật Bản	Japanese Industrial Standards [JIS]
niji kei（二次系）	Hệ thống thứ cấp	Secondary System
niji reikyaku kei（二次冷却系）	Hệ thống làm mát thứ cấp	Secondary Coolant System
niji shahei（二次遮蔽）	Lá chắn thứ cấp	Secondary Shield
nijikei reikyakusui（二次系冷却水）	Nước làm mát vòng thứ cấp	Secondary Cooling Water
nikkan shutsuryoku chousei（日間出力調整）	Sơ đồ phụ tải ngày	Daily Load Follow [DLF]
nikumori yousetsu [shii aaru shii]（肉盛溶接［CRC］）	Hàn đệm	Welding Buttering [CRC]
nintei shiken（認定試験）	Kiểm tra phẩm chất	Qualification Test
noudouteki anzen [⇄ judouteki anzen]（能動的安全［⇄受動的安全］）	An toàn chủ động (⇄ an toàn thụ động)	Active Safety [⇄ Passive Safety]
noushuku haieki（濃縮廃液）	Chất thải cô đặc	Concentrated Waste
noushuku keisu-u（濃縮係数）	Hệ số cô đặc	Concentration Factor [CF]
noushuku uran（濃縮ウラン）	Urani được làm giàu	Enriched Uranium
noushuku（濃縮）	Độ giàu (nhiên liệu)	Enrichment
nozuru seehu endo（ノズルセーフエンド）	Đầu mút miệng an toàn	Nozzle Safe End
O		
ontai kinou shiken（温態機能試験）	Thử nghiệm chức năng trạng thái nóng	Hot Functional Test [HFT]
ontai teishi joutai（温態停止状態）	Trạng thái dự phòng nóng	Hot Stand-by [HSB]

oo efu keeburu（OF ケーブル）	Dây cáp điền dầu	O F Cable (Oil Filled Cable)
orifisu（オリフィス）	Bộ điều chỉnh lưu lượng (trên miệng ống)	Orifice
ouryoku hushoku ware（応力腐食割れ）	Nứt gãy do ăn mòn ứng suất	Stress Corrosion Cracking [SCC]
P		
pari jouyaku（パリ条約）	Công ước Pari	The Paris Convention
pawaa senta（パワーセンタ）	Trạm phân phối điện	Power Center [P/C]
peburu beddo gata genshi ro（ペブルベッド型原子炉）	Lò tầng cuội	Pebble Bed Reactor [PBR]
peretto hihuku kan kagakuteki sougosayou [nenryou]（ペレット被覆管化学的相互作用［燃料］）	Tương tác hóa học giữa viên nhiên liệu và lớp vỏ bọc	Pellet Clad Chemical Interaction [Fuel] [PCCI]
peretto hihuku kan sougosayou [nenryou]（ペレット被覆管相互作用［燃料］）	Tương tác giữa viên nhiên liệu và lớp vỏ bọc	Pellet Clad Interaction [Fuel] [PCI]
pii aaru kan（PR 館）	Tòa nhà thông tin đại chúng	Public Information Building
pii daburyu aaru kankyouka ni okeru ouryoku hushoku ware（PWR 環境下における応力腐食割れ）	Gãy nứt do ăn mòn ứng suất bởi nước sơ cấp	Primary Water Stress Corrosion Cracking [PWSCC]
piikingu fakuta（ピーキングファクタ）	Hệ số đỉnh	Peaking Factor [PKF]
pinhooru（ピンホール）	Lỗ châm kim	Pinhole
poizun (chu-useishi kyu-ushu-u busshitsu)（ポイズン〈中性子吸収物質〉）	Chất độc (hấp thụ nơtron)	Poison (neutron absorber)
poketto senryou kei（ポケット線量計）	Liều kế bỏ túi	Pocket Dosimeter
puranto kidou（プラント起動）	Khởi động nhà máy	Plant Start Up
puranto jumyou enchou（プラント寿命延長）	Kéo dài tuổi thọ nhà máy	Plant Life Extension
puranto teishi（プラント停止）	Dừng hoạt động nhà máy	Plant Shutdown
pure sutoresuto konkuriito sei kakunou youki（プレストレストコンクリート製格納容器）	Boongke lò bằng bê tông dự ứng lực	Pre-Stressed Concrete Containment Vessel [PCCV]
puresutoresuto konkuriito（プレストレスト・コンクリート）	Bê tông dự ứng lực	Prestressed Concrete [PC]

purosesu houshasen monita（プロセス放射線モニタ）	Quan trắc quá trình bức xạ	Process Radiation Monitor [PrRM]
purosesu keisanki / unten kanshi hojo souchi（プロセス計算機／運転監視補助装置）	Máy tính xử lý tiến trình	Process Computer
purosesu koyu-u chou anzen gata genshiro（プロセス固有超安全型原子炉）	Tính an toàn đặc trưng vốn có của quá trình	Process Inherent Ultimate Safety [PIUS]
purosesu monita（プロセスモニタ）	Thiết bị giám sát quá trình	Process Monitor
purosesu nyu-u shutsuryoku（プロセス入出力）	Giá trị đầu vào-đầu ra của quá trình	Process Input Output [PI/O]
purosesu senzu（プロセス線図）	Sơ đồ quá trình	Process Flow Diagram [PFD]
purutoniumu uran kangen chuushutsu hou (pyuurekkusu hou)（プルトニウム・ウラン還元抽出法〈ピューレックス法〉）	Quá trình chiết tách plutoni và urani	Plutonium Uranium Reduction Extraction (Process) [PUREX]

R

radouesuto (houshasei haikibutsu)（ラドウエスト〈放射性廃棄物〉）	Chất thải phóng xạ	Radwaste [R/W]
rahu firuta（ラフフィルタ）	Bộ lọc thô	Roughing Filter
raihu saikuru kanri（ライフサイクル管理）	Quản lý vòng đời hoạt động (của thiết bị, nhà máy)	Life Cycle Management
raihu saikuru kosuto（ライフサイクルコスト）	Chi phí vòng đời hoạt động	Life Cycle Cost [LCC]
raina pureeto（ライナプレート）	Tấm lót	Liner Plate
rakka kaju-u shiken（落下荷重試験）	Thí nghiệm rơi tải	Drop Weight Test
rapuchaa dhisuku（ラプチャーディスク）	Đĩa an toàn (bị vỡ khi quá tải)	Rupture Disc
reezaa douitai bunri（レーザー同位体分離）	Phân tách đồng vị bằng la-de	Laser Isotope Separation
reijiki（励磁機）	Bộ kích từ	Exciter [Ex]
reikyaku sui kei（冷却水系）	Hệ thống nước làm mát	Cooling Water System [CWS]
reikyaku tou（冷却塔）	Tháp làm mát	Cooling Tower

(reikyaku zai) konshou shiki datsuen tou（〈冷却材〉混床式脱塩塔）	Thiết bị khử khoáng hòa trộn	Mixed Bed Demineralizer
reikyakusui housui ro（冷却水放水路）	Kênh xả nước làm mát	Cooling Water Discharge Canal
reikyakuzai ryu-uryou soushitsu jiko（冷却材流量喪失事故）	Sự cố mất dòng chất tải nhiệt	Loss of Flow Accident [LOFA]
reikyakuzai soushitsu jiko（冷却材喪失事故）	Sự cố mất chất tải nhiệt	Loss of Coolant Accident [LOCA]
reion teishi (joutai)（冷温停止〈状態〉）	Dừng lò ở trạng thái nguội	Cold Shutdown [CSD]
reitai kidou（冷態起動）	Khởi động lò từ trạng thái lạnh	Cold Startup
reitai kinou shiken（冷態機能試験）	Thử nghiệm chức năng ở trạng thái lạnh	Cold Function Test
reitai teishi（冷態停止）	Dừng lò ở trạng thái lạnh	Cold Shutdown
rekka uran（劣化ウラン）	Urani nghèo	Depleted Uranium
renpou kisei kijun [beikoku]（連邦規制基準［米国］）	Tiêu chuẩn quy chế liên bang Hoa kỳ	Code of Federal Regulations [CFR]
rensa han-nou（連鎖反応）	Phản ứng dây chuyền	Chain Reaction
resutoreinto (hen-i yokusei)（レストレイント〈変位抑制〉）	Cố định (đường ống)	Restraint [R]
ricchi hyouka jiko（立地評価事故）	Sự cố được giả định để đánh giá an toàn cho cộng đồng xung quanh nhà máy (SEA)	Siting Evaluation Accident [SEA]
rinkai jikken souchi（臨界実験装置）	Cơ cấu tới hạn	Critical Assembly
rinkai jiko（臨界事故）	Sự cố tới hạn	Critical Accident
rinkai miman（臨界未満）	Trạng thái dưới tới hạn	Sub Critical
rinkai（臨界）	Tới hạn	Criticality
riree ban（リレー盤）	Bảng rơ le	Relay Panel
riyou ritsu（利用率）	Hệ số công suất	Capacity Factor
ro nen（炉年）	Lò năm	Reactor Year [RY]
ro teishi yoyu-u（炉停止余裕）	Độ dự trữ dập lò phản ứng	Reactor Shutdown Margin
roddo waasu minimaiza（ロッドワースミニマイザ）	(Hệ thống) cực tiểu hóa giá trị thanh (điều khiển)	Rod Worth Minimizer [RWM]

121

rogai kaku keisou（炉外核計装）	Thiết bị đo bên ngoài lò phản ứng	Excore Nuclear Instrumentation System
rogai nenryou chozou（炉外燃料貯蔵）	Lưu giữ bên ngoài lò	External Vessel Storage
roka datsuen souchi（濾過脱塩装置）	Thiết bị lọc và khử khoáng	Filter Demineralizer [F/D]
ronai chozou（炉内貯蔵）	Lưu giữ trong lò	In Vessel Storage
ronai chu-useishi keisou（炉内中性子計装）	Hệ thống giám sát thông lượng nơtron trong vùng hoạt	In Core Neutron Flux Monitoring System
ronai chu-useishi kenshutsuki（炉内中性子検出器）	Đầu dò bên trong vùng hoạt	In Core Detector
ronai ibutsu kenshutsu souchi（炉内異物検出装置）	Thiết bị dò tìm dị vật trong lò	Loose Parts Monitoring System [LPM]
ronai kaku keisou（炉内核計装）	Thiết bị đo trong vùng hoạt	In Core Instrumentation [ICI]
ronai keisou an-nai kan（炉内計装案内管）	Ống dẫn thiết bị đo trong vùng hoạt	In Core Instrumentation Guide
ronai keisou tou（炉内計装筒）	Lỗ đưa thiết bị đo qua đáy thùng lò	Bottom Mounted Instrumentation Nozzle [BMI]
ronai kouzoubutsu（炉内構造物）	Các bộ phận trong lò	Reactor Internals [RIN]
rondon jouyaku（ロンドン条約）	Hiệp ước Luân Đôn về việc đổ rác thải	London Dumping Convention [LDC]
rootari sukuriin（ロータリスクリーン）	Màn hình xoay	Rotary Screen
roshin anteisei（炉心安定性）	Sự/tính ổn định của vùng hoạt	Core Stability
roshin heikin boido ritsu（炉心平均ボイド率）	Hệ số pha hơi trung bình vùng hoạt	Core Average Void Fraction [CAVF]
roshin heikin deguchi kuorithi（炉心平均出口クオリティ）	Chất lượng hơi trung bình lối ra vùng hoạt	Core Average Exit Quality [CAEQ]
roshin heikin shutsuryoku mitsudo（炉心平均出力密度）	Mật độ công suất trung bình vùng hoạt	Core Average Power Density [CAPD]
roshin hojo reikyaku kei（炉心補助冷却系）	Hệ thống làm mát phụ trợ vùng hoạt	Core Auxiliary Cooling System [ACCS]
roshin kabu purenamu（炉心下部プレナム）	Khoang đáy thùng lò	Core Lower Plenum
roshin kanri（炉心管理）	Quản lý vùng hoạt	Core Management
roshin kansui kei（炉心冠水系）	Hệ thống làm ngập (nước)	Flooding System

roshin kei houkou shutsuryoku piikingu keisu-u（炉心径方向出力ピーキング係数）	Hệ số đỉnh theo bán kính	Radial Peaking Factor [RPF]
roshin konkuriito sougosayou（炉心・コンクリート相互作用）	Tương tác bê tông - vùng hoạt	Core Concrete Interaction
roshin kouzoubutsu（炉心構造物）	Các bộ phận bên trong vùng hoạt	Core Internals
roshin nenryou souka（炉心燃料装荷）	Nạp nhiên liệu	Core Loading [CL]
roshin reikyaku monita（炉心冷却モニタ）	Giám sát làm mát vùng hoạt	Core Cooling Monitor
roshin roshutsu（炉心露出）	Hở nước vùng hoạt	Core Uncover
roshin saidai genkai shutsuryoku mitsudo hi（炉心最大限界出力密度比）	Tỷ số cực đại của mật độ công suất giới hạn trong vùng hoạt	Core Maximum Fraction of Limiting Power Density [CMFLPD]
roshin saishou genkai netsu ryuusoku hi（炉心最小限界熱流束比）	Tỷ số thông lượng nhiệt tới hạn cực tiểu vùng hoạt	Core Minimum Critical Heat Flux Ratio [CMCHFR(MCHFR)]
roshin seinou（炉心性能）	Chất lượng vùng hoạt	Core Performance
roshin shiji ban（炉心支持板）	Tấm/giá đỡ vùng hoạt	Core Plate
roshin shuraudo（炉心シュラウド）	Vách bao vùng hoạt	Core Shroud
roshin sonshou hindo（炉心損傷頻度）	Tần suất hỏng vùng hoạt	Core Damage Frequency [CDF]
roshin sou（炉心槽）	Giá đỡ vùng hoạt	Core Barrel
roshin supurei（炉心スプレイ）	Phun nước vào vùng hoạt	Core Spray [CS]
roshin taikei soushitsu（炉心体系喪失）	Mất cấu hình vùng hoạt	Loss of Core Configuration [LOCC]
roshin unten saikuru chu-uki（炉心運転サイクル中期）	Điểm giữa chu trình (thay đảo nhiên liệu)	Middle of Cycle [MOC]
roshin unten saikuru makki（炉心運転サイクル末期）	Cuối chu trình (thay đảo nhiên liệu)	End of Cycle [EOC]
roshin unten saikuru shoki（炉心運転サイクル初期）	Đầu chu trình (thay đảo nhiên liệu)	Beginning of Cycle [BOC]
roshin youyu-u hindo（炉心溶融頻度）	Tần suất nóng chảy vùng hoạt	Core Melt Frequency [CMF]
roshin（炉心）	Vùng hoạt lò phản ứng	Reactor Core
rouei kenshutsu kei（漏えい検出系）	Hệ thống phát hiện rò rỉ	Leak Detection System

rouei ritsu shiken（漏えい率試験）	Kiểm tra tốc độ rò rỉ	Leak Rate Test [LRT]
rouei seigyo kei（漏えい制御系）	Hệ thống kiểm soát rò rỉ	Leakage Control System, Leak Control System
rouei senkou gata hason（漏えい先行型破損）	Rò rỉ trước khi bị vỡ	Leak Before Break [LBB]
rouei shiken（漏えい試験）	Kiểm tra rò rỉ	Leak Test
ruiseki hirou keisu-u（累積疲労係数）	Hệ số tích lũy (sai hỏng) trong quá trình sử dụng	Cumulative Usage Factor [CUF]
ryoutan girochin hadan（両端ギロチン破断）	Sự cố gãy đôi ống dẫn	Double Ended Guillotine Break [DEGB]
ryu-ukaigata ouryoku hushoku ware（粒界型応力腐食割れ）	Nứt gãy do ứng suất ăn mòn dạng hạt trên biên	Inter Granular Stress Corrosion Crack [IGSCC]
ryu-ukan hushoku（粒間腐蝕）	Ăn mòn dạng hạt trên biên	Inter Granular Attack [IGA]
ryu-unai (kanryu-ugata) ouryoku hushoku ware（粒内〈貫粒型〉応力腐食割れ）	Nứt gãy do ăn mòn ứng suất chuyển dịch hạt	Trans granular Stress Corrosion Cracking [TGSCC]
ryu-uryou heikou zu（流量平衡図）	Sơ đồ cân bằng lưu lượng	Flow Balance Diagram [FBD]
ryu-uryou seigen orifisu（流量制限オリフィス）	Miệng hạn chế lưu lượng	Restriction Flow Orifice
ryu-uryou seigyo ben（流量制御弁）	Van tiết lưu	Flow Control Valve [FCV]
ryu-uryou seigyo（流量制御）	Điều khiển lưu lượng	Flow Control
ryu-utai (reiki) shindou（流体〈励起〉振動）	Dao động do dòng chảy	Flow Induced Vibration [FIV]
ryu-utai tsugite tsuki emu jii (dendou hatsudenki) setto（流体継手付 MG〈電動発電機〉セット）	Mô tơ, bộ kết nối bằng chất lỏng và máy phát	Motor, Fluid Coupler & Generator
ryu-utai tsugite（流体継手）	Khớp nối thủy lực	Hydro Coupler
ryuryou kei（流量計）	Đồng hồ đo lưu lượng/ lưu lượng kế	Flow Meter
S		
saabeiransu (sadou kakunin) shiken（サーベイランス〈作動確認〉試験）	Kiểm tra (mẫu) giám sát/đối chứng	Surveillance Test

saabisu tateya（サービス建屋）	Tòa nhà dịch vụ	Service Building [S/B]
sabukuuru iki deno huttou（サブクール域での沸騰）	Sôi dưới bão hòa	Subcool Boiling
sagyou bunkatsu kousei（作業分割構成）	Cấu trúc/cơ cấu phân chia công việc	Work Breakdown Structure [WBS]
sai junkan ponpu torippu（再循環ポンプトリップ）	Ngắt/dừng bơm tái tuần hoàn	Recirculation Pump Trip [RPT]
sai ketsugouki（再結合器）	Bộ tái tổ hợp	Recombiner
sai shori shisetsu（再処理施設）	Cơ sở tái chế	Reprocessing Facility
saidai deguchi kuorithi（最大出口クオリティ）	Chất lượng (hơi) ra cực đại	Maximum Exit Quality
saidai genkai shutsuryoku mitsudo hi [nenryou]（最大限界出力密度比［燃料］）	Tỷ số cực đại của mật độ công suất giới hạn	Maximum Fraction of Limiting Power Density [Fuel] [MFLPD]
saidai jiban kasokudo（最大地盤加速度）	Gia tốc nền cực đại (địa chấn)	Peak Ground Acceleration [PGA]
saidai kanou kousui ryou（最大可能降水量）	Khả năng kết tủa tối đa	Probable Maximum Precipitation
saidai kyoyou genkai（最大許容限界）	Giới hạn tối đa cho phép	Maximum Permissible Limit
saidai kyoyou noudo（最大許容濃度）	Nồng độ tối đa cho phép	Maximum Permissible Concentration
saidai kyoyou reberu（最大許容レベル）	Mức độ tối đa cho phép	Maximum Permissible Level
saidai kyoyou senryou touryou（最大許容線量当量）	Liều tương đương cực đại cho phép	Maximum Permissible Dose Equivalent
saidai kyoyou senryou（最大許容線量）	Liều cực đại cho phép	Maximum Permissible Dose
saidai kyoyou sesshu ryou（最大許容摂取量）	Lượng thu vào tối đa cho phép	Maximum Permissible Intake
saidai netsuryu-usoku [nenryou]（最大熱流束［燃料］）	Thông lượng nhiệt cực đại	Maximum Heat Flux [Fuel] [MHF]
saidai noodo danmen heikin senshutsuryoku mitsudo hi [nenryou]（最大ノード断面平均線出力密度比［燃料］）	Tỷ số sinh nhiệt tuyến tính trung bình cực đại	Maximum Average Planar Linear Heat Generation Ratio [Fuel] [MAPLHGR (MAPL)]
saidai sen shutsuryoku mitsudo hi [nenryou]（最大線出力密度比［燃料］）	Tỷ số sinh nhiệt tuyến tính cực đại	Maximum Linear Heat Generation Ratio [Fuel] [MLHGR]
saidai senryou touryou（最大線量当量）	Liều tương đương cực đại	Maximum Dose Equivalent

saidai soutei jiko（最大想定事故）	Sự cố tối đa có thể xảy ra	Maximum Credible Accident
saido sutoriimu hukusui kei（サイドストリーム復水系）	Hệ thống ngưng tụ luồng hai bên	Side-Stream Condensate System [SSCS]
saijunkan ran bakku（再循環ランバック）	Sự giảm lưu lượng tái tuần hoàn	Recirculation Run Back
saikou sen shutsuryoku mitsudo（最高線出力密度）	Tốc độ sinh nhiệt tuyến tính cực đại	Maximum Linear Heat Generation Rate [MLHGR]
sainetsu saikuru（再熱サイクル）	Chu trình tái cấp nhiệt	Reheating Cycle
saisei netsu koukanki（再生熱交換器）	Bộ trao đổi nhiệt tái sinh	Regenerative Heat Exchanger
saisei sui hokyu-u sui（再生水補給水）	Xử lý nước bù	Make Up Water Treated
saishori jigyou shitei (ninka) shinsei（再処理事業指定〈認可〉申請）	Xin cấp phép cho kinh doanh tái chế	Application Designation of Reprocessing Business [ADRB]
saishori（再処理）	Tái xử lý	Reprocessing
saishou genkai netsuryu-usoku hi [nenryou]（最小限界熱流束比［燃料］）	Tỷ số thông lượng nhiệt tới hạn tối thiểu	Minimum Critical Heat Flux Ratio [Fuel] [MCHFR (MCHF)]
saishou genkai netsuryu-usoku hi [pii daburyu aaru] [nenryou]（最小限界熱流束比［PWR］［燃料］）	Tỷ số cực tiểu rời khỏi chế độ sôi bọt	Minimum Departure from Nucleate Boiling Ratio [PWR] [Fuel] [MDNBR]
saishou genkai shutsuryoku hi [nenryou]（最小限界出力比［燃料］）	Tỷ số công suất tới hạn tối thiểu	Minimum Critical Power Ratio [Fuel] [MCPR]
saishu-u anzen hyouka houkokusho（最終安全評価報告書）	Bản báo cáo đánh giá an toàn cuối cùng	Final Safety Evaluation Report [FSER]
saishu-u anzen kaiseki sho（最終安全解析書）	Báo cáo phân tích an toàn cuối cùng	Final Safety Analysis Report [FSAR]
saishu-u dan yoku [taabin]（最終段翼［タービン］）	Tầng cánh (ở tuốc bin) cuối cùng	Last Stage Blade [turbine] [LSB]
saishu-u reikyaku gen（最終冷却源）	Môi trường tản nhiệt cuối cùng	Ultimate Heat Sink [UHS]
saishu-u sekkei shounin（最終設計承認）	Phê duyệt thiết kế cuối cùng	Final Design Approval [FDA]

seigyobou kachi minimaiza（制御棒価値ミニマイザ）

saitei shiyou ondo（最低使用温度）	Nhiệt độ làm việc thấp nhất	Lowest Service Temperature
saito banka setsubi（サイトバンカ設備）	Hầm chứa, bãi chứa tại địa điểm nhà máy	Site Bunker Facility
saito sentei（サイト選定）	Lựa chọn vị trí, địa điểm	Site Selection
san youso seigyo（3要素制御）	Điều khiển ba phần tử	Three Elements Control
sando puragu（サンドプラグ）	Chốt cắm trong cát (thăm dò lòng đất)	Sand Plug
sanju-u suiso（三重水素）	Nguyên tử Triniti (đồng vị của Hidro)	Tritium [T]
sanpuringu kei（サンプリング系）	Lấy mẫu	Sampling [SAM]
sanso chu-unyu-u kei（酸素注入系）	Hệ thống phun ôxy	Oxygen Injection System [OI]
sapuresshon chanba（サプレッションチャンバ）	Buồng khử/triệt áp	Suppression Chamber [S/C]
sapuresshon puuru jouka kei（サプレッションプール浄化系）	Hệ thống làm sạch bể triệt áp	Suppression Pool Clean Up
secchi kyoka（設置許可）	Giấy phép xây dựng	Establishment Permit [EP]
sei kagakuteki sanso youkyu-u kijun（生化学的酸素要求基準）	Nhu cầu oxi sinh học (duy trì sự sống)	Biological Oxygen Demand [BOD]
seibutsu gaku teki kouka hiritsu（生物学的効果比率）	Hiệu suất sinh học tương đối	Relative Biological Effectiveness
seigyo ben（制御弁）	Van điều khiển	Control Valve [CV]
seigyo bou（制御棒）	Thanh điều khiển	Control Rod [CR]
seigyo bou (bureedo)（制御棒〈ブレード〉）	Cánh thanh điều khiển (lò BWR)	Control Rod Blade
seigyo bou an-nai kan（制御棒案内管）	Ống dẫn thanh điều khiển	Control Rod Guide Tube
seigyo bou an-nai shinburu（制御棒案内シンブル）	Ống dẫn thanh điều khiển	Control Rod Guide Thimble
seigyobou chan-neru [kei houkou]（制御棒チャンネル［径方向］）	Vị trí thanh điều khiển	Control Rod Position
seigyo bou kachi（制御棒価値）	Giá trị thanh điều khiển	Control Rod Worth
seigyobou kachi minimaiza（制御棒価値ミニマイザ）	(Hệ thống) cực tiểu hóa giá trị thanh (điều khiển)	Rod Worth Minimizer [RWM]

127

seigyo bou koukan ki （制御棒交換機）	Máy thao tác thanh điều khiển	Control Rod Handling Machine
seigyo bou kudou kikou seigyo souchi （制御棒駆動機構制御装置）	Hệ thống điều khiển cơ cấu truyền động thanh điều khiển	Control Rod Drive Mechanism Control System
seigyo bou kudou kikou （制御棒駆動機構）	Cơ cấu truyền động thanh điều khiển	Control Rod Drive Mechanism [CRDM]
seigyo bou kudou suiatsu kei （制御棒駆動水圧系）	Hệ thống điều khiển thủy lực truyền động thanh điều khiển	Control Rod Drive Hydraulic Control System
seigyo bou kudou（制御棒駆動）	Hệ thống dẫn động thanh điều khiển	Control Rod Drive [CRD]
seigyo bou pataan koukan （制御棒パターン交換）	Sự thay đổi sơ đồ sắp xếp thanh điều khiển	Control Rod Pattern Change
seigyo bou rakka jiko （制御棒落下事故）	Sự cố do rơi thanh điều khiển vào lò	Control Rod Drop Accident [CRDA]
seigyo bou rakka（制御棒落下）	Thanh điều khiển rơi xuống	Control Rod Drop
seigyo bou tobidashi （制御棒飛出し）	Thanh điều khiển bị bật ra	Control Rod Ejection
seigyo shitsu（制御室）	Phòng điều khiển	Control Room
seigyo tateya（制御建屋）	Tòa nhà điều khiển	Control Building [CB]
seigyo you ku-uki（制御用空気）	Khí dùng trong đo lường	Instrument Air [IA]
seigyobou hikinuki kanshi souchi （制御棒引抜監視装置）	Thiết bị giám sát các khối thanh dẫn	Rod Block Monitor [RBM]
seigyobou hikinuki shiikensu （制御棒引抜シーケンス）	Trình tự rút thanh điều khiển tham chiếu	Reference Rod Pull Sequence
seigyobou ichi [jikuhoukou] （制御棒位置［軸方向］）	Vị trí thanh điều khiển	Control Rod Position
seigyobou ichi shiji souchi kei （制御棒位置指示装置系）	Hệ thống chỉ thị (hay thông tin) về vị trí của thanh điều khiển	Rod Position Indication (or, Information) System [RPIS]
seigyobou isshutsu jiko （制御棒逸出事故）	Sự cố bật thanh (điều khiển) ra khỏi lò	Rod Ejection (or Eject) Accident [REA]
seigyobou gun sousa （制御棒群操作）	Vận hành theo nhóm (thanh điều khiển)	Gang Operation
seigyobou pataan （制御棒パターン）	Giản đồ (bố trí) thanh điều khiển	Control Rod Pattern

seigyobou sousa kanshi kei（制御棒操作監視系）	Hệ thống thanh điều khiển và thông tin	Rod Control and Information System [RC&IS]
seigyobou supaida（制御棒スパイダ）	Đầu nối chùm thanh điều khiển	Control Rod Spider
seigyoshitsu unten-in（制御室運転員）	Nhân viên vận hành phòng điều khiển	Control Room Operator
seigyoyou seigyobou banku（制御用制御棒バンク）	Nhóm các thanh điều khiển	Control Bank
seitai shahei heki（生体遮蔽壁）	Tường chắn sinh học	Biological Shielding Wall
seiteki kakunou youki reikyaku kei（静的格納容器冷却系）	Hệ thống làm mát boongke lò thụ động	Passive Containment Cooling System [PCCS]
seiteki kakunou youki reikyakuki（静的格納容器冷却器）	Thiết bị làm mát boong ke lò thụ động	Passive Containment Cooler
seiteki netsu jokyo kei（静的熱除去系）	Hệ thống tải nhiệt thụ động	Passive Heat Removal System
seizou genka（製造原価）	Chi phí chế tạo	Manufacturing Cost
sekkei atsuryoku（設計圧力）	Áp suất thiết kế	Design Pressure
sekkei chi（設計値）	Giá trị thiết kế	Design Value
sekkei kanri bunsho（設計管理文書）	Hồ sơ tài liệu thiết kế	Design Control Document [DCD]
sekkei kijun gai jiko（設計基準外事故）	Sự cố ngoài cơ sở thiết kế	Beyond Design Basis Accident [BDBA]
sekkei kijun gai jisho（設計基準外事象）	Sự kiện ngoài cơ sở thiết kế	Beyond Design Basis Event [BDBE]
sekkei kijun jiko（設計基準事故）	Sự cố trong cơ sở thiết kế	Design Basis Accident [DBA]
sekkei kijun jishin (sekkei jishindou)（設計基準地震〈設計地震動〉）	Động đất trong cơ sở thiết kế	Design Basis Earthquake [DBE]
sekkei kijun jishin dou（設計基準地震動）	Cường độ nền trong cơ sở thiết kế	Design Basis Ground Magnitude
sekkei kijun jishou（設計基準事象）	Sự kiện trong cơ sở thiết kế	Design Basis Event [DBE]
sekkei kijun（設計基準）	Cơ sở thiết kế (Tiêu chuẩn thiết kế)	Design Basis [DB]
sekkei ondo（設計温度）	Nhiệt độ thiết kế	Design Temperature

sekkei sen-i ondo（設計遷移温度）	Nhiệt độ chuyển tiếp trong thiết kế	Design Transition Temperature
sekkei shinsa （設計審査）	Thẩm định thiết kế	Design Review [DR]
sekkei shoumei （設計証明）	Chứng chỉ thiết kế	Design Certification [DC]
sekkei shounin kijun （設計承認基準）	Tiêu chí chấp nhận thiết kế	Design Acceptance Criteria [DAC]
sekkei soutei gai jishin （設計想定外地震）	Động đất ngoài cơ sở thiết kế	Beyond Design Basis Earthquake
sekkei you jishindou （設計用地震動）	Động đất thiết kế	Design Earthquake
sendan ha sokudo （せん断波速度）	Vận tốc sóng trượt	Shear Wave Velocity [Vs]
sengen kyoudo （線源強度）	Số hạng nguồn	Source Term
senkei kasokuki （線形加速器）	Máy gia tốc thẳng (tuyến tính)	Linear Accelerator [LINAC]
senkoushiyou nenryou shu-ugou tai （先行使用燃料集合体）	Bó nhiên liệu thử nghiệm (được đưa vào lò nhằm khẳng định đặc tính của nó)	Lead Use Assembly [LUA]
senryou touryou （線量当量）	Liều tương đương	Dose Equivalent [DE]
senryouritsu （線量率）	Suất liều	Dose Rate
senshitsu keisu-u [houshasen] （線質係数［放射線］）	Hệ số chất lượng	Quality Factor [radiation]
sentaku haieki （洗たく廃液）	Nước thải từ giặt rửa	Laundry Drain Liquid
sentaku seigyobou dendou sounyu-u （選択制御棒電動挿入）	Đưa thêm thanh điều khiển đã chọn vào lò	Selected Control Rod Run In [SCRRI]
sentaku seigyobou sounyu-u （選択制御棒挿入）	Đưa thanh điều khiển đã chọn vào	Selected Rod Insertion [SRI]
setsubi kadouritsu (jikan) （設備稼働率［時間］）	Hệ số khả dụng (Hệ số có thể sử dụng thiết bị)	Availability Factor
setsubi riyouritsu 〈setsubi〉（設備利用率〈設備〉）	Hệ số công suất	Capacity Factor [Facility][CF]
shahei heki （遮蔽壁）	Tường bảo vệ	Shield Wall
sharupii shiken （シャルピー試験）	Thử nghiệm Charpy	Charpy Test
shiaa ragu （シアーラグ）	Giá đỡ trục	Shear Lug
shibia akushidento （シビアアクシデント）	Tai nạn nghiêm trọng	Severe Accident [SA]

shiikensu kontoroora（シーケンス・コントローラ）	Bộ điều khiển tuần tự	Sequence Controller
shiji ban（支持板）	Tấm đỡ/bệ tì	Bearing Plate
shiji koushi（支持格子）	Lưới đỡ	Grid Support
shimu roddo（シムロッド）	Thanh bù trừ	Shim Rod
shin nenryou chozou pitto（新燃料貯蔵ピット）	Hầm lưu giữ nhiên liệu mới	New Fuel Storage Pit [NFSP]
shin nenryou chozou rakku（新燃料貯蔵ラック）	Giá đỡ nhiên liệu mới	New Fuel Storage Rack [NFSR]
shingata tenkan ro（新型転換炉）	Lò (nơtron) nhiệt tiên tiến	Advanced Thermal Reactor [ATR]
shinshuku tsugite（伸縮継手）	Mối nối giãn nở	Expansion Joint
shinsou bougo（深層防護）	Bảo vệ theo chiều sâu	Defense In Depth [DID]
shippingu kensa (nenryou kensa)（シッピング検査［燃料検査］）	Kiểm tra rò rỉ từng bó nhiên liệu	Sipping Test [fuel leak]
shirinda chu-uyu ki（シリンダ注油器）	Dụng cụ tra dầu mỡ/ ống bơm dầu	Cylinder Lubricator
shiryou saishu kei（試料採取系）	Lấy mẫu	Sampling [SAM]
shiryou saishu rakku（試料採取ラック）	Máng lấy mẫu	Sampling Rack
shitsubun bunri kanetsuki（湿分分離加熱器）	Thiết bị phân tách hơi ẩm và cấp nhiệt	Moisture Separator and Heater [MSH]
shitsubun bunriki（湿分分離器）	Bộ tách ẩm	Moisture Separator
shitsubun bunri sainetsuki（湿分分離再熱器）	Bộ phân tách hơi và tái gia nhiệt	Moisture Separator & Reheater [MSR]
shitsuryou heikou（質量平衡）	Cân bằng khối lượng	Mass Balance
shiunten shiken（試運転試験）	Thử nghiệm trước khi vận hành	Comissioning Test
shiyouzumi nenryou hoshou sochi（使用済燃料保障措置）	Kiểm kê không phá hủy	Nondestructive Account [NDA]
shiyouzumi nenryou pitto jouka reikyaku keitou（使用済燃料ピット浄化冷却系統）	Hệ thống làm sạch và làm mát bể nhiên liệu đã qua sử dụng	Spent Fuel Pit Cooling & Cleanup System [SFPCS]
shiyouzumi nenryou pitto（使用済燃料ピット）	Bể chứa nhiên liệu đã qua sử dụng	Spent Fuel Pit [SFP]
shiyouzumi nenryou puuru（使用済燃料プール）	Bể chứa nhiên liệu đã qua sử dụng	Spent Fuel Pool [SFP]

shiyouzumi nenryou rakku（使用済燃料ラック）	Giá để nhiên liệu đã qua sử dụng	Spent Fuel Storage Rack
shiyouzumi nenryou ukeire chozou shisetsu（使用済燃料受入貯蔵施設）	Cơ sở lưu giữ nhiên liệu đã qua sử dụng	Spent Fuel Storage Facility
shiyouzumi nenryou yusou youki（使用済燃料輸送容器）	Thùng vận chuyển nhiên liệu đã qua sử dụng	Spent Fuel Cask [SFC]
shiyouzumi nenryou（使用済燃料）	Nhiên liệu đã qua sử dụng	Spent Fuel [SF]
shizen houshanou touryou kyoudo（自然放射能当量強度）	Hoạt độ phóng xạ tương đương phông môi trường	Background Equivalent Activity [BEA]
shizen junkan（自然循環）	Đối lưu tự nhiên	Natural Circulation
sho souka roshin（初装荷炉心）	Vùng hoạt ban đầu	Initial Core
shogouki（初号機）	Tổ máy đầu tiên	First of A Kind [FOAK]
shoin you earokku（所員用エアロック）	Cửa thay đồ (nhân viên) trước khi ra/vào phòng sạch	Personnel Air Lock
shoki tenkan ritsu（初期転換率）	Tỷ số biến đổi ban đầu	Initial Conversion Ratio [ICR]
shokugyou hibaku（職業被ばく）	Phơi nhiễm bức xạ nghề nghiệp	Occupational Radiation Exposure
shonai boira（所内ボイラ）	Lò hơi phụ trợ	Auxiliary Boiler [AxB]
shonai dengen（所内電源）	Nguồn điện trong nhà máy	On Site Power
shonai hen-atsuki（所内変圧器）	Máy biến áp trong nhà	House Transformer [H. Tr]
shonai jouki modori kei（所内蒸気戻り系）	Sự quay lại của nước ngưng tụ từ hơi trích nhiệt	Heating Steam Condensate Water Return [HSCR]
shonai you ku-uki（所内用空気）	Không khí lưu thông trong nhà máy	Station Air [SA]
shonai zatsuyou sui kei（所内雑用水系）	Hệ thống nước nội bộ	Domestic Water [DW] System
shougyou unten (kaishibi)（商業運転［開始日］）	Vận hành thương mại	Commercial Operation(Date) [CO(COD)]
shouhadan roka（小破断 LOCA）	Sự cố mất chất tải nhiệt vỡ nhỏ/sự cố LOCA vỡ nhỏ	Small Break Loss of Coolant Accident [SBLOCA]

shouhadan reikyakuzai soushitsu jiko（小破断冷却材喪失事故）	Sự cố mất chất tải nhiệt vỡ nhỏ/sự cố LOCA vỡ nhỏ	Small Break Loss of Coolant Accident [SBLOCA]
shouka sui（消火水）	Nước cứu hỏa	Fire Service Water
shoukyaku souchi（焼却装置）	Lò đốt rác	Incinerator
shoukyaku ro（焼却炉）	Lò đốt rác	Incinerator
shousai sekkei（詳細設計）	Thiết kế chi tiết	Detail Design
shousan youeki（硝酸溶液）	Dung dịch axit nitric	Nitric Acid
shousha go shiken（照射後試験）	Kiểm tra sau khi chiếu xạ	Post Irradiation Examination [PIE]
shousha nenryou kensa souchi（照射燃料検査装置）	Hệ thống kiểm tra nhiên liệu đã chiếu xạ	Irradiated Fuel Inspection System
shousha shiken（照射試験）	Thí nghiệm chiếu xạ	Irradiation Test
shousha shikenhen（照射試験片）	Mẫu chiếu xạ	Irradiation Sample
shousha（照射）	Sự chiếu xạ	Irradiation
shouson（焼損）	Cháy hết	Burn Out [BO]
shoyu-u sha guruupu（所有者グループ）	Tập đoàn chủ sở hữu	Owner's Group [OG]
shu hen-atsuki（主変圧器）	Máy biến thế chính	Main Transformer [MTr]
shu hukusuiki（主復水器）	Bình ngưng tụ chính	Main Condenser
shu jouki（主蒸気）	hơi chính	Main Steam [MS]
shu kyu-usui soushitsu（主給水喪失）	Mất nước cấp chính	Loss of Main Feed Water [LMFW]
shu kyu-usui（主給水）	Nước cấp chính	Main Feedwater [MFW]
shu reikyakuzai kan（主冷却材管）	Đường ống tải nhiệt chính	Main Coolant Pipe [MCP]
shu taabin hijou abura ponpu（主タービン非常油ポンプ）	Máy bơm dầu khẩn cấp cho ổ trục tuốc bin	Turbine Emergency Bearing Oil Pump [EOP]
shu taabin（主タービン）	Tuốc bin chính	Main Turbine
shu-udan senryou（集団線量）	Liều tập thể	Collective Dose
shu-uhen monita（周辺モニタ）	Quan trắc phóng xạ ngoài nhà máy	Off Site Radiation Monitor
shu-uhen nenryou orifisu（周辺燃料オリフィス）	Lỗ điều chỉnh lưu lượng qua nhiên liệu vùng ngoại vi	Peripheral Fuel Orifice

shu-uhen nenryou shiji kanagu（周辺燃料支持金具）	Giá đỡ nhiên liệu ngoại vi	Peripheral Fuel Support
shudou sousa（手動操作）	Thao tác bằng tay	Manual Operation
shudou teishi [genshiro]（手動停止［原子炉］）	Dừng lò bằng tay	Manual Shutdown [reactor]
shujouki anzen ben（主蒸気安全弁）	Van an toàn đường dẫn hơi chính	Main Steam Safety Valve [MSSV]
shujouki kagen ben（主蒸気加減弁）	Van điều khiển đường dẫn hơi chính	Main Steam Control Valve [CV]
shujouki kakuri ben（主蒸気隔離弁）	Van cô lập đường dẫn hơi chính	Main Steam Isolation Valve [MSIV]
shujouki nogashi anzen ben (shujouki nigashi anzen ben)（主蒸気逃し安全弁）	Van xả an toàn dòng hơi chính	Main Steam Safety Relief Valve [SRV]
shujouki nogashi ben seigyo kei (shujouki nigashi ben seigyo kei)（主蒸気逃し弁制御系）	Hệ thống điều khiển van xả dòng hơi chính	Main Steam Relief Valve Control System
shujouki nogashi ben (shujouki nigashi ben)（主蒸気逃がし弁）	Van xả dòng hơi chính	Main Steam Relief Valve [MSRV]
shujouki nozuru puragu（主蒸気ノズルプラグ）	Chốt nối/đầu ống nối hơi chính	Main Steam Nozzle Plug
shujouki oyobi shu kyu-usui（主蒸気及び主給水）	Dẫn hơi và nước cấp chính	Main Steam and Feed Water [MSFW]
shujouki rain puragu（主蒸気ラインプラグ）	Chốt nối/đầu ống nối đường dẫn hơi chính	Main Steam Line Plug [MSLP]
shujouki ryu-uryou seigenki（主蒸気流量制限器）	Thiết bị hạn chế dòng hơi chính, Thiết bị hạn chế lưu lượng hơi	Main Steam Flow Limiter, Steam Flow Restrictor
shujouki tome ben（主蒸気止め弁）	Van dừng chính	Main Stop Valve [MSV]
shujoukikan hadan jiko（主蒸気管破断事故）	Sự cố vỡ đường hơi chính	Main Steam Line Break Accident [MSLBA]
shunkan den-atsu soushitsu（瞬間電圧喪失）	Sự mất điện áp nhất thời	Momentary Voltage Loss [MVD]
shuntei（瞬停）	Sự mất điện áp nhất thời	Momentary Voltage Loss [MVD]
shuraudo [roshin]（シュラウド［炉心］）	Vách bao	Shroud [core]
shuraudo heddo（シュラウドヘッド）	Nắp vách bao	Shroud Head

sousa burokku zu (kinou setsumei zu)（操作ブロック図〈機能説明図〉）

shuraudo sapooto ringu（シュラウドサポートリング）	Vòng đỡ vách bao	Shroud Support Ring
shusui ro（取水路）	Kênh lấy nước làm mát	Cooling Water Intake Canal
shusui（取水）	Lấy vào/Cửa lấy nước vào	Intake
shutsuryoku / huka（出力／負荷）	Công suất/tải	Power/Load [P/L]
shutsuryoku han-noudo keisu-u（出力反応度係数）	Hệ số độ phản ứng theo công suất	Power Reactivity Coefficient
shutsuryoku huka huheikou（出力負荷不平衡）	Sự mất cân bằng phụ tải	Power Load Unbalance [PLU]
shutsuryoku issou jiko（出力逸走事故）	Sự cố trệch công suất	Power Excursion Accident [PEA]
shutsuryoku mitsudo（出力密度）	Mật độ công suất	Power Density
shutsuryoku piikingu keisu-u（出力ピーキング係数）	Hệ số đỉnh công suất	Power Peaking Coefficient [PPC]
shutsuryoku reikyaku hukinkou jiko（出力冷却不均衡事故）	Sự cố mất tương xứng của tải với công suất	Power Cooling Mismatch Accident [PCMA]
shutsuryoku ryouiki monita（出力領域モニタ）	Thiết bị giám sát dải công suất	Power Range Monitor [PRM]
shutsuryoku ryouiki（出力領域）	Dải công suất	Power Range
shutsuryoku yokusei shiken（出力抑制試験）	Thí nghiệm thay đổi công suất	Power Suppression Test [detect fuel leak, by Control Rod]
sokuhatsu chu-useishi（即発中性子）	Nơtron tức thời	Prompt Neutrons
sokuhatsu rinkai（即発臨界）	Trạng thái tới hạn tức thời	Prompt Criticality
sonshou roshin reikyaku（損傷炉心冷却）	Làm mát vùng hoạt khi đã bị nóng chảy	Degraded Core Cooling
sou bunri bosen（相分離母線）	Thanh cái dẫn dòng cách ly	Isolated Phase Bus Duct
sou hi bunkatsu bosen（相非分割母線）	Đường dẫn không tách pha	Non-segregated Phase Bus
sougou teki hinshitsu kanri（総合的品質管理）	Kiểm soát chất lượng tổng quát	Total Quality Control [TQC]
sousa burokku zu (kinou setsumei zu)（操作ブロック図〈機能説明図〉）	Sơ đồ khối khóa liên động	Interlock Block Diagram [IBD]

135

sousa tejunsho（操作手順書）	Hướng dẫn vận hành	Operation Guide [OG]
soutei jiko（想定事故）	Sự cố giả định	Postulated Accident
suchiimu doraiya（スチームドライヤ）	Thiết bị/bộ phận sấy hơi	Steam Dryer
suchiimu konbaata（スチームコンバータ）	Bộ biến đổi hơi	Steam Converter [SC]
sueringu（スエリング）	Sự phồng rộp	Swelling
sui-i seigyo ben（水位制御弁）	Van điều khiển mức nước	Level Control Valve
sui-i seigyo（水位制御）	Kiểm soát mức (nước)	Level Control
suiatsu seigyo yunitto（水圧制御ユニット）	Bộ điều khiển thủy lực	Hydraulic Control Unit [HCU]
suiatsu shiken（水圧試験）	Kiểm tra thủy lực, Kiểm tra thủy lực tĩnh	Hydraulic Test [HT], Hydrostatic Test [HT]
suichu-u terebi souchi（水中テレビ装置）	Hệ thống truyền hình dưới nước	Underwater Television System
suiso bakuhatsu（水素爆発）	Nổ hydro	Hydrogen Explosion
suiso-gawa oiru kuura（水素側オイルクーラ）	Bộ làm mát dầu chèn (làm kín) bằng khí hidro	Hydrogen gas Side Oil Cooler
suiso ion noudo（水素イオン濃度）	Độ pH của nước	Potential of Hydrogen [pH]
suiso ju-usuiso torichiumu（水素重水素トリチウム）	Đồng vị hidro, đơ-tơ-ri và triti	Hydrogen Deuterium Tritium
suiso reikyakuki（水素冷却器）	Bộ làm mát sử dụng khí hidro	Hydrogen Gas Cooler
suiso sai ketsugouki（水素再結合器）	Bộ tái kết hợp khí hidro	Hydrogen Recombiner
sukima saaji tanku（スキマサージタンク）	Thùng chứa nước tràn (tuần hoàn làm mát bể nước thay đảo nhiên liệu)	Skimmer Surge Tank
sukuramu (seigyobou kinkyu-u sounyu-u)（スクラム〈制御棒緊急挿入〉）	SCRAM (đưa toàn bộ các thanh điều khiển khẩn cấp để dập lò)	Safety Control Rod Axe Man [SCRAM]
sukuramu haishutsu youki（スクラム排出容器）	Thể tích xả ra khi dập lò	Scram Discharge Volume [SDV]
sukuramu hu sadou ji no kato henka（スクラム不作動時の過渡変化）	Chuyển tiếp tiên lượng không dập được lò	Anticipated Transient Without Scram [ATWS]

taabin tateya（タービン建屋）

sukuramu kyokusen（スクラム曲線）	Đường cong độ phản ứng dập lò	Scram Reactivity Curve
sumiya tesuto（スミヤテスト）	Kiểm tra vết bẩn	Smear Test
supaaja（スパージャ）	Vòi phun	Sparger
supekutoru shihuto roddo [nenryou]（スペクトル・シフト・ロッド［燃料］）	Thanh dịch chuyển phổ	Spectral Shift Rod [Fuel] [SSR]
supuree hedda（スプレーヘッダ）	Đầu ống/vòi phun	Spray Header
supurei nozuru（スプレイノズル）	Vòi phun sương	Spray Nozzle
sutando paipu（スタンドパイプ）	Ống đứng	Stand Pipe
sutoomu doren kei（ストームドレン系）	Đường dẫn nước/thoát nước mưa	Storm Drain [SD]
T		
taabin gurando jouki（タービングランド蒸気）	Hơi đệm tuốc bin	Turbine Gland Steam
taabin hojo jouki kei（タービン補助蒸気系）	Hệ thống hơi phụ trợ tuốc bin	Turbine Auxiliary Steam [AS] System
taabin hoki reikyaku (kai) sui kei（タービン補機冷却〈海〉水系）	Hệ thống nước biển làm mát trong tòa nhà tuốc bin	Turbine Building Cooling Sea Water system [TCWS]
taabin hoki reikyaku kaisui（タービン補機冷却海水）	Nước biển làm mát thiết bị phụ trợ tuốc bin	Turbine Sea Water [TSW]
taabin hoki reikyaku kei（タービン補機冷却系）	Hệ thống nước làm mát trong tòa nhà tuốc bin	Turbine Building Cooling Water System [TCW]
taabin kanshi keiki（タービン監視計器）	Thiết bị giám sát hoạt động của tuốc bin	Turbine Supervisory Instrumentation
taabin kudou genshiro kyu-usui ponpu（タービン駆動原子炉給水ポンプ）	Bơm nước cấp dẫn động bằng tuốc bin	Turbine Driven Reactor Feed Water Pump [TD RFP]
taabin kudou hojo kyu-usui ponpu（タービン駆動補助給水ポンプ）	Bơm nước cấp phụ trợ dẫn động bằng tuốc bin	Turbine Driven Auxiliary Feed Water Pump [TDAFP]
taabin kudou shu kyu-usui ponpu（タービン駆動主給水ポンプ）	Bơm nước cấp chính dẫn động bằng tuốc bin	Turbine Driven Main Feed Water Pump [TDMFWP]
taabin misairu（タービンミサイル）	Vật văng ra từ tuốc bin	Turbine Missile
taabin tateya（タービン建屋）	Tòa nhà tuốc bin	Turbine Building [TB]

137

taaningu souchi（ターニング装置）	Chuyển cần số/bánh răng	Turning Gear
taiatsu shiken（耐圧試験）	Thử nghiệm áp lực	Pressure Test
taiden-atsu shiken（耐電圧試験）	Kiểm tra điện cao thế	High Potential Test [Voltage]
taiseki seigyo tanku（体積制御タンク）	Bể kiểm soát thể tích	Volume Control Tank [VCT]
taishin ju-uyou do bunrui（耐震重要度分類）	Phân loại chống động đất	Seismic Classification
taishin sekkei（耐震設計）	Thiết kế kháng chấn	Seismic Design
taishinsei hyouka（耐震性評価）	Đánh giá tính kháng chấn	Seismic Assessment
taisu-u heikin ondo sa（対数平均温度差）	Độ lệch nhiệt độ trung bình lôgarit	Logarismic-mean Overall Temperature Difference [LMTD]
taju-u densou（多重伝送）	Đa kênh	Multiplexing [MUX]
taju-u sei（多重性）	Dự phòng	Redundancy
taju-u shiikensu koshou（多重シーケンス故障）	Nhiều sai hỏng đồng thời	Multi Sequence Failure [MSF]
tan sen kessen zu（単線結線図）	Sơ đồ đường dây đơn tuyến	One Line Wiring Diagram
tan youso seigyo（単要素制御）	Điều khiển một phần tử	One Element Control
tan-itsu koshou（単一故障）	Sai hỏng đơn	Single Failure
tanjunka (kogata, anzen) huttou sui gata ro（単純化［小型、安全］沸騰水型原子炉）	Lò nước sôi đơn giản hóa (nhỏ, an toàn)	Simplified (Small, Safe) Boiling Water Reactor [SBWR]
tanka houso（炭化ほう素）	Cacbua boron	Boron Carbide
tanku bento shori kei（タンクベント処理系）	Hệ xử lý khí phóng xạ từ bồn chứa	Tank Vent Treatment System [radioactive gas]
tanso sen-i kyouka purasuchikku（炭素繊維強化プラスチック）	Chất dẻo cường lực sợi cacbon	Carbon Fiber Reinforced Plastics [CFRP]
tei dendoudo haieki（低電導度廃液）	Chất thải có độ dẫn (điện, nhiệt) thấp	Low Conductivity Waste
tei heddo anzen chu-unyu-u kei（低ヘッド安全注入系）	Hệ thống phun/tiêm nước an toàn áp suất thấp	Low Head Safety Injection [LHSI] System

tei jinkou chitai（低人口地帯）	Vùng ít dân cư (mật độ thấp)	Low Population Zone [LPZ]
tei noushuku uran（低濃縮ウラン）	Urani độ giàu thấp	Low Enriched Uranium [LEU]
tei reberu houshasei haikibutsu（低レベル放射性廃棄物）	Chất thải phóng xạ hoạt độ thấp	Low Level Radioactive Waste [LLW]
tei saikuru hirou（低サイクル疲労）	Độ mỏi kim loại sau chu trình ngắn	Low Cycle Fatigue
teiatsu anzen chu-unyu-u kei（低圧安全注入系）	Hệ thống phun áp suất thấp	Low Head Safety Injection [LHSI]
teiatsu chu-unyu-u kei（低圧注入系）	Hệ thống phun áp suất thấp, Hệ thống phun/tiêm chất làm mát áp suất thấp (vào vùng hoạt)	Low Pressure Injection System [LPIS], Low Pressure Coolant (Core) Injection System [LPCI]
teiatsu hukusui ponpu（低圧復水ポンプ）	Bơm ngưng tụ áp suất thấp	Low Pressure Condensate Pump [LPCP]
teiatsu junkan kei（低圧循環系）	Hệ thống tái tuần hoàn áp suất thấp	Low Pressure Recirculation System
teiatsu roshin chu-usui（低圧炉心注水）	Hệ thống làm ngập áp suất thấp	Low Pressure Flooder [LPFL]
teiatsu roshin chuusui huraddaa（低圧炉心注水フラッダー）	Hệ thống làm ngập áp suất thấp	Low Pressure Flooder [LPFL]
teiatsu roshin supurei kei（低圧炉心スプレイ系）	Hệ thống phun sương áp suất thấp (vào vùng hoạt)	Low Pressure Core Spray [LPCS] System
teiatsu taabin（低圧タービン）	Tuốc bin áp suất thấp	Low Pressure Turbine
teikaku shutsuryoku（定格出力）	Công suất danh định	Rated Power
teikaku unten atsuryoku（定格運転圧力）	Áp suất vận hành bình thường	Normal Operating Pressure
teikaku unten ondo（定格運転温度）	Nhiệt độ làm việc bình thường	Normal Operating Temperature
teiki anzen houkokusho（定期安全報告書）	Báo cáo định kỳ về an toàn	Periodical Safety Report [PSR]
teiki anzen rebyu（定期安全レビュ）	Thẩm định an toàn định kỳ	Periodical Safety Review [PSR]
teikou ondo kei / sokuon teikou tai（抵抗温度計・測温抵抗体）	Đầu dò nhiệt trở	Resistance Temperature Detector [RTD]

teiongawa haikan（低温側配管）	Chân lạnh (của lò phản ứng)	Cold Leg
teishi（停止）	Dừng/ngắt (thiết bị)	Trip
teishiji reikyaku moodo（停止時冷却モード）	Chế độ tải nhiệt khi dập lò	Shutdown Cooling Mode
tekkin konkuriito sei kakunou youki（鉄筋コンクリート製格納容器）	Boongke lò bằng bê tông cốt thép dự ứng lực	Reinforced Concrete Containment Vessel [RCCV]
ten-nen uran（天然ウラン）	Urani tự nhiên	Natural Uranium
tendon gyarari（テンドンギャラリ）	Hành lang để cố định các cáp giằng ngược chữ U (tendon) Boong-ke lò.	Tendon Gallery
tenkai setsuzoku zu（展開接続図）	Sơ đồ đường cáp điện/ sơ đồ cáp điều khiển	Electrical Cable Wiring Diagram,or,Elementaly Wiring Diagram [ECWD/EWD]
tentou moomento（転倒モーメント）	Vượt quá mômen quay	Over Turning Moment
tokamaku gata kaku yu-ugou souchi（トカマク型核融合装置）	Thiết bị tổng hợp hạt nhân kiểu Tokamak siêu dẫn từ trường cao	TOKAMAK Type Nuclear Fusion System
toriga gata genshi ro [beikoku]（トリガ型原子炉［米国］）	Lò TRIGA (Đào tạo, nghiên cứu, sản xuất các đồng vị phóng xạ, nghiên cứu cơ bản về hạt nhân) [Hoa Kỳ]	Training, Research, Isotope Production, General Atomic [USA] [TRIGA]
touchoku chou（当直長）	Trưởng ca	Shift Supervisor
tsu-ujou joutai（通常状態）	Điều kiện bình thường	Normal Condition
tsu-ujou kaju-u（通常荷重）	Phụ tải thông thường	Normal Load
tsu-ujou sui-i（通常水位）	Mức nước bình thường	Normal Water Level [NWL]
tsu-ujou unten（通常運転）	Vận hành bình thường	Normal Operation
tsu-ujou untenji hei（通常運転時閉）	Đóng bình thường	Normal Close [NC]
tsuuru bokkusu miithingu (sagyou mae genba shou kaigi)（ツールボックスミーティング〈作業前現場小会議〉）	Hội ý kỹ thuật	Tool Box Meeting [TBM]

U		
uchibari zai（内張材）	Vỏ bọc	Clad
umekomi kanamono（埋め込み金物）	Tấm nhúng kim loại	Embedded Plate
unkai (bi)（運開［日］）	Vận hành thương mại	Commercial Operation(Date) [CO(COD)]
unten genkai saishou genkai shutsuryoku hi（運転限界最小限界出力比）	Tỷ số công suất tới hạn cực tiểu giới hạn vận hành	Operating Limit Minimum Critical Power Ratio [OLMCPR]
unten kyoka koushin（運転許可更新）	Gia hạn giấy phép	License Renewal [LR]
unten ninka（運転認可）	Giấy phép vận hành	Operating License [OL]
unten seigen jouken（運転制限条件）	Điều kiện giới hạn vận hành	Limiting Condition for Operation [LCO]
unten teishi（運転停止）	Dừng vận hành	Outage
unten-in hitori ni yoru unten（運転員一人による運転）	Vận hành 1 người	One-man Operation
uran nenryou（ウラン燃料）	Nhiên liệu urani	Uranium Fuel
uran purutoniumu kongou sankabutsu nenryou（ウラン・プルトニウム混合酸化物燃料）	Nhiên liệu ôxit hỗn hợp giữa urani và plutoni	Mixed Oxide Fuel [MOX]
uran seikou（ウラン精鉱）	Cô đặc quặng urani	Uranium Ore Concentrate
usumaku huttou（薄膜沸騰）	Sôi màng	Film Boiling
uzudenryu-u tanshou kensa（渦電流探傷検査）	Kiểm tra dòng xoáy (xác định khuyết tật trong vật liệu dẫn (điện, nhiệt))	Eddy Current Test [ECT]
W		
wetto weru（ウェットウェル）	Giếng ướt	Wet Well [W/W]
wiin jouyaku（ウィーン条約）	Công ước Viên	Vienna Convention
woota roddo [nenryou]（ウォータロッド［燃料］）	Thanh chứa nước	Water Rod [Fuel] [WR]

141

Y		
yakuchu-u tanku（薬注タンク）	Bồn trộn hóa chất	Chemical Dissolving Tank
yakueki chu-unyu-u souchi（薬液注入装置）	Bộ cấp hóa chất	Chemical Feeder
yobi anzen kaiseki houkokusho（予備安全解析報告書）	Báo cáo phân tích an toàn sơ bộ	Preliminary Safety Analysis Report [PSAR]
yobou hozen（予防保全）	Bảo dưỡng phòng ngừa	Preventive Maintenance
yojou han-noudo（余剰反応度）	Độ phản ứng dư	Excess Reactivity
yonetsu jokyo kei（余熱除去系）	Sự tải nhiệt dư	Residual Heat Removal [RHR]
yonetsu jokyo soushitsu（余熱除去喪失）	Mất chức năng tải nhiệt dư	Loss of Residual Heat Removal [LRHR]
yosan nendo（予算年度）	Năm tài chính	Fiscal Year [FY]
you-ion datsuen tou（陽イオン脱塩塔）	Thiết bị khử khoáng cation	Cation Demineralizer
youkai ohu gasu（溶解オフガス）	Khí thải hòa tan	Dissolution Off Gas [DOG]
yousetsu go netsu shori（溶接後熱処理）	Xử lý nhiệt sau hàn	Post Weld Heat Treatment [PWHT]
yousetsu kensa（溶接検査）	Kiểm tra hàn	Welding Inspection
yousetsu kuraddo ware（溶接クラッド割れ）	Sự nứt vỡ dưới lớp vỏ bọc	Under Clad Cracking [UCC]
yousetsu sekou shiyou（溶接施工仕様）	Quy trình kỹ thuật hàn	Welding Procedure Specification [WPS]
youso firuta（よう素フィルタ）	Phin lọc dùng than hoạt tính	Charcoal Filter [CF]
youyu-u en ro（溶融塩炉）	Lò phản ứng dùng muối nóng chảy làm chất tải nhiệt	Molten Salt Reactor [MSR]
youyu-u en zoushoku ro（溶融塩増殖炉）	Lò tái sinh sử dụng muối nóng chảy	Molten Salt Breeder Reactor [MSBR]
youyu-u nenryou reikyakuzai sougosayou（溶融燃料冷却材相互作用）	Tương tác chất tải nhiệt với nhiên liệu bị nóng chảy	Molten Fuel Coolant Interaction [MFCI]

youyu-u roshin konkuriito sougo sayou（溶融炉心・コンクリート相互作用）	Tương tác bê tông với vùng hoạt bị nóng chảy	Molten Core Concrete Interaction [MCCI]
youyu-u roshin reikyaku zai sougo sayou（溶融炉心・冷却材相互作用）	Tương tác chất tải nhiệt với vùng hoạt bị nóng chảy	Molten Core Coolant Interaction [MCCI]
youzon sanso（溶存酸素）	Ôxy bị hòa tan	Dissolved Oxygen [DO]
yu-ukou suikomi suitou（有効吸込水頭）	Chiều cao hút dương thực sự của bơm	Net Positive Suction Head [NPSH]
yu-usui kei（湧水系）	Hệ thống khử nước	Dewatering System
yuka outou kyokusen [taishin]（床応答曲線［耐震］）	Phổ đáp ứng của sàn/nền (địa chấn)	Floor Response Spectrum [Seismic] [FRS]
yuka outou supekutoru（床応答スペクトル）	Phổ đáp ứng của nền (địa chấn)	Floor Response Spectra [FRS]
yuka outou tokusei [taishin]（床応答特性［耐震］）	Đáp ứng của sàn/nền (địa chấn)	Floor Response [Seismic]

Z

zairyou shiyou（材料仕様）	Thông số kỹ thuật của vật liệu	Material Specification
zanryu-unetsu jokyo kaisui（残留熱除去海水）	Nước biển để dẫn thoát nhiệt dư	Residual Heat Removal Sea Water [RHRS]
zanryu-unetsu jokyo nouryoku soushitsu（残留熱除去能力喪失）	Mất hệ thống tải nhiệt dư khi dừng lò	Loss of Shutdown Heat Removal System [LSHRS]
zanryu-unetsu jokyo（残留熱除去）	Dẫn thoát nhiệt dư	Residual Heat Removal [RHR]
zanryunetsu jokyo netsu koukanki（残留熱除去熱交換器）	Bộ trao đổi nhiệt dư	Residual Heat Exchanger
zen kouryu-u dengen soushitsu（全交流電源喪失）	Mất điện toàn bộ nhà máy	Station Blackout [SBO]
zen piikingu keisu-u（全ピーキング係数）	Hệ số đỉnh (công suất nhiệt) toàn phần	Gross Peaking Factor
zen shutsuryoku kansan jikan（全出力換算時間）	Số giờ vận hành theo mức công suất danh định quy đổi	Effective Full Power Hour [EFPH]
zen shutsuryoku kansan nensu-u（全出力換算年数）	Số năm vận hành theo mức công suất danh định quy đổi	Effective Full Power Year [EFPY]

zen shutsuryoku kansan nissu-u（全出力換算日数）	Số ngày vận hành theo mức công suất danh định quy đổi	Effective Full Power Day [EFPD]
zen you tei（全揚程）	Tổng cột áp động	Total Dynamic Head
zenshin（全身）	Toàn thân	Whole Body
zenshin hibakuryou sokutei souchi（全身被ばく量測定装置）	Thiết bị đo phơi nhiễm toàn thân	Whole Body Counter [WBC]
zero shutsuryoku roshin（ゼロ出力炉心）	Vùng hoạt công suất không	Zero Power Core
zoubai ritsu（増倍率）	Hệ số nhân	Multiplication Factor
zoushoku hi（増殖比）	Tỷ số tái sinh	Breeding Ratio [BR]
zoushoku jikken ro（増殖実験炉）	Lò tái sinh thực nghiệm	Experimental Breeder Reactor

原子力用語辞典（英越日）

English
Tiếng Việt
Japanese

A

English	Tiếng Việt	Japanese
Absolute Filter	Phin lọc tuyệt đối	biryu-ushi firuta（微粒子フィルタ）
Absorber Cladding Mechanical Interaction [Fuel]	Tương tác cơ học của vỏ bọc thanh hấp thụ	kyu-ushu-u peretto hihukukan kikai teki sougosayou [nenryou]（吸収ペレット・被覆管機械的相互作用［燃料］）
Absorption Rod	Thanh hấp thụ	kyu-ushu-u bou（吸収棒）
Acceptable Fuel Damage Limits	Giới hạn hư hỏng nhiên liệu chấp nhận được	nenryou kyoyou sekkei genkai（燃料許容設計限界）
Access Control Building [ACB]	Tòa nhà kiểm soát ra vào	deiri kanri tateya（出入管理建屋）
Access Control Room [ACR]	Phòng quản lý ra vào	deiri kanri shitsu（出入管理室）
Accident Management [AM]	Quản lý tai nạn/sự cố	jiko manejimento（事故マネジメント）
Accumulator [ACC]	Bình tích nước cao áp	chikuatsuki（蓄圧器）
Accumulator system	Hệ thống bình tích nước cao áp	chikuatsu chu-unyu-u kei（畜圧注入系）
Active Fault	Đứt gãy hoạt động	katsudan sou（活断層）
Active Fuel Length [AFL]	Chiều dài hiệu dụng của thanh nhiên liệu	nenryou yu-ukou chou（燃料有効長）
Active Safety [⇄ Passive Safety]	An toàn chủ động (⇄ an toàn thụ động)	noudouteki anzen [⇄ judouteki anzen]（能動的安全［⇄ 受動的安全］）
Adjustable Speed Drive [ASD]	Cơ cấu điều tốc	kahen shu-uhasu-u dengen souchi [seishigata]（可変周波数電源装置［静止型］）
Administration Building	Tòa nhà hành chính	jimu honkan（事務本館）
Advanced Boiling Water Reactor [ABWR]	Lò nước sôi cải tiến	kairyou gata huttou sui gata genshiro（改良型沸騰水型原子炉）
Advanced Gas Cooled Reactor [AGR]	Lò làm mát bằng khí cải tiến	kairyou gata gasu reikyaku ro（改良型ガス冷却炉）
Advanced Light Water Reactor [ALWR]	Lò nước nhẹ cải tiến	kairyou gata keisui ro（改良型軽水炉）
Advanced Pressurized Water Reactor [APWR]	Lò áp lực cải tiến	kairyou gata ka-atsusui gata genshiro（改良型加圧水型原子炉）

English	Vietnamese	Japanese
Advanced Thermal Reactor [ATR]	Lò (nơtron) nhiệt tiên tiến	shingata tenkan ro（新型転換炉）
Advanced Vitrification Method	Phương pháp thủy tinh hóa cải tiến	kairyou garasu koka hou（改良ガラス固化法）
Air Blast Circuit Breaker [ABB]	Máy cắt điện bằng khí nén	ku-uki shadanki（空気遮断器）
Air Circuit Breaker [ACB]	Máy cắt không khí	kichu-u shadanki（気中遮断器）
Air Compressor	Máy nén khí	ku-uki asshukuki（空気圧縮機）
Air Cooler	Máy làm mát không khí	ku-uki reikyakuki（空気冷却器）
Air Handling System (Unit)	Hệ thống xử lý không khí	ku-uchou souchi（空調装置）
Air Lock [AL]	Khóa khí	ea rokku（エアロック）
Air Off Take [AO] System	Hệ thống rút trích không khí	ku-uki chu-ushutsu kei（空気抽出系）
Air Operated [AO]	Vận hành bằng không khí	ku-uki sadou（空気作動）
Aircraft Impact Assessment [AIA]	Đánh giá tác động của máy bay đâm	kouku-uki shoutotsu hyouka（航空機衝突評価）
Airplane Crash [APC]	Sự cố máy bay rơi	kouku-uki shoutotsu（航空機衝突）
Alarm Digital Dosimeter	Máy đo liều kỹ thuật số có cảnh báo	araamu tsuki dejitaru senryou kei（アラーム付デジタル線量計）
Allowable Dose	Liều cho phép	meyasu senryou（目やす線量）
Allowable Limit	Giới hạn (liều) cho phép	kyoyou genkai chi（許容限界値）
Alternate Rod Insertion [ARI]	Đưa thanh điều khiển luân phiên vào lò	daitai seigyobou sounyu-u kinou（代替制御棒挿入機能）
Anchor Head	Đầu neo	ankaa heddo（アンカーヘッド）
Anion Demineralizer	Thiết bị khử khoáng anion	in-ion datsuen tou（陰イオン脱塩塔）
Anion Exchanger Tank	Tháp trao đổi anion	anion tou（アニオン塔）
Anion Resin [AR]	Nhựa ion âm	in-ion jushi（陰イオン樹脂）
Annual Inspection	Thanh tra định kỳ hàng năm	nenji teiken（年次定検）
Annual Limit of Intake	Giới hạn hấp thụ hàng năm	nen sesshu gendo（年摂取限度）

147

English	Tiếng Việt	Japanese
Annulus Air Cleanup System	Hệ thống làm sạch khí vùng vành xuyến (giữa hai lớp boongke lò)	anyurasu ku-uki jouka setsubi（アニュラス空気浄化設備）
Annulus Seal	Đệm kín vành xuyến (giữa các lớp boongke lò)	anyurasu shiiru（アニュラスシール）
Annunciator [ANN]	Thiết bị cảnh báo	koshou keihou souchi（故障警報装置）
Anti Vibration Bar [AVB]	Thanh chống rung	huredome kanagu [esu/jii yuu bento bu]（振止め金具［S/GU ベンド部］）
Anticipated Transient Without Scram [ATWS]	Chuyển tiếp tiên lượng không dập được lò	sukuramu hu sadou ji no kato henka（スクラム不作動時の過渡変化）
Application Designation of Reprocessing Business [ADRB]	Xin cấp phép cho kinh doanh tái chế	saishori jigyou shitei (ninka) shinsei（再処理事業指定〈認可〉申請）
Architect Engineering [AE]	Công nghệ kiến trúc	aakitekuto enjiniaringu（アーキテクトエンジニアリング）
Area Radiation Monitor [ARM]	Thiết bị quan trắc phóng xạ khu vực	eria monita（エリアモニタ）
As Low As Reasonably Achievable [ALARA]	Thấp nhất hợp lý có thể đạt được	gouriteki ni tassei kanou na kagiri hikuku（合理的に達成可能な限り低く）
Atmospheric Control	Kiểm soát không khí	hukassei gasu kei（不活性ガス系）
Atomic Energy Act [USA] [AEA]	Luật năng lượng nguyên tử [Hoa Kỳ]	genshiryoku hou [beikoku]（原子力法［米国］）
Atomic Vapor Laser Isotope Separation [AVLIS]	Tách đồng vị bằng phương pháp la-de hóa hơi nguyên tử	genshi jouki reezaa douitai bunri hou（原子蒸気レーザー同位体分離法）
Automatic Blowdown System [ABS]	Hệ thống xả tự động	jidou gen-atsu kei（自動減圧系）
Automatic Combustion Control	Kiểm soát cháy tự động	jidou nenshou seigyo（自動燃焼制御）
Automatic Depressurization System [ADS]	Hệ thống giảm áp tự động	jidou gen-atsu kei（自動減圧系）
Automatic Frequency Control [AFC]	Điều khiển tần số tự động	jidou shu-uhasu-u seigyo（自動周波数制御）
Automatic Load Regulator [ALR]	Bộ điều chỉnh phụ tải tự động	jidou huka seigyo souchi（自動負荷制御装置）

Automatic Shutdown [reactor]	Dừng lò tự động	jidou teishi [genshiro]（自動停止［原子炉］）
Automatic Voltage Regulator [AVR]	Bộ điều chỉnh điện áp tự động	jidou den-atsu chouseiki（自動電圧調整器）
Auxiliary Boiler [AxB]	Nồi hơi phụ, Lò hơi phụ trợ	hojo boira（補助ボイラ）, shonai boira（所内ボイラ）
Auxiliary Building [AB]	Tòa nhà phụ trợ	genshiro hojo tateya（原子炉補助建屋）
Auxiliary Cooling System [ACS]	Hệ thống làm mát phụ trợ	hojo reikyaku setsubi（補助冷却設備）
Auxiliary Core Cooling System	Hệ thống làm mát vùng hoạt phụ trợ	hojo roshin reikyaku kei（補助炉心冷却系）
Auxiliary Feed Water [AFW]	Nước cấp phụ trợ	hojo kyu-usui（補助給水）
Auxiliary Power Unit [APU]	Thiết bị cấp điện phụ trợ	hojo douryoku souchi（補助動力装置）
Auxiliary Sea Water [ASW] System	Hệ thống nước biển phụ trợ	hoki kaisui kei（補機海水系）
Auxiliary Steam [AS]	Hơi phụ trợ	hojo jouki（補助蒸気）
Auxiliary Steam System [ASS]	Hệ thống hơi phụ trợ (AS)	hojo jouki kei（補助蒸気系）
Availability Factor	Hệ số khả dụng (Hệ số có thể sử dụng thiết bị)	setsubi kadouritsu (jikan)（設備稼働率〈時間〉）
Average Power Range Monitor [APRM]	Thiết bị giám sát dải công suất trung bình	heikin shutsuryoku ryouiki monita（平均出力領域モニタ）
Axial Offset [fuel, core] [AO]	Độ lệch công suất dọc trục (nhiên liệu)	jiku houkou shutsuryoku hensa [nenryou, roshin]（軸方向出力偏差［燃料、炉心］）
B		
Background Equivalent Activity [BEA]	Hoạt độ phóng xạ tương đương phông môi trường	shizen houshanou touryou kyoudo（自然放射能当量強度）
Baffle Plate	Tấm ngăn	bahhuru pureeto（バッフルプレート）
Balance of Plant [BOP]	Hệ thống BOP	genshiro keitou igai no soushou, ichijikei hutai setsubi（原子炉系統以外の総称、一次系附帯設備）
Baling Machine (Baler)	Máy nén thủy lực	gen-youki（減容機）
Barometric Condenser	Bình ngưng khí áp	barometorikku kondensa（バロメトリックコンデンサ）

149

English	Tiếng Việt	Japanese
Base Mat [BM]	Đệm nền	beesu matto（ベースマット）
Batching Tank	Bể phân đợt axit boric	hokyu tanku（補給タンク）
Bearing Plate	Tấm đỡ/bệ tì	shiji ban（支持板）
Beginning of Cycle [BOC]	Đầu chu trình (thay đảo nhiên liệu)	roshin unten saikuru shoki（炉心運転サイクル初期）
Beyond Design Basis Accident [BDBA]	Sự cố ngoài cơ sở thiết kế	sekkei kijun gai jiko（設計基準外事故）
Beyond Design Basis Earthquake	Động đất ngoài cơ sở thiết kế	sekkei soutei gai jishin（設計想定外地震）
Beyond Design Basis Event [BDBE]	Sự kiện ngoài cơ sở thiết kế	sekkei kijun gai jisho（設計基準外事象）
Bilateral Agreements for Cooperation Concerning Peaceful Uses of Nuclear Energy	Thỏa thuận hợp tác song phương về sử dụng hòa bình năng lượng nguyên tử	genshiryoku kyouryoku nikoku kan kyoutei（原子力協力二国間協定）
Biological Effects Ionizing Radiation [BEIR]	Các hiệu ứng sinh học do bức xạ ion hóa	denri houshasen ni yoru seibutsu gaku teki eikyou（電離放射線による生物学的影響）
Biological Oxygen Demand [BOD]	Nhu cầu oxi sinh học (duy trì sự sống)	sei kagakuteki sanso youkyu-u kijun（生化学的酸素要求基準）
Biological Shielding Wall	Tường chắn sinh học	seitai shahei heki（生体遮蔽壁）
Blade Guide [of Control rod in refueling]	Bộ gá giữ thanh điều khiển (khi thay đảo nhiên liệu ở lò nước sôi)	bureedo gaido（ブレードガイド）
Bleed Steam System	Hệ thống trích hơi	chu-uki kei（抽気系）
Blow Down [BD]	Xả đột ngột	buroo daun（ブローダウン）
Boiling Transition [BT]	Chuyển dịch các chế độ sôi	huttou sen-i（沸騰遷移）
Boiling Water Reactor [BWR]	Lò nước sôi (nước nhẹ)	huttou sui gata genshiro（沸騰水型原子炉）
Boric Acid	Axit boric	hou san（ほう酸）
Boric Acid Blender	Máy pha trộn axit boric	housan kongouki（ほう酸混合器）
Boron Carbide	Cacbua boron	tanka houso（炭化ほう素）
Boron Control System	Hệ thống kiểm soát nồng độ boron	houso noudo seigyo kei（ほう素濃度制御系）
Bottom Mounted Instrumentation Nozzle [BMI]	Lỗ đưa thiết bị đo qua đáy thùng lò	ronai keisoutou（炉内計装筒）

Bottom of Active Fuel Length [BAF]	Đáy của phần nhiên liệu (trong thanh nhiên liệu)	nenryou yu-ukou chou katan（燃料有効長下端）
Breeding Ratio [BR]	Tỷ số tái sinh	zoushoku hi（増殖比）
Broached Egg Crate [WH] [BEC]	Giá đỡ ống (bình sinh hơi) kiểu khay trứng	chuubu pureeto anagata [wesuchingu hausu sha esu jii]（チューブ・プレート穴型［WH社 SG］）
Bulk Boiling	Sôi khối/sôi bão hòa	baruku huttou（バルク沸騰）
Burn Out [BO]	Cháy hết	shouson（焼損）
Burn Up Monitor [BUM]	Giám sát độ sâu cháy	nenshoudo keisoku souchi（燃焼度計測装置）
Burn-up [BU]	Độ sâu cháy	nenshoudo（燃焼度）
Burnable Poison [BP]	Chất độc cháy được	baanaburu poizun（バーナブルポイズン）
Burst Cartridge Detector	Đầu dò phát hiện hư hại vỏ thanh nhiên liệu	hason nenryoubou kenshutsu souchi（破損燃料棒検出装置）
Burst Slug Detector [BSD]	Đầu dò phát hiện hư hại vỏ thanh nhiên liệu	hason nenryoubou kenshutsu souchi（破損燃料棒検出装置）

C

Caisson	Khoang ngầm	keeson（ケーソン）
Canada Deuterium Uranium Reactor [CANDU]	Lò áp lực nước nặng kiểu Canada	kanada gata ju-usui ro（カナダ型重水炉）
Canal Radiation Monitoring	Hệ thống giám sát phóng xạ trong kênh dẫn	housui kou houshasen monita（放水口放射線モニタ）
Capacity Factor	Hệ số công suất	riyou ritsu（利用率）
Capacity Factor [Facility][CF]	Hệ số công suất	setsubi riyou ritsu〈setsubi〉（設備利用率〈設備〉）
Carbon Fiber Reinforced Plastics [CFRP]	Chất dẻo cường lực sợi cacbon	tanso sen-i kyouka purasuchikku（炭素繊維強化プラスチック）
Carry Over [water ratio of separator]	Tỷ lệ nước bị mang theo (nước sau bộ tách ẩm)	kyarii ooba（キャリーオーバ）
Carry Under [steam ratio of separator]	Tỷ lệ hơi nước bị mang theo (hơi nước lưu hồi sau bộ tách ẩm)	kyarii anda（キャリーアンダ）

English	Tiếng Việt	Japanese
Cascade	Bậc thềm (từng tầng, lớp)	kasukeedo（カスケード）
Cathode Protection System	Hệ thống bảo vệ catôt (âm cực)	denki boushoku souchi（電気防食装置）
Cathodic Protection	Bảo vệ catôt/âm cực	denki boushoku（電気防食）
Cation Demineralizer	Thiết bị khử khoáng cation	you-ion datsuen tou（陽イオン脱塩塔）
Cation Exchanger Tank	Tháp trao đổi cation	kachion tou（カチオン塔）
Cavitation	Hiện tượng xâm thực	kyabiteeshon（キャビテーション）
Centrifugal	Kiểu ly tâm	enshin shiki（遠心式）
Chain Reaction	Phản ứng dây chuyền	rensa han-nou（連鎖反応）
Channel Fastener	Bộ định vị kênh	channeru fasuna（チャンネルファスナ）
Charcoal Building [CH/B(CHB)]	Tòa nhà chứa than hoạt tính	chakooru tateya（チャコール建屋）
Charcoal Filter [CF]	Phin lọc dùng than hoạt tính	youso firuta（よう素フィルタ）
Charging Safety Injection System	Hệ thống phun nước an toàn bổ sung	ju-u ten kouatsu chu-unyu-u kei（充てん高圧注入系）
Charpy Test	Thử nghiệm Charpy	sharupii shiken（シャルピー試験）
Chemical Anchor Bolt	Bulông có neo chịu hóa chất	kemikaru ankaa boruto（ケミカルアンカーボルト）
Chemical and Volume Control System [PWR] [CVCS]	Hệ thống kiểm soát thể tích và hóa chất	kagaku taiseki seigyo kei [pii daburyu aaru]（化学体積制御系［PWR］）
Chemical Dissolving Tank	Bồn trộn hóa chất	yakuchu-u tanku（薬注タンク）
Chemical Feeder	Bộ cấp hóa chất	yakueki chu-unyu-u souchi（薬液注入装置）
Chemical Oxygen Demand [COD]	Yêu cầu oxi hóa học	kagakuteki sanso youkyu-u ryou [suishitsu kijun]（化学的酸素要求量［水質基準］）
Chemical Shim [PWR]	Bù hóa chất	kemikaru shimu [pii daburyu aaru]（ケミカル・シム［PWR］）
Chilled Water Expansion Tank [air conditioning]	Thùng giãn nở nước làm lạnh (hệ thống điều hòa không khí)	ku-uchou you reisui bouchou tanku [ku-uchou setsubi]（空調用冷水膨張タンク［空調設備］）

English	Vietnamese	Japanese
Chilled Water System [air conditioning]	Hệ thống nước làm lạnh (hệ thống điều hòa không khí)	ku-uchou yunitto you reikyaku kei [ku-uchou setsubi]（空調ユニット用冷却系［空調設備］）
Chiller Water Expansion Tank [air conditioning]	Thùng giãn nở nước làm lạnh [hệ thống điều hòa không khí]	ku-uchou you reitou bouchou tanku [ku-uchou setsubi]（空調用冷凍膨張タンク［空調設備］）
Chlorinating Equipment	Thiết bị xử lý bằng clo	enso shori souchi（塩素処理装置）
Chlorination	Khử trùng bằng clo	enso chu-unyu-u（塩素注入）
Circulating Water [CW]	Nước tuần hoàn	junkan sui（循環水）
Circulating Water Pipe	Ống nước tuần hoàn	junkan sui kan（循環水管）
Clad	Vỏ bọc	uchibari zai（内張材）
Closed Cycle Gas Turbine [CCGT]	Tuốc bin khí chu trình kín	mippei saikuru gasu taabin（密閉サイクル・ガス・タービン）
Code of Federal Regulations [CFR]	Tiêu chuẩn quy chế liên bang Hoa kỳ	renpou kisei kijun [beikoku]（連邦規制基準［米国］）
Cold Count Room	Buồng lạnh	koorudo kaunto shitsu（コールドカウント室）
Cold Function Test	Thử nghiệm chức năng ở trạng thái lạnh	reitai kinou shiken（冷態機能試験）
Cold Laboratory	Phòng thí nghiệm lạnh	koorudo rabo（コールドラボ）
Cold Leg	Chân lạnh (của lò phản ứng)	koorudo regu, koorudo regu ryouiki, teiongawa haikan（コールドレグ、コールドレグ領域、低温側配管）
Cold Shutdown	Dừng lò ở trạng thái lạnh	reitai teishi（冷態停止）
Cold Shutdown [CSD]	Dừng lò ở trạng thái nguội	reion teishi (joutai)（冷温停止〈状態〉）
Cold Startup	Khởi động lò từ trạng thái lạnh	reitai kidou（冷態起動）
Collective Dose	Liều tập thể	shu-udan senryou（集団線量）
Combination Building	Tòa nhà phức hợp	hukugou tateya（複合建屋）
Combination Structure [building] [C/S]	Cấu trúc phối kết hợp	genshiro hukugou tateya（原子炉複合建屋）
Combined License [Construction and Operation] [COL]	Giấy phép kết hợp (xây dựng và vận hành)	kensetsu unten ikkatsu ninka（建設・運転一括認可）

English	Tiếng Việt	Japanese
Comissioning Test	Thử nghiệm trước khi vận hành	shiunten shiken（試運転試験）
Commercial Operation(Date) [CO(COD)]	Vận hành thương mại	unkai (bi), shougyou unten (kaishibi)（運開〈日〉・商業運転〈開始日〉）
Common Cause Failure [CCF]	Sai hỏng cùng nguyên nhân	kyoutsu-u gen-in koshou（共通原因故障）
Common Mode Failure [CMF]	Sai hỏng cùng kiểu	kyoutsu-u youin koshou（共通要因故障）
Component Cooling Water Heat Exchanger	Bộ trao đổi nhiệt làm mát thiết bị, thành phần hệ thống sơ cấp	ichijikei reikyakusui kuura（一次系冷却水クーラ）
Component Cooling System	Hệ thống làm mát thiết bị	hoki reikyaku kei（補機冷却系）
Component Cooling Water [CCW]	Nước làm mát thiết bị	genshiro hoki reikyaku sui（原子炉補機冷却水）
Component Cooling Water System [CCWS]	Hệ thống nước làm mát thiết bị	hoki reikyaku sui kei（補機冷却水系）
Comprehensive Test Ban Treaty [CTBT]	Hiệp ước cấm thử vũ khí hạt nhân toàn diện	houkatsuteki kaku jikken kinshi jouyaku（包括的核実験禁止条約）
Computer Aided Design [CAD]	Thiết kế được máy tính hỗ trợ	konpyuuta shien sekkei（コンピュータ支援設計）
Computer Aided Engineering [CAE]	Công nghệ được máy tính hỗ trợ	konpyuuta wo riyou shita enjiniaringu（コンピュータを利用したエンジニアリング）
Concentrated Waste	Chất thải cô đặc	noushuku haieki（濃縮廃液）
Concentration Factor [CF]	Hệ số cô đặc	noushuku keisu-u（濃縮係数）
Concrete Containment Vessel [CCV]	Boongke lò bằng bê tông	konkuriito sei kakunou youki（コンクリート製格納容器）
Condensate and Feed Water System	Hệ thống nước cấp và nước ngưng	kyu-u hukusui kei（給復水系）
Condensate Booster Pump [CBP]	Bơm tăng tốc ngưng tụ	hukusui buusuta ponpu（復水ブースタ・ポンプ）
Condensate Clean-up System	Hệ thống làm sạch bình ngưng	hukusui jouka kei（復水浄化系）
Condensate Demineralizer [CD]	Bộ khử khoáng nước ngưng	hukusui datsuenki（復水脱塩器）
Condensate Feed Water System	Hệ thống cấp nước ngưng	hukusui kyu-usui kei（復水給水系）

Containment Dust Radiation Monitor

Condensate Filter Demineralizer [CFD]	Bộ khử khoáng và lọc nước ngưng	hukusui roka souchi（復水ろ過装置）
Condensate Filter System [CF]	Hệ thống phin lọc nước ngưng tụ	hukusui roka souchi（復水ろ過装置）
Condensate Hollow Filter [CHF]	Bộ lọc ngưng tụ sợi rỗng	chu-uku-ushi maku firuta（中空糸膜フィルタ）
Condensate Pump [CP]	Bơm nước ngưng	hukusui ponpu（復水ポンプ）
Condensate Return Tank	Bể thu hồi nước ngưng	hukusui kaishu-u tanku（復水回収タンク）
Condensate Storage Tank [CST]	Bể chứa nước ngưng tụ	hukusui chozou tanku（復水貯蔵タンク）
Condensate Water	Nước ngưng tụ	hukusui（復水）
Condenser	Bình ngưng	hukusuiki（復水器）
Condenser Cathode Protection Equipment	Thiết bị bảo vệ chống ăn mòn bình ngưng bằng kỹ thuật điện hóa	hukusuiki denki boushoku souchi（復水器電気防食装置）
Condenser Hot Well	Bể chứa nước nóng trong bình ngưng	hukusuiki hotto weru（復水器ホットウェル）
Condenser Tube	Ống trao đổi nhiệt bình ngưng	hukusuiki saikan（復水器細管）
Condenser Water Box	Khoang chứa nước bình ngưng	hukusuiki suishitsu（復水器水室）
Constant Axial Offset Control [PWR] [Fuel] [CAOC]	Điều khiển độ lệch cố định (công suất) dọc trục	akisharu ohusetto ittei seigyo [pii daburyu aaru] [nenryou]（アキシャルオフセット一定制御［PWR］［燃料］）
Construction Permit [CP]	Giấy phép xây dựng	kensetsukyoka, kouji ninka（建設許可、工事認可）
Containment Atmospheric Monitoring System [CAMS]	Hệ thống giám sát không khí trong boongke lò	kakunou youki nai hun-iki monita（格納容器内雰囲気モニタ）
Containment Conditional Failure Probability [CCFP]	Xác suất điều kiện hư hỏng boongke lò	kakunou youki jouken tsuki hason kakuritsu（格納容器条件付破損確率）
Containment Cooling Service Water	Nước làm mát boongke lò	kakunou youki reikyaku kaisui（格納容器冷却海水）
Containment Cooling System [CCS]	Hệ thống làm mát boongke lò	kakunou youki reikyaku kei（格納容器冷却系）
Containment Dust Radiation Monitor	Giám sát bụi bức xạ trong boongke lò	kakunou youki dasuto houshasen monita（格納容器ダスト放射線モニタ）

155

Containment Failure Frequency [CFF]

English	Tiếng Việt	日本語
Containment Failure Frequency [CFF]	Tần suất hư hỏng boongke lò	kakunou youki sonshou hindo（格納容器損傷頻度）
Containment Gas Monitor	Giám sát khí trong boongke lò	kakunou youki gasu monita（格納容器ガスモニタ）
Containment Isolation Valve	Van cô lập boongke lò	kakunou youki kakuri ben（格納容器隔離弁）
Containment Nitrogen Inerting	Trơ hóa boongke lò bằng khí nitơ	kakunouyouki chisso hukasseika（格納容器窒素不活性化）
Containment Pressure Suppression System	Hệ thống triệt áp trong boongke lò	kakunou youki atsuryoku yokusei kei（格納容器圧力抑制系）
Containment Spray Cooling System	Hệ thống phun sương làm mát boongke lò	kakunou youki supurei reikyaku kei（格納容器スプレイ冷却系）
Containment Vessel [CV]	Boongke lò	genshiro kakunou youki（原子炉格納容器）
Containment Vessel Penetration	Sự xuyên qua boongke lò	genshiro kakunou youki kantsu-u bu（原子炉格納容器貫通部）
Control and Instrumentation [C&I]	Điều khiển và đo lường	keisoku seigyo kei（計測制御系）
Control Bank	Nhóm các thanh điều khiển	seigyoyou seigyobou banku（制御用制御棒バンク）
Control Building [CB]	Tòa nhà điều khiển	seigyo tateya（制御建屋）
Control Cell Core [CCC]	Vùng hoạt được điều khiển theo từng miền	kontorooru seru koa（コントロールセルコア）
Control Flow Diagram [CFD]	Sơ đồ nguyên lý điều khiển	keisou keitou zu（計装系統図）
Control Rod [CR]	Thanh điều khiển	seigyo bou（制御棒）
Control Rod Blade	Cánh thanh điều khiển (lò BWR)	seigyo bou (bureedo)（制御棒〈ブレード〉）
Control Rod Drive [CRD]	Hệ thống dẫn động thanh điều khiển	seigyo bou kudou（制御棒駆動）
Control Rod Drive Hydraulic Control System	Hệ thống điều khiển thủy lực truyền động thanh điều khiển	seigyo bou kudou suiatsu kei（制御棒駆動水圧系）
Control Rod Drive Mechanism [CRDM]	Cơ cấu truyền động thanh điều khiển	seigyo bou kudou kikou（制御棒駆動機構）
Control Rod Drive Mechanism Control System	Hệ thống điều khiển cơ cấu truyền động thanh điều khiển	seigyo bou kudou kikou seigyo souchi（制御棒駆動機構制御装置）
Control Rod Drop	Thanh điều khiển rơi xuống	seigyo bou rakka（制御棒落下）

Control Rod Drop Accident [CRDA]	Sự cố do rơi thanh điều khiển vào lò	seigyo bou rakka jiko (制御棒落下事故)
Control Rod Ejection	Thanh điều khiển bị bật ra	seigyo bou tobidashi (制御棒飛出し)
Control Rod Guide Thimble	Ống dẫn thanh điều khiển	seigyo bou an-nai shinburu (制御棒案内シンブル)
Control Rod Guide Tube	Ống dẫn thanh điều khiển	seigyo bou an-nai kan (制御棒案内管)
Control Rod Handling Machine	Máy thao tác thanh điều khiển	seigyo bou koukan ki (制御棒交換機)
Control Rod Pattern	Giản đồ (bố trí) thanh điều khiển	seigyobou pataan (制御棒パターン)
Control Rod Pattern Change	Sự thay đổi sơ đồ sắp xếp thanh điều khiển	seigyo bou pataan koukan (制御棒パターン交換)
Control Rod Position	Vị trí thanh điều khiển	seigyobou ichi [jikuhoukou], seigyobou chan-neru [kei houkou] (制御棒位置［軸方向］、制御棒チャンネル［径方向］)
Control Rod Spider	Đầu nối chùm thanh điều khiển	seigyobou supaida (制御棒スパイダ)
Control Rod Worth	Giá trị thanh điều khiển	seigyo bou kachi (制御棒価値)
Control Room	Phòng điều khiển	seigyo shitsu (制御室)
Control Room Operator	Nhân viên vận hành phòng điều khiển	seigyoshitsu unten-in (制御室運転員)
Control Valve [CV]	Van điều khiển	seigyo ben, kagen ben (制御弁、加減弁)
Convention on Supplementary Compensation for Nuclear Damage [CSC]	Hiệp ước bồi thường bổ sung cho các hư hại hạt nhân	genshiryoku songai no hokan teki hoshou ni kansuru jouyaku (原子力損害の補完的保障に関する条約)
Convention on the Physical Protection of Nuclear Material	Hiệp ước bảo vệ thực thể vật liệu hạt nhân	kaku busshitsu bougo jouyaku (核物質防護条約)
Convention on the Prevention of Marine Pollution by Dumping of Wastes and Other Matter [London Dumping Convention]	Hiệp ước ngăn ngừa ô nhiễm biển do chôn thải và các vấn đề khác (hiệp ước Luân Đôn về việc đổ rác thải)	haiki butsu touki ni kakawaru kaiyou osen boushi jouyaku [rondon jouyaku] (廃棄物投棄に関わる海洋汚染防止条約［ロンドン条約］)
Cooling Tower	Tháp làm mát	reikyaku tou (冷却塔)
Cooling Water Discharge Canal	Kênh xả nước làm mát	reikyakusui housui ro (冷却水放水路)

English	Tiếng Việt	日本語
Cooling Water Intake Canal	Kênh lấy nước làm mát	shusui ro（取水路）
Cooling Water System [CWS]	Hệ thống nước làm mát	reikyaku sui kei（冷却水系）
Core Auxiliary Cooling System [ACCS]	Hệ thống làm mát phụ trợ vùng hoạt	roshin hojo reikyaku kei（炉心補助冷却系）
Core Average Exit Quality [CAEQ]	Chất lượng hơi trung bình lối ra vùng hoạt	roshin heikin deguchi kuorithi（炉心平均出口クオリティ）
Core Average Power Density [CAPD]	Mật độ công suất trung bình vùng hoạt	roshin heikin shutsuryoku mitsudo（炉心平均出力密度）
Core Average Void Fraction [CAVF]	Hệ số pha hơi trung bình vùng hoạt	roshin heikin boido ritsu（炉心平均ボイド率）
Core Barrel	Giỏ đỡ vùng hoạt	roshin sou（炉心槽）
Core Concrete Interaction	Tương tác bê tông - vùng hoạt	roshin konkuriito sougosayou（炉心・コンクリート相互作用）
Core Cooling Monitor	Giám sát làm mát vùng hoạt	roshin reikyaku monita（炉心冷却モニタ）
Core Damage Frequency [CDF]	Tần suất hỏng vùng hoạt	roshin sonshou hindo（炉心損傷頻度）
Core Internals	Các bộ phận bên trong vùng hoạt	roshin kouzoubutsu（炉心構造物）
Core Loading [CL]	Nạp nhiên liệu	roshin heno nenryou souka（炉心への燃料装荷）
Core Lower Plenum	Khoang đáy thùng lò	roshin kabu purenamu（炉心下部プレナム）
Core Management	Quản lý vùng hoạt	roshin kanri（炉心管理）
Core Maximum Fraction of Limiting Power Density [CMFLPD]	Tỷ số cực đại của mật độ công suất giới hạn trong vùng hoạt	roshin saidai genkai shutsuryoku mitsudo hi（炉心最大限界出力密度比）
Core Melt Frequency [CMF]	Tần suất nóng chảy vùng hoạt	roshin youyu-u hindo（炉心溶融頻度）
Core Minimum Critical Heat Flux Ratio [CMCHFR(MCHFR)]	Tỷ số thông lượng nhiệt tới hạn cực tiểu vùng hoạt	roshin saishou genkai netsu ryuusoku hi（炉心最小限界熱流束比）
Core Performance	Chất lượng vùng hoạt	roshin seinou（炉心性能）
Core Plate	Tấm/giá đỡ vùng hoạt	roshin shiji ban（炉心支持板）
Core Shroud	Vách bao vùng hoạt	roshin shuraudo（炉心シュラウド）
Core Spray [CS]	Phun nước vào vùng hoạt	roshin supurei（炉心スプレイ）

English	Vietnamese	Japanese Romaji (Kanji)
Core Stability	Sự/tính ổn định của vùng hoạt	roshin anteisei（炉心安定性）
Core Thermal Power [CTP]	Công suất nhiệt vùng hoạt	genshiro netsu shutsuryoku（原子炉熱出力）
Core Uncover	Hở nước vùng hoạt	roshin roshutsu（炉心露出）
Corrosion Fatigue	Sự mỏi của kim loại do ăn mòn	hushoku hirou（腐食疲労）
Corrosion Potential	Điện thế ăn mòn	hushoku den-i（腐食電位）
Corrosion Products	Sản phẩm ăn mòn	hushoku seiseibutsu（腐食生成物）
Criticality	Tới hạn	rinkai（臨界）
Critical Accident	Sự cố tới hạn	rinkai jiko（臨界事故）
Critical Assembly	Cơ cấu tới hạn	rinkai jikken souchi（臨界実験装置）
Critical Heat Flux [Fuel] [CHF]	Thông lượng nhiệt tới hạn	genkai netsu ryu-usoku [nenryou]（限界熱流束［燃料］）
Critical Heat Flux Ratio [Fuel] [CHFR]	Tỷ số thông lượng nhiệt tới hạn	genkai netsu ryu-usoku hi [nenryou]（限界熱流束比［燃料］）
Critical Power [Fuel]	Công suất tới hạn	genkai shutsuryoku [nenryou]（限界出力［燃料］）
Critical Power Ratio [Fuel] [CPR]	Tỷ số công suất tới hạn	genkai shutsuryoku hi [nenryou]（限界出力比［燃料］）
Cross Over Pipe	Ống dẫn liên áp	kurosu ooba kan（クロスオーバ管）
Cross Under Pipe	Ống dẫn hơi tái cấp nhiệt	kurosu anda kan（クロスアンダ管）
Crud [Chalk River Unidentification Deposit] [CRUD]	Chất kết tủa không xác định	kuraddo (huyousei kendaku busshitsu)（クラッド〈不溶性懸濁物質〉）
Crud Induced Localized Corrosion [CILC]	Ăn mòn cục bộ do bám dính tạp chất	kuraddo huchaku ni yoru hushoku（クラッド付着による腐食）
Cumulative Usage Factor [CUF]	Hệ số tích lũy (sai hỏng) trong quá trình sử dụng	ruiseki hirou keisu-u（累積疲労係数）
CV Cable [CV=Crosslinked Polyethylene Insulated PVC Sheathed Cable]	Cáp CV	kakyou poriechiren zetsuen biniiru shiisu keeburu（架橋ポリエチレン絶縁ビニールシースケーブル）
Cylinder Lubricator	Dụng cụ tra dầu mỡ/ ống bơm dầu	shirinda chu-uyu ki（シリンダ注油器）

D		
Daily Load Follow [DLF]	Sơ đồ phụ tải ngày	nikkan shutsuryoku chousei（日間出力調整）
Day Tank [DG fuel]	Thùng nhiên liệu dùng cho ngày	dei tanku [dhii jii nenryou]（デイタンク［DG 燃料］）
Deaerator	Bình khử khí	dakkiki（脱気器）
Debris	Mảnh vụn	deburi（デブリ）
Decay Ratio [stability]	Tỷ số suy giảm biên độ (độ ổn định của dao động)	genpuku hi [antei sei]（減幅比［安定性］）
Deck Plate	Tấm sàn	dekki pureeto（デッキプレート）
Decommissioning	Tháo dỡ (nhà máy)	hairo（廃炉）
Decontamination	Khử/tẩy xạ	josen（除染）
Decontamination Factor [DF]	Hệ số tẩy/khử xạ	josen keisu-u（除染係数）
Decontamination Index	Chỉ số khử/tẩy xạ	josen shisu-u（除染指数）
Defected Fuel	Nhiên liệu bị lỗi, nhiên liệu đã hư hỏng	hason nenryou（破損燃料）
Defense In Depth [DID]	Bảo vệ theo chiều sâu	shinsou bougo（深層防護）
Degraded Core Cooling	Làm mát vùng hoạt khi đã bị nóng chảy	sonshou roshin reikyaku（損傷炉心冷却）
Delayed Neutron	Nơtron trễ	chihatsu chu-useishi（遅発中性子）
Demineralized Water [DW]	Nước khử khoáng	datsuen sui (junsui)（脱塩水（純水））
Demineralizer	Thiết bị khử khoáng	junsui souchi（純水装置）
Departure from Nucleate Boiling [Fuel] [DNB]	Sự rời khỏi chế độ sôi bọt (nhiên liệu)	genkai netsu ryu-usoku no meyasu tonaru huttou sen-i ten, kaku huttou genkai, kaku huttou karano itsudatsu [nenryou]（限界熱流束の目安となる沸騰遷移点、核沸騰限界、核沸騰からの逸脱［燃料］）
Departure from Nucleate Boiling Ratio [DNBR]	Tỷ số rời khỏi chế độ sôi bọt	kaku huttou genkai hi（核沸騰限界比）
Depleted Uranium	Urani nghèo	rekka uran（劣化ウラン）
Depressurization Valve	Van giảm áp	gen-atsu ben（減圧弁）
Design Acceptance Criteria [DAC]	Tiêu chí chấp nhận thiết kế	sekkei shounin kijun（設計承認基準）

Design Basis [DB]	Cơ sở thiết kế (Tiêu chuẩn thiết kế)	sekkei kijun（設計基準）
Design Basis Accident [DBA]	Sự cố trong cơ sở thiết kế	sekkei kijun jiko（設計基準事故）
Design Basis Earthquake [DBE]	Động đất trong cơ sở thiết kế	sekkei kijun jishin (sekkei jishindou)（設計基準地震〈設計地震動〉）
Design Basis Event [DBE]	Sự kiện trong cơ sở thiết kế	sekkei kijun jishou（設計基準事象）
Design Basis Ground Magnitude	Cường độ nền trong cơ sở thiết kế	sekkei kijun jishindou（設計基準地震動）
Design Certification [DC]	Chứng chỉ thiết kế	sekkei shoumei（設計証明）
Design Control Document [DCD]	Hồ sơ tài liệu thiết kế	sekkei kanri bunsho（設計管理文書）
Design Earthquake	Động đất thiết kế	sekkei you jishindou（設計用地震動）
Design Pressure	Áp suất thiết kế	sekkei atsuryoku（設計圧力）
Design Review [DR]	Thẩm định thiết kế	sekkei shinsa（設計審査）
Design Temperature	Nhiệt độ thiết kế	sekkei ondo（設計温度）
Design Transition Temperature	Nhiệt độ chuyển tiếp trong thiết kế	sekkei sen-i ondo（設計遷移温度）
Design Value	Giá trị thiết kế	sekkei chi（設計値）
Destructive Test	Kiểm tra phá hủy	hakai kensa（破壊検査）
Detail Design	Thiết kế chi tiết	shousai sekkei（詳細設計）
Detergent Drain	nước thải đã khử nhiễm	josen haieki（除染廃液）
Deuterium [D]	Đơ-tơ-ri (đồng vị của Hidro)	ju-u suiso（重水素）
Deuteron	Nguyên tử Đơ-tơ-ri	ju-u youshi（重陽子）
Dewatering System	Hệ thống khử nước	yu-usui kei（湧水系）
Diaphragm Floor [PCV]	Sàn chắn	daiyahuramu huroa [pii shii vi]（ダイヤフラムフロア［PCV］）
Diesel Generator [D/G]	Máy phát Diesel	dhiizeru hatsudenki（ディーゼル発電機）
Diffusion Factor	Hệ số khuếch tán	kakusan keisu-u（拡散係数）
Diffusion Length [L]	Chiều dài khuếch tán	kakusan kyori（拡散距離）
Direct Imagining Mass Analyzer	Máy phân tích đa hình ảnh trực tiếp	ion maikuro shitsuryou bunseki ki（イオンマイクロ質量分析器）

161

Discharge	Thải ra	housui（放水）
Dissolution Off Gas [DOG]	Khí thải hòa tan	youkai ohu gasu（溶解オフガス）
Dissolved Oxygen [DO]	Ôxy bị hòa tan	youzon sanso（溶存酸素）
Distribution Factor	Hệ số phân bố	bunpu keisu-u（分布係数）
Domestic Water [DW] System	Hệ thống nước nội bộ	shonai zatsuyou sui kei（所内雑用水系）
Doppler Coefficient	Hệ số Đốp lơ	doppuraa keisu-u（ドップラー係数）
Doppler Effect (Resonance absorption)	Hiệu ứng Đốp lơ (Hấp thụ cộng hưởng)	doppura kouka (kyoumei kyu-ushu-u)（ドップラ効果〈共鳴吸収〉）
Doppler Effect (fuel temperature reactivity)	Hiệu ứng Đốp lơ (Độ phản ứng nhiệt độ nhiên liệu)	doppura kouka (nenryoubou ondo han-noudo)（ドップラ効果〈燃料棒温度反応度〉）
Dose Equivalent [DE]	Liều tương đương	senryou touryou（線量当量）
Dose Limit	Giới hạn liều (phóng xạ)	hibaku senryou gendo（被ばく線量限度）
Dose Rate	Suất liều	senryouritsu（線量率）
Double Ended Guillotine Break [DEGB]	Sự cố gãy đôi ống dẫn	ryoutan girochin hadan（両端ギロチン破断）
Doubling Time	Thời gian để thông lượng nơ tron tăng lên gấp đôi	baizou jikan（倍増時間）
Drop Weight Test	Thí nghiệm rơi tải	rakka kaju-u shiken（落下荷重試験）
Drum Yard	Cơ sở lưu giữ chất thải rắn	kotai haikibutsu chozouko（固体廃棄物貯蔵庫）
Dry Storage	Lưu giữ khô	kanshiki chozou（乾式貯蔵）
Drywell [D/W]	Giếng khô	dorai weru（ドライウェル）
Drywell Cooling [DWC]	Làm mát giếng khô	kakunou youki nai reikyaku（格納容器内冷却）
Dust Radiation Monitor [DRM]	Hệ thống giám sát bụi phóng xạ	dasuto houshasen monita（ダスト放射線モニタ）
Dynamic Analysis	Phân tích động lực học	doutokusei kaiseki, douteki kaiseki（動特性解析、動的解析）
Dynamic Load Factor [DLF]	Hệ số tải động	douteki kaju-u keisu-u（動的荷重係数）

Dynamic system load	Tải động lực của hệ thống	jikoji kaju-u（事故時荷重）
E		
Eddy Current Test [ECT]	Kiểm tra dòng xoáy (xác định khuyết tật trong vật liệu dẫn (điện, nhiệt))	uzudenryu-u tanshou kensa（渦電流探傷検査）
Effective Dose Equivalent	Liều tương đương	jikkou senryou touryou（実効線量当量）
Effective Full Power Day [EFPD]	Số ngày vận hành theo mức công suất danh định quy đổi	jikkou teikaku shutsuryoku unten nissu-u, zen shutsuryoku kansan nissu-u（実効定格出力運転日数、全出力換算日数）
Effective Full Power Hour [EFPH]	Số giờ vận hành theo mức công suất danh định quy đổi	jikkou teikaku shutsuryoku unten jikan, zen shutsuryoku kansan jikan（実効定格出力運転時間、全出力換算時間）
Effective Full Power Year [EFPY]	Số năm vận hành theo mức công suất danh định quy đổi	jikkou teikaku shutsuryoku unten nensu-u, zen shutsuryoku kansan nensu-u（実効定格出力運転年数、全出力換算年数）
Effective multiplication factor [Keff]	Hệ số nhân (nơtron) hiệu dụng	jikkou chu-useishi zoubai ritsu（実効中性子増倍率）
Effective Total Macroscopic Cross Section	Tiết diện vĩ mô toàn phần hiệu dụng	jikkouteki zen kyoshiteki danmenseki（実効的全巨視的断面積）
Electric Penetration	Lối xuyên cho đường điện	denki you kantsu-u bu（電気用貫通部）
Electrical Cable Wiring Diagram,or,Elementaly Wiring Diagram [ECWD/EWD]	Sơ đồ đường cáp điện/ sơ đồ cáp điều khiển	tenkai setsuzoku zu（展開接続図）
Electrical Discharge Machining [EDM]	Máy phóng điện (ắc quy)	houden kakou（放電加工）
Electro-Hydraulic Control [EHC]	Thiết bị điều khiển kiểu điện - thủy lực	denki-yuatsu shiki seigyo souchi（電気-油圧式制御装置）
Electron [e]	Điện tử	denshi（電子）
Electron Capture(Orbital Electron Capture)	Bắt điện tử	denshi hokaku (kidou denshi hokaku)（電子捕獲〈軌道電子捕獲〉）

Electron Channeling Pattern Analysis [ECPA]

English	Tiếng Việt	日本語
Electron Channeling Pattern Analysis [ECPA]	Phân tích vật liệu bằng nhiễu xạ electron	denshi sen kaisetsu bunseki（電子線回折分析）
Embedded Plate	Tấm nhúng kim loại	umekomi kanamono（埋込み金物）
Emergency Control Room [ECR]	Phòng điều khiển khẩn cấp	hijou you seigyo shitsu（非常用制御室）
Emergency Cooling Water System	Hệ thống nước làm mát khẩn cấp	hijou you hoki reikyaku kei（非常用補機冷却系）
Emergency Cooling Water Service Water System [ECWS]	Hệ thống nước phục vụ làm mát khẩn cấp	hijou you hoki reikyaku (kai) sui kei（非常用補機冷却〈海〉水系）
Emergency Core Cooling System [ECCS]	Hệ thống làm mát vùng hoạt khẩn cấp	hijou you roshin reikyaku kei（非常用炉心冷却系）
Emergency Feedwater Pump [EFP]	Bơm nước cấp khẩn cấp	hijou you kyu-usui ponpu（非常用給水ポンプ）
Emergency Notification	Thông báo tình huống khẩn cấp	kinkyu-uji tsu-uchi（緊急時通知）
Emergency Operating Procedure [EOP]	Quy trình vận hành khẩn cấp	kinkyu-uji sousa tejun（緊急時操作手順）
Emergency Operation Facility [EOF]	Cơ sở điều hành trong tình huống khẩn cấp	kinkyu-uji taisaku shisetsu（緊急時対策施設）
Emergency Plan	Kế hoạch khẩn cấp	kinkyu-uji keikaku（緊急時計画）
Emergency Preparedness [EP]	Chuẩn bị ứng phó trong tình huống khẩn cấp.	kinkyu-uji taisaku（緊急時対策）
Emergency Procedure Guideline [EPG]	Hướng dẫn thủ tục thao tác khẩn cấp	kinkyu-uji sousa gaidorain（緊急時操作ガイドライン）
Emergency Reactor Shutdown	Dừng lò khẩn cấp	kinkyu-u ro teishi（緊急炉停止）
Emergency Response Guideline [ERG]	Hướng dẫn ứng phó khẩn cấp	kinkyu-uji taiou gaidorain（緊急時対応ガイドライン）
Emergency Response Support System [ERSS]	Hệ thống hỗ trợ ứng phó khẩn cấp	kinkyu-uji taisaku shien shisutemu（緊急時対策支援システム）
Emergency Shutdown System [ESS]	Hệ thống dừng/dập lò khẩn cấp	genshiro kinkyu-u teishi kei（原子炉緊急停止系）
End of Cycle [EOC]	Cuối chu trình (thay đảo nhiên liệu)	roshin unten saikuru makki（炉心運転サイクル末期）

English	Vietnamese	Japanese
Energy Research & Development Administration [ERDA] [USA]	Cục nghiên cứu và phát triển năng lượng, Hoa Kỳ	enerugi kenkyu-u kaihatsukyoku [beikoku]（エネルギ研究開発局［米国］）
Engineered Safety Features	Hệ thống kỹ thuật đảm bảo an toàn	kougakuteki anzen shisetsu（工学的安全施設）
Engineering Test Facility	Cơ sở thử nghiệm kỹ thuật	kougaku shiken setsubi（工学試験設備）
Enriched Uranium	Urani được làm giàu	noushuku uran（濃縮ウラン）
Enrichment	Độ giàu (nhiên liệu)	noushuku（濃縮）
Environment Monitoring	Quan trắc môi trường	kankyou houshasen kanshi（環境放射線監視）
Environmental Impact Assessment [EIA]	Đánh giá tác động môi trường	kankyou eikyou hyouka（環境影響評価）
Environmental Radiation Monitoring System	Hệ thống quan trắc phóng xạ môi trường	kankyou houshasen kanshi souchi（環境放射線監視装置）
Equipment Design Specification [ES]	Thông số thiết kế của thiết bị	kiki sekkei shiyou（機器設計仕様）
Equipment Hatch [E/H]	Cửa vận chuyển thiết bị	kiki hacchi（機器ハッチ）
Equivalent Boron Content	Hàm lượng bo tương đương	boron touryou（ボロン当量）
Establishment Permit [EP]	Giấy phép xây dựng	secchi kyoka（設置許可）
Evaporator	Thiết bị bay hơi/cô đặc	jouhatsuki（蒸発器）
Event Tree [ET]	Cây sự kiện	ibento tsurii（イベント・ツリー）
Excess Flow Check Valve [EFCV]	Van kiểm soát vượt lưu lượng	ka ryu-uryou soshi ben（過流量阻止弁）
Excess Multiplication Factor [Kex]	Hệ số nhân dư	chouka zoubai ritsu（超過増倍率）
Excess Reactivity	Độ phản ứng dư	yojou han-noudo（余剰反応度）
Exciter [Ex]	Bộ kích từ	reijiki（励磁機）
Excore Nuclear Instrumentation System	Thiết bị đo bên ngoài lò phản ứng	rogai kaku keisou（炉外核計装）
Exhaust Valve	Van xả	haiki ben（排気弁）
Expansion Joint	Mối nối giãn nở	shinshuku tsugite（伸縮継手）
Experimental Breeder Reactor	Lò tái sinh thực nghiệm	zoushoku jikken ro（増殖実験炉）

English	Tiếng Việt	Japanese
External Exposure	Phơi nhiễm ngoài	gaibu hibaku（外部被ばく）
External Vessel Storage	Lưu giữ bên ngoài lò	rogai nenryou chozou（炉外燃料貯蔵）
Extraction Steam [ES]	Hơi được trích ra	chu-uki（抽気）

F

English	Tiếng Việt	Japanese
Fail As Is	Đưa về trạng thái an toàn khi hỏng	kudou gen soushitsuji joutai hoji（駆動源喪失時状態保持）
Fail Open (Closed) [FO(FC)]	Mở (đóng) khi mất tín hiệu	kudougen soushitsuji kai (hei)（駆動源喪失時開〈閉〉）
Fail Safe	An toàn khi sai hỏng	feiru seehu（フェイルセーフ）
Fail Safe Design	Thiết kế an toàn khi sai hỏng	feiru seehu sekkei（フェイルセーフ設計）
Failure Assessment Curve [FAC]	Đường cong đánh giá hỏng hóc	hakai hyouka kyokusen（破壊評価曲線）
Failure Assessment Diagram [FAD]	Biểu đồ đánh giá hỏng hóc	hakai hyouka senzu（破壊評価線図）
Failure Mode and Effects Analysis [FMEA]	Kiểu hư hỏng và phân tích các hiệu ứng	koshou moodo eikyou kaiseki（故障モード影響解析）
Fast Breeder Reactor [FBR]	Lò tái sinh nhanh	kousoku zoushoku ro（高速増殖炉）
Fast Neutron	Nơtron nhanh	kousoku chu-useishi（高速中性子）
Feed Water [FDW/FW] System	Hệ thống nước cấp	kyu-usui kei（給水系）
Feed Water Booster Pump	Bơm gia tốc nước cấp	kyu-usui buusuta ponpu（給水ブースタ・ポンプ）
Feed Water Control System [FWCS]	Hệ thống điều khiển nước cấp	kyu-usui seigyo kei（給水制御系）
Feed Water Pump [FWP]	Bơm nước cấp	kyu-usui ponpu（給水ポンプ）
Feedwater Control [FDWC]	Hệ thống điều khiển nước cấp lò phản ứng	genshiro kyu-usui seigyo（原子炉給水制御）
Feedwater Heater	Bộ gia nhiệt nước cấp	kyu-usui kanetsuki（給水加熱器）
Field Weld [FW]	Hàn tại hiện trường	genchi yousetsu（現地溶接）
Film Badge	Liều lượng kế dùng phim (bỏ túi)	firumu bajji（フィルムバッジ）
Film Boiling	Sôi màng	usumaku huttou（薄膜沸騰）

Filter Demineralizer [F/D]	Thiết bị lọc và khử khoáng	roka datsuen souchi （濾過脱塩装置）
Final Design Approval [FDA]	Phê duyệt thiết kế cuối cùng	saishu-u sekkei shounin （最終設計承認）
Final Safety Analysis Report [FSAR]	Báo cáo phân tích an toàn cuối cùng	saishu-u anzen kaiseki sho （最終安全解析書）
Final Safety Evaluation Report [FSER]	Bản báo cáo đánh giá an toàn cuối cùng	saishu-u anzen hyouka houkokusho （最終安全評価報告書）
Fine Motion Control Rod Drive [FMCRD]	Dẫn động tinh thanh điều khiển	dendou gata seigyobou kudou kikou （電動型制御棒駆動機構）
Fine Motion Control Rod Drive Mechanism [FMCRD]	Cơ cấu dẫn động tinh thanh điều khiển	bichousei seigyobou kudou kikou [dendou] （微調整 制御棒駆動機構 ［電動］）
Fire Protection	Phòng cháy chữa cháy	kasai bougo （火災防護）
Fire Service Water	Nước cứu hỏa	shouka sui （消火水）
First of A Kind [FOAK]	Tổ máy đầu tiên	shogouki （初号機）
Fiscal Year [FY]	Năm tài chính	yosan nendo （予算年度）
Fissile Plutonium [Puf]	Plutoni phân hạch	kaku bunretsusei purutoniumu （核分裂性プルトニウム）
Fission Chamber	Buồng phân hạch	kaku bunretsu denri bako （核分裂電離箱）
Fission Gas	Khí phân hạch	kaku bunretsu seisei gasu （核分裂生成ガス）
Fission Material	Vật liệu phân hạch	kaku bunretsu sei busshitsu （核分裂性物質）
Fission Product [FP]	Sản phẩm phân hạch	kaku bunretsu seiseibutsu （核分裂生成物）
Fission Product Nuclear Data	Số liệu hạt nhân của các sản phẩm phân hạch	kaku bunretsu seisei butsu kaku deeta （核分裂生成物核データ）
Fission Yield	Hiệu suất phân hạch	kaku bunretsu shu-uritsu （核分裂収率）
Flammability Gas Control System [FCS]	Hệ thống kiểm soát khí dễ cháy	kanensei gasu noudo seigyo souchi （可燃性ガス濃度制御装置）
Flooding System	Hệ thống làm ngập (nước)	roshin kansui kei （炉心冠水系）
Floor Response [Seismic]	Đáp ứng của sàn/nền (địa chấn)	yuka outou tokusei [taishin] （床応答特性 ［耐震］）

167

English	Vietnamese	Japanese
Floor Response Spectra [FRS]	Phổ đáp ứng của nền (địa chấn)	yuka outou supekutoru（床応答スペクトル）
Floor Response Spectrum [Seismic] [FRS]	Phổ đáp ứng của sàn/ nền (địa chấn)	yuka outou kyokusen [taishin]（床応答曲線［耐震］）
Flow Balance Diagram [FBD]	Sơ đồ cân bằng lưu lượng	ryu-uryou heikou zu（流量平衡図）
Flow Control	Điều khiển lưu lượng	ryu-uryou seigyo（流量制御）
Flow Control Valve [FCV]	Van tiết lưu	ryu-uryou seigyo ben（流量制御弁）
Flow Diagram [FD]	Sơ đồ hệ thống	keitou zu（系統図）
Flow Element [FE]	Phần tử lưu lượng	huroo eremento（フローエレメント）
Flow Induced Vibration [FIV]	Dao động do dòng chảy	ryu-utai (reiki) shindou（流体〈励起〉振動）
Flow Meter	Đồng hồ đo lưu lượng/ lưu lượng kế	ryuryou kei（流量計）
Flushing	Làm sạch (bằng xối nước)	hurasshingu（フラッシング）
Fracture Appearance Transition Temperature [FATT]	Nhiệt độ điểm chuyển tiếp xuất hiện nứt gãy	hamen sen-i ondo（破面遷移温度）
Fracture Toughness	Độ bền chống gãy	hakai jinsei（破壊靱性）
Fretting Corrosion	Sự ăn mòn do cọ xước	huretthingu hushoku（フレッティング腐食）
Fuel	Nhiên liệu	nenryou（燃料）
Fuel Assembly	Bó nhiên liệu	nenryou shu-ugou tai（燃料集合体）
Fuel Building	Tòa nhà chứa nhiên liệu	nenryou tateya（燃料建屋）
Fuel Bundle	Bó nhiên liệu	nenryou shu-ugou tai（燃料集合体）
Fuel Cask	Thùng nhiên liệu	nenryou kyasuku（燃料キャスク）
Fuel Channel Box [CB]	Hộp kênh nhiên liệu	nenryou chan-neru bokkusu（燃料チャンネルボックス）
Fuel Cladding (Tube)	Vỏ bọc thanh nhiên liệu	nenryou hihuku kan（燃料被覆管）
Fuel Cycle Cost [FCC]	Chi phí chu trình nhiên liệu	nenryou saikuru kosuto（燃料サイクルコスト）

English	Vietnamese	Japanese
Fuel Cycle Facility	Cơ sở chu trình nhiên liệu	nenryou saikuru shisetsu（燃料サイクル施設）
Fuel Element	Phần tử nhiên liệu	nenryou youso（燃料要素）
Fuel Exposure	Sự chiếu xạ nhiên liệu	nenryou shousharyou（燃料照射量）
Fuel Fabrication	Chế tạo nhiên liệu	nenryoun kakou（燃料加工）
Fuel Failure	Hỏng hóc nhiên liệu	nenryou hason（燃料破損）
Fuel Handling Accident [FHA]	Sự cố khi thao tác nhiên liệu	nenryou rakka jiko（燃料落下事故）
Fuel Handling Building [FHB]	Nhà thao tác với nhiên liệu	nenryou toriatsukai tateya（燃料取扱建屋）
Fuel Handling Machine [FHM]	Thiết bị thao tác nhiên liệu	nenryou toriatsukai souchi（燃料取扱装置）
Fuel Lattice	Ô mạng nhiên liệu	nenryou koushi（燃料格子）
Fuel Loading [FL]	Nạp nhiên liệu	nenryou souka（燃料装荷）
Fuel Loading Pattern	Sơ đồ nạp nhiên liệu	nenryou souka pataan（燃料装荷パターン）
Fuel Pellet	Viên nhiên liệu	nenryou peretto（燃料ペレット）
Fuel Preparation Machine [BWR] [FPM]	Máy chuẩn bị nhiên liệu	chan-neru chakudatsu ki [bii daburyu aaru]（チャンネル着脱機［BWR］）
Fuel Rod	Thanh nhiên liệu	nenryou bou, nenryou pin（燃料棒、燃料ピン）
Fuel Storage System	Hệ thống lưu giữ nhiên liệu	nenryou chozou setsubi（燃料貯蔵設備）
Fuel Support	Đế đỡ nhiên liệu, Tấm đỡ (bó) nhiên liệu	nenryou shiji kanagu（燃料支持金具）
Fuel Support Plug	Phần đỡ đáy bó nhiên liệu	nenryou shiji kanagu puragu（燃料支持金具プラグ）
Fuel Transfer System	Hệ thống di chuyển nhiên liệu	nenryou isou souchi（燃料移送装置）
Fuel Transportation	Vận chuyển nhiên liệu	nenryou yusou（燃料輸送）
Full Width Half Maximum [FWHM]	Độ rộng phổ tại nửa cực đại	hanchi zenpuku（半値全幅）
Functional Control Diagram [FCD]	Biểu đồ điều khiển chức năng	kinou setsumei sho, kinou kankei zu（機能説明書、機能関係図）
Functional Diagram [PWR]	Sơ đồ chức năng	fankushonaru daiyaguramu [pii daburyu aaru]（ファンクショナルダイヤグラム［PWR］）
Functional Test	Thử nghiệm chức năng	kinou shiken（機能試験）

Fundamental material control

English	Vietnamese	Japanese
Fundamental material control	Kiểm soát vật liệu cơ bản	kihonteki busshitsu kanri（基本的の物質管理）
G		
Gadolinia	Gadolini	gadorinia [kanen sei seigyo zai]（ガドリニア［可燃性制御材］）
Gamma Scanning	Sự quét tia Gamma	ganma sukyaningu（ガンマ・スキャニング）
Gamma Thermometer [GT]	Nhiệt kế gamma	ganma sen ondo kei（ガンマ線温度計）
Gang Operation	Vận hành theo nhóm (thanh điều khiển)	seigyobou gun sousa（制御棒群操作）
Gap Conductance	Dẫn nhiệt qua khe khí trong thanh nhiên liệu	gyappu netsu dentatsu（ギャップ熱伝達）
Gas Centrifuge [GCF]	Bộ ly tâm khí (làm giàu urani)	gasu enshin bunri（ガス遠心分離）
Gas Cooled Fast Breeder Reactor [GCFBR]	Lò tái sinh nhanh làm mát bằng khí	gasu reikyaku kousoku zoushoku ro（ガス冷却高速増殖炉）
Gas Cooled Reactor [GCR]	Lò dùng khí làm chất tải nhiệt	gasu reikyaku ro（ガス冷却炉）
Gas Decay Tank [GDT]	Thùng phân rã khí (phóng xạ)	gasu gensui tanku（ガス減衰タンク）
Gas Insulated Switchgear [GIS]	Bộ chuyển mạch cách điện bằng khí	gasu zetsuen gata kaihei souchi（ガス絶縁型開閉装置）
Gas Stripper Package	Thiết bị khử khí	datsu gasu souchi（脱ガス装置）
Gas/Liquid Separation Coefficient	Hệ số tách khí/lỏng (tách hơi)	kieki bunpai keisu-u（気液分配係数）
Gaseous Diffusion	Khuếch tán khí	gasu kakusan（ガス拡散）
Gaseous Waste Disposal System [GWDS]	Hệ thống xử lý khí thải	kitai haikibutsu shori setsubi（気体廃棄物処理設備）
Geiger Muller [GM]	Ống đếm (phóng xạ) Geige-Muller	gaigaa myuuraa（ガイガー・ミューラー）
General Arrangement [GA]	Sơ đồ bố trí tổng thể	kiki haichi zu（機器配置図）
General Design Criteria [GDC]	Tiêu chuẩn thiết kế chung	ippan sekkei kijun（一般設計基準）
Generator [G]	Máy phát	hatsudenki [Gen]（発電機［Gen］）
Generator Rotor	Rotor máy phát	hatsudenki kaitenshi（発電機回転子）

Generator Seal Oil	Dầu chèn (làm kín) máy phát điện	hatsudenki mippu-u yu （発電機密封油）
Generator Stator	Stator của máy phát điện	hatsudenki koteishi （発電機固定子）
Geometrical Buckling	Buckling hình học	kikagakuteki bakkuringu （幾何学的バックリング）
Getter [water getter in fuel rod]	Lõi hút ẩm (ở phần đầu thanh nhiên liệu)	getta [nenryou bou no gasu damari] （ゲッタ［燃料棒のガス溜］）
Gland Steam [GS]	Hơi đệm	gurando jouki （グランド蒸気）
Gland Steam Condenser	Bộ ngưng tụ hơi đệm	gurando jouki hukusuiki （グランド蒸気復水器）
Gland Steam regulator [GSR]	Bộ điều chỉnh hơi chèn	gurando jouki chousei ki （グランド蒸気調整器）
Glass Dosimeter	Liều kế thủy tinh	garasu senryou kei （ガラス線量計）
Governor [GOV]	Bộ điều tốc	chousoku souchi （調速装置）
Graphite Reactor	Lò graphit	kokuen ro （黒鉛炉）
Gravity Driven Core Cooling System [GDCS]	Hệ thống cấp nước làm mát vùng hoạt bằng trọng lực	ju-uryoku rakkashiki kinkyu-u roshin reikyaku kei （重力落下式緊急炉心冷却系）
Greenhouse Effect	Hiệu ứng nhà kính	guriin hausu kouka （グリーンハウス効果）
Grid Support	Lưới đỡ	shiji koushi （支持格子）
Gross Peaking Factor	Hệ số đỉnh (công suất nhiệt) toàn phần	zen piikingu keisu-u （全ピーキング係数）
Gross Power Output [Gross Mega-watt Electrical] [GMWE]	Công suất điện toàn phần	hatsuden tan denryoku （発電端電力）
Guide Rod [Fuel]	Thanh dẫn	an-nai bou [nenryou] （案内棒［燃料］）
Guide Tube [Fuel] [GT]	Ống dẫn	an-naikan [nenryou] （案内管［燃料］）
H		
Half Life	Chu kỳ bán rã	hangen ki （半減期）
Hand Foot (cloth) Monitor	Thiết bị giám sát phóng xạ (quần áo) chân tay	hando hutto monita （ハンドフットモニタ）
Hand Hole	Lỗ thăm dò (kiểm tra)	kensa kou, hando hooru （検査孔、ハンドホール）

171

Heat Affected Zone [HAZ]

English	Vietnamese	Japanese
Heat Affected Zone [HAZ]	Khu vực chịu ảnh hưởng nhiệt	netsu eikyou bu（熱影響部）
Heat Balance Diagram	Biểu đồ cân bằng nhiệt	netsu heikou senzu（熱平衡線図）
Heat Exchanger [Hx]	Thiết bị trao đổi nhiệt	netsu koukanki（熱交換器）
Heat Sink Welding [HSW]	Công nghệ hàn có giải nhiệt (nhằm giảm ứng suất dư do quá trình hàn tạo ra)	naimen mizu reikyaku yousetsu hou（内面水冷却溶接法）
Heat Trace	Vết nhiệt	hiito toreesu（ヒートトレース）
Heater Drain [HD]	Ống thoát bộ gia nhiệt	kyu-usui kanetsuki doren（給水加熱器ドレン）
Heating and Ventilation	Sưởi ấm và thông gió	kanki ku-uchou（換気空調）
Heating Coil	Cuộn dây đốt nóng	kanetsu koiru（加熱コイル）
Heating Steam Condensate Water Return [HSCR]	Sự quay lại của nước ngưng tụ từ hơi trích nhiệt	shonai jouki modori kei（所内蒸気戻り系）
Heating Ventilating Handling Unit	Bộ phận điều chỉnh thông khí và sưởi ấm	ku-uchou yunitto（空調ユニット）
Heating Ventilation and Air Conditioning [HVAC]	Hệ thống điều hòa, thông gió và sưởi ấm	kanki ku-uchou（換気空調）
Heavy Component [HC]	Thiết bị nặng/siêu trọng	ju-uryou kiki（重量機器）
Heavy Water (Moderated) Gas Cooled Reactor [HWGCR]	Lò làm chậm bằng nước nặng làm mát bằng khí	ju-usui gensoku gasu reikyaku ro（重水減速ガス冷却炉）
Heavy Water [⟨⇌⟩ Light Water H₂O] [D₂O]	Nước nặng (⟨⇌⟩ nước nhẹ H_2O)	ju-usui（重水）
Heavy Water Reactor [HWR]	Lò nước nặng	ju-usui ro（重水炉）
High Activity Waste	Chất thải phóng xạ hoạt độ cao	kou reberu houshasei haikibutsu（高レベル放射性廃棄物）
High Conductivity Waste	Chất thải có độ dẫn điện cao	kou dendoudo haieki（高電導度廃液）
High Conversion Reactor [HCR]	Lò có hệ số chuyển đổi cao	kou tenkan ro（高転換炉）
High Cycle Fatigue	Sự mỏi sau chu kỳ dài	kou saikuru hirou（高サイクル疲労）

Hot Functional Test [HFT]

High Efficiency Particulate Air Filter [HEPA]	Bộ lọc khí dạng hạt hiệu suất cao	biryu-ushi firuta（微粒子フィルタ）
High Enriched Uranium [HEU]	Nhiên liệu urani làm giàu cao	kou noushuku uran（高濃縮ウラン）
High Flux Beam Reactor [HFBR]	Lò chùm thông lượng cao	kou chu-useishi biimu ro（高中性子ビーム炉）
High Level Radioactive Waste [HLW]	Chất thải phóng xạ hoạt độ cao	kou reberu housasei haikibutsu（高レベル放射性廃棄物）
High Potential Test [Voltage]	Kiểm tra điện cao thế	taiden-atsu shiken（耐電圧試験）
High Pressure Condensate Pump [HPCP]	Bơm ngưng tụ cao áp	kouatsu hukusui ponpu（高圧復水ポンプ）
High Pressure Coolant Injection [HPCI] System	Hệ thống phun chất làm mát áp suất cao	kouatsu chu-usui kei（高圧注水系）
High Pressure Core Flooder System [HPCF]	Hệ thống cấp nước làm ngập vùng hoạt áp suất cao	kouatsu roshin chu-usui kei（高圧炉心注水系）
High Pressure Core Spray [HPCS]	Hệ thống giàn phun vùng hoạt áp suất cao (lò ABWR)	kouatsu roshin chu-unyu-u keitou（高圧炉心注入系統）
High Pressure Core Spray Cooling Water [HPCW]	Nước làm mát vùng hoạt của hệ thống giàn phun cao áp	kouatsu roshin supurei hoki reikyaku sui（高圧炉心スプレイ補機冷却水）
High Pressure Injection [HPI] System, High Head Safety Injection [HHSI] System	(Hệ thống) phun (tiếp) nước cao áp	kouatsu chu-unyu-u kei, kouatsu anzen chu-unyu-u kei（高圧注入系、高圧安全注入系）
High Pressure Turbine	Tuốc bin áp suất cao	kouatsu taabin（高圧タービン）
High Temperature Gas Coolant Reactor [HTGR]	Lò nhiệt độ cao sử dụng chất khí để làm mát	kouon gasu reikyaku gata genshi ro（高温ガス冷却型原子炉）
High Water Level [HWL]	Mức nước cao	kou sui-i reberu（高水位レベル）
Hollow Fiber Filter [HFF]	Bộ lọc sợi rỗng	chu-uku-ushi maku firuta（中空糸膜フィルタ）
Hoop Tendon	Cốt thép khung vòng	huupu tendon（フープ・テンドン）
Hot Functional Test [HFT]	Thử nghiệm chức năng trạng thái nóng	ontai kinou shiken（温態機能試験）

English	Tiếng Việt	Japanese
Hot Laboratory	Phòng thí nghiệm nóng	hotto rabo（ホットラボ）
Hot Leg	Chân nóng (của lò phản ứng)	hotto regu（ホットレグ）
Hot Shut down [HSD]	Dừng lò ở trạng thái nóng	kouon teishi（高温停止）
Hot Stand-by [HSB]	Trạng thái dự phòng nóng	ontai teishi joutai（温態停止状態）
Hot Standby	Dự phòng nóng	kouon taiki（高温待機）
Hot Zero Power [HZP]	Công suất không ở trạng thái nóng	hotto zero pawa（ホットゼロパワ）
House Transformer [H. Tr]	Máy biến áp trong nhà	shonai hen-atsuki（所内変圧器）
Human Error [HE]	Lỗi do con người	hyuuman eraa（ヒューマンエラー）
Human Factor [HF]	Yếu tố con người	hyuuman fakuta（ヒューマンファクタ）
Hydraulic Control Unit [HCU]	Bộ điều khiển thủy lực	suiatsu seigyo yunitto（水圧制御ユニット）
Hydraulic Test [HT]	Kiểm tra thủy lực	suiatsu shiken（水圧試験）
Hydrazine	Hidrazin	hidorajin（ヒドラジン）
Hydro Coupler	Khớp nối thủy lực	ryu-utai tsugite（流体継手）
Hydrogen Control System	Hệ thống kiểm soát khí hidro	kakunou youki suiso seigyo setsubi（格納容器水素制御設備）
Hydrogen Deuterium Tritium	Đồng vị hidro, đơ-tơ-ri và triti	suiso ju-usuiso torichiumu（水素重水素トリチウム）
Hydrogen Explosion	Nổ hydro	suiso bakuhatsu（水素爆発）
Hydrogen Gas Cooler	Bộ làm mát sử dụng khí hidro	suiso reikyakuki（水素冷却器）
Hydrogen Gas Side Oil Cooler	Bộ làm mát dầu chèn (làm kín) bằng khí hidro	suiso-gawa oiru kuura（水素側オイルクーラ）
Hydrogen Recombiner	Bộ tái kết hợp khí hidro	suiso sai ketsugouki（水素再結合器）
Hydrostatic Test [HT]	Kiểm tra thủy lực tĩnh	suiatsu shiken（水圧試験）
Hypothetical Accident [HA]	Sự cố mang tính giả thuyết	kasou jiko（仮想事故）

I

Ice Condenser [PWR]	Bình ngưng tụ băng, đá	aisu kondensa [pii daburyu aaru]（アイスコンデンサ［PWR］）
In Core Detector	Đầu dò bên trong vùng hoạt	ronai chu-useishi kenshutsuki（炉内中性子検出器）
In Core Instrumentation [ICI]	Thiết bị đo trong vùng hoạt	ronai kaku keisou（炉内核計装）
In Core Instrumentation Guide	Ống dẫn thiết bị đo trong vùng hoạt	ronai keisou an-nai kan（炉内計装案内管）
In Core Neutron Flux Monitoring System	Hệ thống giám sát thông lượng nơtron trong vùng hoạt	ronai chu-useishi keisou（炉内中性子計装）
In Vessel Storage	Lưu giữ trong lò	ronai chozou（炉内貯蔵）
In-core Monitor [ICM]	Thiết bị giám sát trong vùng hoạt	inkoamonita（インコアモニタ）
In-Service Inspection [ISI]	Thanh tra, xem xét trong quá trình hoạt động	kyouyou kikanchu-u kensa（供用期間中検査）
Incinerator	Lò đốt rác	shoukyakuro（焼却炉）, shoukyaku souchi（焼却装置）
Inconel Alloy	Hợp kim inconel	inkoneru goukin（インコネル合金）
Induction Heating Stress Improvement [IHSI]	Nâng cao khả năng chịu ứng suất nhiệt	koushu-uha kanetsu shori（高周波加熱処理）
Industrial Television [ITV]	Tivi công nghiệp	kougyouyou terebijon（工業用テレビジョン）
Infinite Multiplication Factor [K ∞]	Hệ số nhân (nơtron) vô hạn	mugen baishitsu ni okeru chu-useishi zoubai ritsu（無限媒質における中性子増倍率）
Inherent Safety	An toàn nội tại	koyu-u no anzensei（固有の安全性）
Initial Conversion Ratio [ICR]	Tỷ số biến đổi ban đầu	shoki tenkan ritsu（初期転換率）
Initial Core	Vùng hoạt ban đầu	sho souka roshin（初装荷炉心）
Inner Concrete [of CV] [IC]	Kết cấu bê tông (bên trong boongke lò)	naibu konkuriito（内部コンクリート）
Inspection, Test, Analysis, and Acceptance Criteria [ITAAC]	Thanh tra, kiểm tra, phân tích và tiêu chí chấp nhận được	aitakku（ITAAC）

English	Tiếng Việt	Japanese
Instrument Air [IA]	Khí dùng trong đo lường	keisou you ku-uki（計装用空気）, seigyo you ku-uki（制御用空気）
Instrument Data Sheet	Bảng biểu dữ liệu về dụng cụ đo	keiki shiyou hyou（計器仕様表）
Instrument Equipment Diagram, or Instrument Engineering Diagram [IED]	Sơ đồ trang thiết bị, dụng cụ đo lường	keisou burokku zu（計装ブロック図）
Instrument Panel	Bảng mạch thiết bị đo lường	keiki ban（計器盤）
Instrument rack	Giá để dụng cụ	keisou rakku（計装ラック）
Instrumentation and Control [I&C]	Thiết bị đo lường và điều khiển	keisou seigyo（計装・制御）
Intake	Lấy vào/Cửa lấy nước vào	shusui（取水）
Integrated Head Package [IHP]	Tổ hợp khối đỉnh của lò phản ứng	huta ittaika kouzoubutsu（ふた一体化構造物）
Inter Granular Attack [IGA]	Ăn mòn dạng hạt trên biên	ryu-ukan hushoku（粒間腐蝕）
Inter Granular Stress Corrosion Crack [IGSCC]	Nứt gãy do ứng suất ăn mòn dạng hạt trên biên	ryu-ukaigata ouryoku hushoku ware（粒界型応力腐食割れ）
Intercept Stop Valve [ISV]	Van chặn dòng	chu-ukan jouki tome ben（中間蒸気止め弁）
Interlock Block Diagram [IBD]	Sơ đồ khối khóa liên động	sousa burokku zu (kinou setsumei zu)（操作ブロック図〈機能説明図〉）
Interlock System	Hệ thống khóa liên động	intaarokku shisutemu（インターロック・システム）
Intermediate Heat Exchanger	Bộ trao đổi nhiệt trung gian	chu-ukan netsu koukanki（中間熱交換器）
Intermediate Level Waste [ILW]	Chất thải hoạt độ trung bình	chu-ukan reberu haikibutsu（中間レベル廃棄物）
Intermediate Range	Dải trung gian	chu-ukan ryouiki（中間領域）
Intermediate Range Monitor [IRM]	Hệ thống giám sát dải trung gian	chu-ukan ryouiki monita（中間領域モニタ）
Intermediate Storage	Lưu giữ trung gian	chu-ukan chozou（中間貯蔵）
Internal Concrete [of CV] [IC]	Kết cấu bê tông (bên trong boongke lò)	naibu konkuriito（内部コンクリート）
Internal Exposure	Phơi nhiễm trong	naibu hibaku（内部被ばく）

English	Vietnamese	Japanese
International Nuclear Event Scale [INES]	Thang sự cố hạt nhân quốc tế	kokusai genshiryoku jishou hyouka shakudo（国際原子力事象評価尺度）
International Nuclear Fuel Cycle Evaluation [INFCE]	Đánh giá chu trình nhiên liệu hạt nhân quốc tế	kokusai kakunenryou saikuru hyouka（国際核燃料サイクル評価）
International Nuclear Fuel Trust [INFT]	Sự chuyển giao nhiên liệu hạt nhân quốc tế	kokusai kakunenryou torasuto（国際核燃料トラスト）
International Nuclear Information System [INIS]	Hệ thống thông tin hạt nhân quốc tế (của IAEA)	kokusai genshiryoku jouhou shisutemu（国際原子力情報システム）
Inverter	Bộ đảo điện	inbaata（インバータ）
Ion Micro Analyzer	Máy vi phân tích ion	ion bishou bunseki souchi（イオン微小分析装置）
Irradiated Fuel Inspection System	Hệ thống kiểm tra nhiên liệu đã chiếu xạ	shousha nenryou kensa souchi（照射燃料検査装置）
Irradiation	Sự chiếu xạ	shousha（照射）
Irradiation Sample	Mẫu chiếu xạ	shousha shikenhen（照射試験片）
Irradiation Test	Thí nghiệm chiếu xạ	shousha shiken（照射試験）
Isolated Phase Bus Duct	Thanh cái dẫn dòng cách ly	sou bunri bosen（相分離母線）
Isolation Condenser [BWR] [IC]	Bình ngưng cách li	aisoreeshon kondensa [bii daburyu aaru]（アイソレーションコンデンサ［BWR］）
Isolation Valve [IV]	Van cách ly	kakuri ben（隔離弁）
J		
Jacking Oil Pump [JOP]	Bơm kích dầu	jakkingu oiru ponpu（ジャッキングオイルポンプ）
Japanese Evaluated Nuclear Data Library [JENDL]	Thư viện dữ liệu hạt nhân Nhật Bản	hyouka zumi kaku deeta raiburarii（評価済核データ・ライブラリー）
Japanese Industrial Standards [JIS]	Tiêu chuẩn công nghiệp Nhật Bản	nihon kougyou kikaku (ji su)（日本工業規格〈JIS〉）
Jet Pump [JP(J/P)]	Bơm phun	jetto ponpu（ジェットポンプ）
K		
Kiken Yochi Training [KYT]	Khóa đào tạo dự báo nguy hiểm	kiken yochi toreeningu（危険予知トレーニング）

L		
Large Early Release Frequency [LERF]	Tần suất phát thải sớm lượng lớn chất phóng xạ	houshasei busshitsu tairyou houshutsu hassei kakuritsu（放射性物質大量放出発生確率）
Laser Isotope Separation	Phân tách đồng vị bằng la-de	reezaa douitai bunri（レーザー同位体分離）
Last Stage Blade [turbine] [LSB]	Tầng cánh (ở tuốc bin) cuối cùng	saishu-u dan yoku [taabin]（最終段翼［タービン］）
Laundry Drain Liquid	Nước thải từ giặt rửa	sentaku haieki（洗たく廃液）
Laws Concerning the Prevention from Radiation Hazards due to Radioisotopes and Others	Các luật liên quan đến ngăn ngừa các rủi ro bức xạ	houshasen shougai boushi hou（放射線障害防止法）
Layout	Sự bố trí mặt bằng	haichi（配置）
Lead Use Assembly [LUA]	Bó nhiên liệu thử nghiệm (được đưa vào lò nhằm khẳng định đặc tính của nó)	senkoushiyou nenryou shu-ugou tai（先行使用燃料集合体）
Leak Before Break [LBB]	Rò rỉ trước khi bị vỡ	hadan mae rouei, rouei senkou gata hason（破断前漏えい、漏えい先行型破損）
Leak Detection System	Hệ thống phát hiện rò rỉ	rouei kenshutsu kei（漏えい検出系）
Leak Rate Test [LRT]	Kiểm tra tốc độ rò rỉ	rouei ritsu shiken（漏えい率試験）
Leak Test	Kiểm tra rò rỉ	rouei shiken（漏えい試験）
Leakage Control System, Leak Control System	Hệ thống kiểm soát rò rỉ	rouei seigyo kei（漏えい制御系）
Letdown Reheat Exchanger	Bộ tái gia nhiệt (cho nước trích lưu chuyển)	houso netsu saisei netsu koukanki（ほう素熱再生熱交換器）
Lethal Dose	Liều lượng gây chết người	chishi senryou（致死線量）
Letter of Intent [LOI]	Thư đặt hàng	hacchu-u naiji（発注内示）
Level Control	Kiểm soát mức (nước)	sui-i seigyo（水位制御）
Level Control Valve	Van điều khiển mức nước	sui-i seigyo ben（水位制御弁）
License Renewal [LR]	Gia hạn giấy phép	unten kyoka koushin（運転許可更新）

Licensing Topical Report [LTR]	Báo cáo chuyên đề xin cấp phép	kyoninka topikaru repooto（許認可トピカルレポート）
Life Cycle Cost [LCC]	Chi phí vòng đời hoạt động	raihu saikuru kosuto（ライフサイクルコスト）
Life Cycle Management	Quản lý vòng đời hoạt động (của thiết bị, nhà máy)	raihu saikuru kanri（ライフサイクル管理）
Light Water [⇌ Heavy Water D_2O]	Nước nhẹ (⇌ nước nặng D_2O)	keisui（軽水）
Light Water Cooled, Graphite Moderated Reactor [LWGR(RBMK)]	Lò nước nhẹ làm chậm bằng graphit	kokuen gensoku keisui reikyaku ro（黒鉛減速軽水冷却炉）
Light Water Reactor [LWR]	Lò nước nhẹ	keisui ro（軽水炉）
Limiting Condition	Điều kiện giới hạn	genkai jouken（限界条件）
Limiting Condition for Operation [LCO]	Điều kiện giới hạn vận hành	unten seigen jouken（運転制限条件）
Linear Accelerator [LINAC]	Máy gia tốc thẳng (tuyến tính)	senkei kasokuki（線形加速器）
Liner Plate	Tấm lót	raina pureeto（ライナプレート）
Liquid Metal Fast Breeder Reactor [LMFBR]	Lò tái sinh nhanh sử dụng kim loại lỏng để làm mát	ekitai kinzoku reikyaku kousoku zoushoku ro（液体金属冷却高速増殖炉）
Liquid Metal Reactor [LMR]	Lò sử dụng kim loại lỏng làm mát	ekitai kinzoku reikyaku ro（液体金属冷却炉）
Load Follow [LF]	Theo phụ tải	huka tsuiju-u（負荷追従）
Load Rejection	Loại bỏ tải	huka shadan（負荷遮断）
Local Control Panel	Bảng điều khiển tại chỗ	genba seigyo ban（現場制御盤）
Local Peaking Factor [LPF]	Hệ số đỉnh cục bộ	kyokusho piikingu keisu-u（局所ピーキング係数）
Local Power Peaking Factor	Hệ số đỉnh công suất cục bộ	kyokusho shutsuryoku piikingu keisu-u（局所出力ピーキング係数）
Local Power Range Monitor [LPRM]	Thiết bị giám sát dải công suất cục bộ	kyokusho shutsuryoku ryouiki chu-useishi kenshutsuki（局所出力領域中性子検出器）

localization	Nội địa hóa	kokusan ka（国産化）
Locked Close [LC]	Đóng có khóa	hei ichi sejou（閉位置施錠）
Locked Open [LO]	Mở có khóa giữ	kai ichi sejou（開位置施錠）
Logarismic-mean Overall Temperature Difference [LMTD]	Độ lệch nhiệt độ trung bình lôgarit	taisu-u heikin ondo sa（対数平均温度差）
London Dumping Convention [LDC]	Hiệp ước Luân Đôn về việc đổ rác thải	rondon jouyaku（ロンドン条約）
Loose Parts Monitoring System [LPM]	Thiết bị dò tìm dị vật trong lò	ronai ibutsu kenshutsu souchi（炉内異物検出装置）
Loss of AC Power [LOAC]	Mất nguồn điện xoay chiều	ei shii dengen soushitsu, gaibu dengen soushitsu（AC電源喪失、外部電源喪失）
Loss of Coolant Accident [LOCA]	Sự cố mất chất tải nhiệt	reikyakuzai soushitsu jiko（冷却材喪失事故）
Loss of Core Configuration [LOCC]	Mất cấu hình vùng hoạt	roshin taikei soushitsu（炉心体系喪失）
Loss of Feed Water [LOFW]	Mất nước cấp (vào bình sinh hơi)	kyu-usui soushitsu（給水喪失）
Loss of Feed Water Heater [LFWH]	Mất bộ cấp nhiệt nước cấp	kyu-usui kanetsu soushitsu（給水加熱喪失）
Loss of Flow Accident [LOFA]	Sự cố mất dòng chất tải nhiệt	reikyakuzai ryu-uryou soushitsu jiko（冷却材流量喪失事故）
Loss of Heat Removal System [LOHRS]	Mất hệ thống tải nhiệt dư	houkainetsu jokyo kei kinou soushitsu (jiko)（崩壊熱除去系機能喪失〈事故〉）
Loss of Heat Sink [LOHS]	Mất nguồn tản nhiệt	jonetsugen soushitsu（除熱源喪失）
Loss of Main Feed Water [LMFW]	Mất nước cấp chính	shu kyu-usui soushitsu（主給水喪失）
Loss of Off-site Power Accident [LOPA]	Sự cố mất điện lưới	gaibu dengen soushitsu jiko（外部電源喪失事故）
Loss of Piping Integrity	Mất tính toàn vẹn của đường ống	haikan hason（配管破損）
Loss of Power	Mất điện	dengen soushitsu（電源喪失）
Loss of Residual Heat Removal [LRHR]	Mất chức năng tải nhiệt dư	yonetsu jokyo soushitsu（余熱除去喪失）
Loss of Shutdown Heat Removal System [LSHRS]	Mất hệ thống tải nhiệt dư khi dừng lò	zanryu-unetsu jokyo nouryoku soushitsu（残留熱除去能力喪失）

Low Conductivity Waste	Chất thải có độ dẫn (điện, nhiệt) thấp	tei dendoudo haieki（低電導度廃液）
Low Cycle Fatigue	Độ mỏi kim loại sau chu trình ngắn	tei saikuru hirou（低サイクル疲労）
Low Enriched Uranium [LEU]	Urani độ giàu thấp	tei noushuku uran（低濃縮ウラン）
Low Head Safety Injection [LHSI] System	Hệ thống phun/tiêm nước an toàn áp suất thấp	tei heddo anzen chu-unyu-u kei（低ヘッド安全注入系）
Low Level Radioactive Waste [LLW]	Chất thải phóng xạ hoạt độ thấp	tei reberu houshasei haikibutsu（低レベル放射性廃棄物）
Low Population Zone [LPZ]	Vùng ít dân cư (mật độ thấp)	tei jinkou chitai（低人口地帯）
Low Pressure Condensate Pump [LPCP]	Bơm ngưng tụ áp suất thấp	teiatsu hukusui ponpu（低圧復水ポンプ）
Low Pressure Coolant (Core) Injection System [LPCI]	Hệ thống phun/tiêm chất làm mát áp suất thấp (vào vùng hoạt)	teiatsu chu-unyu-u kei（低圧注入系）
Low Pressure Core Spray [LPCS] System	Hệ thống phun sương áp suất thấp (vào vùng hoạt)	teiatsu roshin supurei kei（低圧炉心スプレイ系）
Low Pressure Flooder [LPFL] System	Hệ thống làm ngập áp suất thấp	teiatsu roshin chuusui huradda, teiatsu roshin chu-usui kei（低圧炉心注水フラッダ、低圧炉心注水系）
Low Pressure Injection System [LPIS], Low Head Safety Injection System [LHSI]	Hệ thống phun áp suất thấp	teiatsu chu-unyu-u kei, teiatsu anzen chu-unyu-u kei（低圧注入系、低圧安全注入系）
Low Pressure Recirculation System	Hệ thống tái tuần hoàn áp suất thấp	teiatsu junkan kei（低圧循環系）
Low Pressure Turbine	Tuốc bin áp suất thấp	teiatsu taabin（低圧タービン）
Lower Core Barrel	Phần giỏ lò phía dưới vùng hoạt	kabu roshin sou（下部炉心槽）
Lower Core Internals [LCI]	Các thành phần bên trong phía dưới vùng hoạt	kabu roshin kouzoubutsu（下部炉心構造物）
Lower Core Support Plate	Tấm đỡ dưới vùng hoạt/tâm lò	kabu roshin shiji ban（下部炉心支持板）

Lower Tie Plate [LTP]

English	Tiếng Việt	Japanese
Lower Tie Plate [LTP]	Tấm giằng phía dưới	nenryou kabu ketsugou ban, kabu taipureeto（燃料下部結合板、下部タイプレート）
Lowest Service Temperature	Nhiệt độ làm việc thấp nhất	saitei shiyou ondo（最低使用温度）
M		
Machine Shop	Xưởng cơ khí	kikai kousaku shitsu（機械工作室）
Magnetic Particle Test [MT]	Thử nghiệm bằng phương pháp hạt từ	jihun tanshou shiken（磁粉探傷試験）
Main Condenser	Bình ngưng tụ chính	shu hukusuiki（主復水器）
Main Control Board [MCB]	Bảng điều khiển trung tâm	chu-uou seigyo ban（中央制御盤）
Main Control Panel	Bảng điều khiển trung tâm	chu-uou seigyo ban（中央制御盤）
Main Control Room [MCR]	Phòng điều khiển chính, Phòng điều khiển trung tâm	chu-uou seigyo shitsu（中央制御室）, chu-uou sousa shitsu（中央操作室）
Main Coolant Pipe [MCP]	Đường ống tải nhiệt chính	shu reikyakuzai kan（主冷却材管）
Main Feedwater [MFW]	Nước cấp chính	shu kyu-usui（主給水）
Main Stack	Ống thải khí chính	haiki tou（排気筒）
Main Steam [MS]	Hơi chính	shu jouki（主蒸気）
Main Steam and Feed Water [MSFW]	Dẫn hơi và nước cấp chính	shujouki oyobi shu kyu-usui（主蒸気及び主給水）
Main Steam Control Valve [CV]	Van điều khiển đường dẫn hơi chính	shujouki kagen ben（主蒸気加減弁）
Main Steam Flow Limiter	Thiết bị hạn chế dòng hơi chính	shujouki ryu-uryou seigenki（主蒸気流量制限器）
Main Steam Isolation Valve [MSIV]	Van cô lập đường dẫn hơi chính	shujouki kakuri ben（主蒸気隔離弁）
Main Steam Line Break Accident [MSLBA]	Sự cố vỡ đường hơi chính	shujoukikan hadan jiko（主蒸気管破断事故）
Main Steam Line Plug [MSLP]	Chốt nối/đầu ống nối đường dẫn hơi chính	shujouki rain puragu（主蒸気ラインプラグ）
Main Steam Nozzle Plug	Chốt nối/đầu ống nối hơi chính	shujouki nozuru puragu（主蒸気ノズルプラグ）

Main Steam Relief Valve [MSRV]	Van xả dòng hơi chính	shujouki nogashi ben (shujouki nigashi ben)（主蒸気逃し弁）
Main Steam Relief Valve Control System	Hệ thống điều khiển van xả dòng hơi chính	shujouki nogashi ben seigyo kei (shujouki nigashi ben seigyo kei)（主蒸気逃し弁制御系）
Main Steam Safety Relief Valve [SRV]	Van xả an toàn dòng hơi chính	shujouki nogashi anzen ben (shujouki nigashi anzen ben)（主蒸気逃し安全弁）
Main Steam Safety Valve [MSSV]	Van an toàn đường dẫn hơi chính	shujouki anzen ben（主蒸気安全弁）
Main Stop Valve [MSV]	Van dừng chính	shujouki tome ben（主蒸気止め弁）
Main Transformer [MTr]	Máy biến thế chính	shu hen-atsuki（主変圧器）
Main Turbine	Tuốc bin chính	shu taabin（主タービン）
Maintainability	(Có) khả năng bảo trì	hoshu hoshu-u sei（保守・補修性）
Maintenance Performance Indicator	Chỉ số chất lượng bảo trì	hoshu pafoomansu shihyou（保守パフォーマンス指標）
Major Accident [MA]	Sự cố lớn	ju-udai jiko（重大事故）
Make Up Water [MUW(MU)]	Nước bù	hokyu-u sui（補給水）
Make Up Water Condensate	Ngưng tụ tạo nước bù	hukusui hokyu-u sui（復水補給水）
Make Up Water Pure Water	Làm tinh khiết nước bù	datsuensui hokyu-u sui, junsui hokyu-u sui（脱塩水補給水、純水補給水）
Make Up Water Treated	Xử lý nước bù	saisei sui hokyu-u sui（再生水補給水）
Man Machine Interface [MMI]	Giao diện tương tác giữa người và máy tính	man mashin intaafeisu（マン・マシン・インターフェイス）
Man Machine System	Hệ thống tương tác giữa người và máy tính	man mashin shisutem（マン・マシン・システム）
Man Made Rock [MMR]	Đá nhân tạo	jinkou ganban（人工岩盤）
Manipulator Crane	Cần trục thao tác bằng tay	nenryou torikae kureen (manipyureeta kureen)（燃料取替クレーン〈マニピュレータクレーン〉）
Manual Operation	Thao tác bằng tay	shudou sousa（手動操作）

English	Vietnamese	Japanese
Manual Shutdown [reactor]	Dừng lò bằng tay	shudou teishi [genshiro]（手動停止［原子炉］）
Manufacturing Cost	Chi phí chế tạo	seizou genka（製造原価）
Marine Growth Preventing System	Hệ thống ngăn chặn sinh vật biển bám vào	kaiyou seibutsu huchaku boushi souchi（海洋生物付着防止装置）
Mass Balance	Cân bằng khối lượng	shitsuryou heikou（質量平衡）
Master Parts List [MPL]	Danh sách các thành phần chính	masutaa paatsu risuto（マスターパーツリスト）
Material Balance	Cân bằng vật liệu	busshitsu shu-ushi（物質収支）
Material Management	Quản lý vật liệu	kaku nenryou busshitsu kanri（核燃料物質管理）
Material Specification	Thông số kỹ thuật của vật liệu	zairyou shiyou（材料仕様）
Material Status Report [MSR]	Báo cáo trạng thái vật liệu	kaku busshitsu joukyou houkokusho（核物質状況報告書）
Material Unaccounted For [MUF]	Vật liệu không kiểm toán được	humeikaku busshitsu ryou（不明核物質量）
Maximum Average Planar Linear Heat Generation Ratio [Fuel] [MAPLHGR (MAPL)]	Tỷ số sinh nhiệt tuyến tính trung bình cực đại	saidai noodo danmen heikin senshutsuryoku mitsudo hi [nenryou]（最大ノード断面平均線出力密度比［燃料］）
Maximum Credible Accident	Sự cố tối đa có thể xảy ra	saidai soutei jiko（最大想定事故）
Maximum Dose Equivalent	Liều tương đương cực đại	saidai senryou touryou（最大線量当量）
Maximum Exit Quality	Chất lượng (hơi) ra cực đại	saidai deguchi kuorithi（最大出口クオリティ）
Maximum Fraction of Limiting Power Density [Fuel] [MFLPD]	Tỷ số cực đại của mật độ công suất giới hạn	saidai genkai shutsuryoku mitsudo hi [nenryou]（最大限界出力密度比［燃料］）
Maximum Heat Flux [Fuel] [MHF]	Thông lượng nhiệt cực đại	saidai netsuryu-usoku [nenryou]（最大熱流束［燃料］）
Maximum Linear Heat Generation Rate [MLHGR]	Tốc độ sinh nhiệt tuyến tính cực đại	saikou sen shutsuryoku mitsudo（最高線出力密度）
Maximum Linear Heat Generation Ratio [Fuel] [MLHGR]	Tỷ số sinh nhiệt tuyến tính cực đại	saidai sen shutsuryoku mitsudo hi [nenryou]（最大線出力密度比［燃料］）
Maximum Permissible Concentration	Nồng độ tối đa cho phép	saidai kyoyou noudo（最大許容濃度）

Maximum Permissible Dose	Liều cực đại cho phép	saidai kyoyou senryou（最大許容線量）
Maximum Permissible Dose Equivalent	Liều tương đương cực đại cho phép	saidai kyoyou senryou touryou（最大許容線量当量）
Maximum Permissible Intake	Lượng thu vào tối đa cho phép	saidai kyoyou sesshu ryou（最大許容摂取量）
Maximum Permissible Level	Mức độ tối đa cho phép	saidai kyoyou reberu（最大許容レベル）
Maximum Permissible Limit	Giới hạn tối đa cho phép	saidai kyoyou genkai（最大許容限界）
Mean (or Median) Time Failure [MTF]	Hỏng hóc trung bình theo thời gian	heikin koshou jikan（平均故障時間）
Mean (or Median) Time to Failure [MTTF]	Thời gian trung bình dẫn đến hư hỏng	heikin koshou jumyou（平均故障寿命）
Mean Lethal Dose	Liều gây chết người trung bình	heikin chishi senryou（平均致死線量）
Mean Time between Failures [MTBF]	Thời gian trung bình giữa các hỏng hóc	heikin koshou jikan kankaku（平均故障時間間隔）
Mean Time between System Down [MTBSD]	Khoảng thời gian trung bình giữa các lần ngừng hệ thống	heikin shisutemu daun kankaku（平均システムダウン間隔）
Mean Time to Repair [MTTR]	Thời gian trung bình dẫn đến sửa chữa	heikin shu-uhuku jikan（平均修復時間）
Mean Transmission Rate	Tốc độ truyền trung bình	heikin touka ritsu（平均透過率）
Mean Up Time [MUT]	Thời gian trung bình nâng công suất	heikin dousa kanou jikan（平均動作可能時間）
Mean Value Gate [MVG]	Cổng giá trị trung bình	chu-ukanchi sentaku（中間値選択）
Mechanical Hydraulic Controller [MHC]	Bộ điều chỉnh cơ thủy lực	kikai yuatsu shiki seigyo souchi（機械油圧式制御装置）
Medium Head Safety Injection [MHSI]	Sự phun an toàn trung áp	chu-uatsu anzen chu-unyu-u（中圧安全注入）
Medium Lethal Dose	Liều trung bình gây chết người	gojuppaasento chishi senryou（50％致死線量）
Medium Level Radioactive Waste (Medium (Radio) Active Waste) [MLW(MAW)]	Chất thải phóng xạ hoạt độ trung bình	chu-u reberu houshasei haikibutsu（中レベル放射性廃棄物）
Membrane Stress	Ứng suất màng	maku ouryoku（膜応力）

English	Vietnamese	Japanese
Metal Clad Switchgear [M/C]	Bộ chuyển mạch phủ kim loại	metakura (metaru kuraddo suicchigia)（メタクラ〈メタルクラッドスイッチギア〉）
Metal Water Reaction [MWR]	Phản ứng của nước với kim loại	mizu kinzoku han-nou（水金属反応）
Middle of Cycle [MOC]	Điểm giữa chu trình (thay đảo nhiên liệu)	roshin unten saikuru chu-uki（炉心運転サイクル中期）
Migration Length [nuclear physics, neutron] [M]	Độ dài dịch chuyển (của nơtron)	idou kyori [kakubutsuri chu-useishi]（移動距離［核物理、中性子］）
Minimum Critical Heat Flux Ratio [Fuel] [MCHFR (MCHF)]	Tỷ số thông lượng nhiệt tới hạn tối thiểu	saishou genkai netsuryu-usoku hi [nenryou]（最小限界熱流束比［燃料］）
Minimum Critical Power Ratio [Fuel] [MCPR]	Tỷ số công suất tới hạn tối thiểu	saishou genkai shutsuryoku hi [nenryou]（最小限界出力比［燃料］）
Minimum Departure from Nucleate Boiling Ratio [PWR] [Fuel] [MDNBR]	Tỷ số cực tiểu rời khỏi chế độ sôi bọt	saishou genkai netsuryu-usoku hi [pii daburyu aaru] [nenryou]（最小限界熱流束比［PWR］［燃料］）
Minor Actinide [MA]	Actinit hiếm	mainaa akuchinido（マイナーアクチニド）
Miscellaneous Non-radioactive Drain Liquid	Nước thải không nhiễm xạ	hi houshasei doren（非放射性ドレン）
Missile Shield	Tấm chắn (các vật phóng ra)	misairu shahei（ミサイル遮蔽）
Mitigation System [MS]	Hệ thống giảm thiểu (hậu quả) tai nạn	ijou eikyou kanwakei（異常影響緩和系）
Mixed Bed Demineralizer	Thiết bị khử khoáng hòa trộn	(reikyaku zai) konshou shiki datsuen tou（〈冷却材〉混床式脱塩塔）
Mixed Oxide Fuel [MOX]	Nhiên liệu ôxit hỗn hợp giữa urani và plutoni	uran purutoniumu kongou sankabutsu nenryou（ウラン・プルトニウム混合酸化物燃料）
Moderator	Chất làm chậm	gensoku zai（減速材）
Moderator Temperature Coefficient	Hệ số nhiệt độ của chất làm chậm	gensokuzai ondo han-noudo keisu-u（減速材温度反応度係数）
Modular Integrated Video System [MIVS]	Hệ thống video tích hợp dạng môđun	hoshou sochi you kanshi kamera（保障措置用監視カメラ）

Module	Mô đun (cấu trúc theo từng khối tách rời)	mojuuru （モジュール）
Moisture Separator	Bộ tách ẩm	shitsubun bunriki （湿分分離器）
Moisture Separator & Reheater [MSR]	Bộ phân tách hơi và tái gia nhiệt	shitsubun bunri sainetsuki （湿分分離再熱器）
Moisture Separator and Heater [MSH]	Thiết bị phân tách hơi ẩm và cấp nhiệt	shitsubun bunri kanetsuki （湿分分離加熱器）
Molten Core Concrete Interaction [MCCI]	Tương tác bê tông với vùng hoạt bị nóng chảy	youyu-u roshin konkuriito sougo sayou （溶融炉心・コンクリート相互作用）
Molten Core Coolant Interaction [MCCI]	Tương tác chất tải nhiệt với vùng hoạt bị nóng chảy	youyu-u roshin reikyaku zai sougo sayou （溶融炉心・冷却材相互作用）
Molten Fuel Coolant Interaction [MFCI]	Tương tác chất tải nhiệt với nhiên liệu bị nóng chảy	youyu-u nenryou reikyakuzai sougosayou （溶融燃料冷却材相互作用）
Molten Salt Breeder Reactor [MSBR]	Lò tái sinh sử dụng muối nóng chảy	youyu-u en zoushoku ro （溶融塩増殖炉）
Molten Salt Reactor [MSR]	Lò dùng muối nóng chảy làm chất tải nhiệt	youyu-u en ro （溶融塩炉）
Momentary Voltage Loss [MVD]	Sự mất điện áp nhất thời	shuntei, shunkan den-atsu soushitsu （瞬停、瞬間電圧喪失）
Monitored Retrievable Storage	Lưu giữ được giám sát	kanshi tsuki kaishu-u kanou chozou （監視付回収可能貯蔵）
Monitoring Car	Xe quan trắc (phóng xạ), Ô tô quan trắc (phóng xạ)	houshanou kansokusha （放射能観測車）, monita kaa （モニタカー）
Monitoring Post [MP]	Trạm quan trắc	monitaringu posuto （モニタリング・ポスト）
Monitoring Station	Trạm quan trắc	monitaringu suteeshon （モニタリング・ステーション）
Motor Control Center [MCC]	Buồng điều khiển động cơ	moota kontorooru senta （モータコントロールセンタ）
Motor Drive [MD (M/D)]	Dẫn động bằng mô tơ	moota kudou （モータ駆動）
Motor Driven Auxiliary Feed Water Pump [MDAFP]	Bơm nước cấp phụ trợ truyền động bằng motor	dendou hojo kyu-usui ponpu （電動補助給水ポンプ）

187

Motor Driven Feed Water Pump [PWR] [MDFWP]

English	Tiếng Việt	日本語
Motor Driven Feed Water Pump [PWR] [MDFWP]	Bơm nước cấp truyền động bằng motor	dendou shu kyu-usui ponpu [pii daburyu aaru]（電動主給水ポンプ［PWR］）
Motor Driven Reactor Feed Water Pump [BWR] [MDRFP]	Bơm nước cấp dẫn động bằng motor	dendouki kudou kyu-usui ponpu [bii daburyu aaru]（電動機駆動給水ポンプ［BWR］）
Motor Generator Set [M-G Set]	Bộ máy phát động cơ	emu jii setto（MGセット）
Motor Operated Valve [MOV]	Van hoạt động bằng mô tơ	dendou ben（電動弁）
Motor, Fluid Coupler & Generator	Mô tơ, bộ kết nối bằng chất lỏng và máy phát	ryu-utai tsugite tsuki emu jii (dendou hatsudenki) setto（流体継手付 MG〈電動発電機〉セット）
Movable In-core Detector [MID]	Đầu dò loại dịch chuyển đặt trong vùng hoạt	idoushiki ronai keisou（移動式炉内計装）
Movable Miniature Detector	Đầu dò kiểu nhỏ loại dịch chuyển	kadou kogata chu-useishi kenshutsuki（可動小型中性子検出器）
Multi Sequence Failure [MSF]	Nhiều sai hỏng đồng thời	taju-u shiikensu koshou（多重シーケンス故障）
Multi Stud Tensioner [MST]	Bộ vặn đa bulông đồng bộ	maruchi sutaddo tenshona (sutaddo douji yurume souchi)（マルチスタッドテンショナ〈スタッド同時ゆるめ装置〉）
Multiplexing [MUX]	Đa kênh	taju-u densou（多重伝送）
Multiplication Factor	Hệ số nhân	zoubai ritsu（増倍率）
N		
N Stamp [nuclear standard, ASME]	Nhãn hiệu N (Tiêu chuẩn hạt nhân, ASME)	enu sutanpu [asume genshiryoku kikaku]（Nスタンプ［ASME原子力規格］）
N-th of A Kind [NOAK]	Tổ máy thứ N	N gou ki（N号基）
Name Plate	Bảng tên	meiban（銘板）
Natural Circulation	Đối lưu tự nhiên	shizen junkan（自然循環）
Natural Uranium	Urani tự nhiên	ten-nen uran（天然ウラン）
Net Positive Suction Head [NPSH]	Chiều cao hút dương thực sự của bơm	yu-ukou suikomi suitou（有効吸込水頭）
Neutron [n]	Nơtron	chu-useishi（中性子）

English	Vietnamese	Japanese
Neutron Absorber	Chất hấp thụ nơtron	chu-useishi kyu-ushu-uzai（中性子吸収材）
Neutron Doping	Pha tạp (vật liệu) bằng chùm nơtron	chu-useishi doopingu（中性子ドーピング）
Neutron Flux [nv]	Thông lượng nơtron	chu-useishi soku [fai]（中性子束［φ］）
Neutron Monitoring	Hệ thống giám sát nơtron	chu-useishi keisou kei（中性子計装系）
Neutron Radio graphy [NRG]	Phương pháp chụp ảnh nơtron	chu-useishi rajiogurafi（中性子ラジオグラフィ）
Neutron Source	Nguồn nơtron	chu-useishi gen（中性子源）
New Fuel Storage Pit [NFSP]	Hầm lưu giữ nhiên liệu mới	shin nenryou chozou pitto（新燃料貯蔵ピット）
New Fuel Storage Rack [NFSR]	Giá đỡ nhiên liệu mới	shin nenryou chozou rakku（新燃料貯蔵ラック）
Nil Ductility Transition [NDT]	Điểm chuyển tiếp sang tính dẻo	muensei sen-i（無延性遷移）
Nil Ductility Transition Temperature [NDTT]	Nhiệt độ chuyển tiếp sang tính dẻo	muensei sen-i ondo（無延性遷移温度）
Nitric Acid	Dung dịch axit nitric	shousan youeki（硝酸溶液）
Nitrogen Gas Seal Equipment	Thiết bị bịt kín bằng khí nitơ	chisso hu-unyu-u souchi（窒素封入装置）
Nitrogen Oxide [NOX]	Ôxit nitơ	chisso sankabutsu（窒素酸化物）
Noble Gas	Khí trơ	ki gasu（希ガス）
Non Fuel Bearing Components [NFBC]	Các thành phần phi nhiên liệu trong vùng hoạt	hi kakunenryou roshin kouseihin（非核燃料炉心構成品）
Non Generative Heat Exchanger	Bộ trao đổi nhiệt không tái sinh	hi saisei netsu koukanki（非再生熱交換器）
Non Reheat System	Hệ thống không tái gia nhiệt	hi sainetsu houshiki（非再熱方式）
Non Reheating Cycle [NRC]	Chu trình không tái gia nhiệt	hi sainen saikuru（非再燃サイクル）
Non-Destructive Assay [NDA]	Phân tích không phá hủy	hihakai bunseki（非破壊分析）
Non-Destructive Examination [NDE]	Kiểm tra không phá hủy	hihakai shiken（非破壊試験）
Non-Destructive Inspection [NDI]	Kiểm tra không phá hủy	hihakai kensa（非破壊検査）

English	Tiếng Việt	Japanese
Non-Destructive Test [NDT]	Kiểm tra không phá hủy	hihakai shiken（非破壊試験）
Non-fissionable Plutonium	Plutoni không phân hạch	hi kaku bunretsusei purutoniumu（非核分裂性プルトニウム）
Non-Proliferation Treaty of Nuclear Weapons [NPT]	Hiệp ước không phổ biến vũ khí hạt nhân	kaku kakusan boushi jouyaku, kaku hukakusan jouyaku（核拡散防止条約、核不拡散条約）
Non-segregated Phase Bus	Đường dẫn không tách pha	sou hi bunkatsu bosen（相非分割母線）
Nondestructive Account [NDA]	Kiểm kê không phá hủy	shiyouzumi nenryou hoshou sochi（使用済燃料保障措置）
Normal Bus	Đường truyền thông thường	jouyou bosen（常用母線）
Normal Close [NC]	Đóng bình thường	tsu-ujou untenji hei（通常運転時閉）
Normal Condition	Điều kiện bình thường	tsu-ujou joutai（通常状態）
Normal Load	Phụ tải thông thường	tsu-ujou kaju-u（通常荷重）
Normal Open [NO]	Mở bình thường	heijouji kai（平常時開）
Normal Operating Pressure	Áp suất vận hành bình thường	teikaku unten atsuryoku（定格運転圧力）
Normal Operating Temperature	Nhiệt độ làm việc bình thường	teikaku unten ondo（定格運転温度）
Normal Operation	Vận hành bình thường	tsu-ujou unten（通常運転）
Normal Water Level [NWL]	Mức nước bình thường	tsu-ujou sui-i（通常水位）
Not In My Back Yard [NIMBY]	"Không ở sân sau nhà tôi"	jibun no uraniwa niha okotowari [sono shisetsu ha hitsuyou daga]（自分の裏庭にはお断り［その施設は必要だが］）
Nozzle Safe End	Đầu mút miệng an toàn	nozuru seehu endo（ノズルセーフエンド）
Nuclear Fusion	Nhiệt hạch hạt nhân	kaku yu-ugou（核融合）
Nuclear Cross Section	Tiết diện (phản ứng) hạt nhân	kaku bunretsu danmenseki（核分裂断面積）
Nuclear Fission	Phản ứng phân hạch hạt nhân	kaku bunretsu han-nou（核分裂反応）
Nuclear Fuel Cycle	Chu trình nhiên liệu hạt nhân	genshi nenryou saikuru（原子燃料サイクル）, kaku nenryou saikuru（核燃料サイクル）

English	Vietnamese	Japanese
Nuclear Grade [Quality Control]	Cấp độ hạt nhân	genshiro kyu-u, genshiro gureedo [hinshitsu kanri]（原子炉級、原子炉グレード［品質管理］）
Nuclear Heating	Gia nhiệt hạt nhân	kaku kanetsu（核加熱）
Nuclear Instrumentation [NI]	Đo lường hạt nhân	kaku keisou（核計装）
Nuclear Material Accountancy [NMA]	Quản lý kiểm kê vật liệu hạt nhân	kaku busshitsu keiryou kanri（核物質計量管理）
Nuclear Material Control [NMC]	Kiểm soát vật liệu hạt nhân	kaku busshitsu kanri（核物質管理）
Nuclear Materials Safeguards [NMS]	Thanh sát vật liệu hạt nhân	kaku busshitsu hoshou sochi（核物質保障措置）
Nuclear Materials Transfer Date (Report) [NMTD(NMTR)]	Hạn (báo cáo) về vận chuyển vật liệu hạt nhân	kaku busshitsu idou kiroku (houkoku)（核物質移動記録〈報告〉）
Nuclear Non-Proliferation	Không phổ biến vũ khí hạt nhân	kaku hukakusan（核不拡散）
Nuclear Nonproliferation Act [USA] [NNPA]	Luật cấm phổ biến vũ khí hạt nhân [Hoa Kỳ]	kaku hukakusan hou [beikoku]（核不拡散法［米国］）
Nuclear Power Plant [NPP]	Nhà máy điện hạt nhân	genshiryoku hatsudensho（原子力発電所）
Nuclear Power Station [NPS]	Nhà máy điện hạt nhân	genshiryoku hatsudensho（原子力発電所）
Nuclear Safety Standards [IAEA] [NUSS]	Tiêu chuẩn an toàn hạt nhân	genshiro anzen kijun [ai ee ii ee]（原子炉安全基準［IAEA］）
Nuclear Source Material	Vật liệu (hạt nhân) nguồn	kaku genryou busshitsu（核原料物質）
Nuclear Steam Supply System [NSSS]	Hệ thống cung cấp hơi hạt nhân	genshiro jouki kyoukyu-u kei（原子炉蒸気供給系）
Nuclear Transmutation	Chuyển hóa hạt nhân	kaku henkan（核変換）
Nucleate Boiling [NB]	Sôi bọt	kaku huttou（核沸騰）
Nuclide	Đồng vị	kakushu（核種）

O

English	Vietnamese	Japanese
OF Cable (Oil Filled Cable)	Dây cáp điền dầu	oo efu keeburu（OFケーブル）
Occupational Radiation Exposure	Phơi nhiễm bức xạ nghề nghiệp	shokugyou hibaku（職業被ばく）

English	Tiếng Việt	Japanese
Off Gas Treatment System [OG]	Hệ thống xử lý khí thải	kitai haikibutsu shori kei（気体廃棄物処理系）
Off Site Power Source	Nguồn điện ngoài nhà máy	gaibu dengen（外部電源）
Off Site Radiation Monitor	Quan trắc phóng xạ ngoài nhà máy	shu-uhen monita（周辺モニタ）
Off-Gas Emission Rate	Tốc độ phát khí thải	kigasu houshutsu ritsu（希ガス放出率）
Oil Drain System	Hệ thống thu dầu thải	abura doren kei（油ドレン系）
On Site Power	Nguồn điện trong nhà máy	shonai dengen（所内電源）
One Element Control	Điều khiển một phần tử	tan youso seigyo（単要素制御）
One Line Wiring Diagram	Sơ đồ đường dây đơn tuyến	tan sen kessen zu（単線結線図）
One-man Operation	Vận hành 1 người	unten-in hitori ni yoru unten（運転員一人による運転）
Operating License [OL]	Giấy phép vận hành	unten ninka（運転認可）
Operating Limit Minimum Critical Power Ratio [OLMCPR]	Tỷ số công suất tới hạn cực tiểu giới hạn vận hành	unten genkai saishou genkai shutsuryoku hi（運転限界最小限界出力比）
Operation Guide [OG]	Hướng dẫn vận hành	sousa tejunsho（操作手順書）
Operational Safety Review Team [IAEA] [OSART]	Nhóm thẩm định an toàn vận hành [IAEA]	genshiryoku hatsudensho unten kanri chousadan [IAEA]（原子力発電所運転管理調査団[IAEA]）
Orifice	Bộ điều chỉnh lưu lượng (trên miệng ống)	orifisu（オリフィス）
Outage	Dừng vận hành	unten teishi（運転停止）
Outer Shield [OS]	Lá chắn phía ngoài	gaibu shahei（外部遮蔽）
Over Power	Vượt quá công suất	ka shutsuryoku（過出力）
Over Pressure Test	Thử nghiệm quá áp suất	ka-atsu tesuto（過圧テスト）
Over Speed Trip	Dừng do quá tốc độ	kasokudo torippu（過速度トリップ）
Over Turning Moment	Vượt quá mômen quay	tentou moomento（転倒モーメント）

Owner's Group [OG]	Tập đoàn chủ sở hữu	shoyu-u sha guruupu （所有者グループ）
Oxygen Injection System [OI]	Hệ thống phun ôxy	sanso chu-unyu-u kei （酸素注入系）

P

Paging System	Hệ thống phát thanh nội bộ	kan-nai housou souchi （館内放送装置）
Partition Factor	Hệ số phân chia	kieki bunpai keisu-u （気液分配係数）
Passive Containment Cooler	Thiết bị làm mát boong ke lò thụ động	seiteki kakunou youki reikyakuki （静的格納容器冷却器）
Passive Containment Cooling System [PCCS]	Hệ thống làm mát boongke lò thụ động	seiteki kakunou youki reikyaku kei （静的格納容器冷却系）
Passive Heat Removal System	Hệ thống tải nhiệt thụ động	seiteki netsu jokyo kei （静的熱除去系）
Passive Safety [⟨⇄⟩Active Safety]	An toàn thụ động (⟨⇄⟩an toàn chủ động)	judouteki anzen [⟨⇄⟩ noudouteki anzen] （受動的安全[⟨⇄⟩能動的安全]）
PCIOMR [Pre Conditioning Interim Operating Management Recommendation]	Phương thức vận hành nhiên liệu (công suất) theo từng mức	nenryoubou narashi unten houhou （燃料棒ならし運転方法）
Peak Cladding Temperature [ECCS] [PCT]	Nhiệt độ cực đại của vỏ bọc thanh nhiên liệu	nenryou hihukukan saikou ondo [ii shii shii esu kijun]（燃料被覆管最高温度［ECCS 基準］）
Peak Ground Acceleration [PGA]	Gia tốc nền cực đại (địa chấn)	saidai jiban kasokudo （最大地盤加速度）
Peaking Factor [PKF]	Hệ số đỉnh	piikingu fakuta （ピーキングファクタ）
Pebble Bed Reactor [PBR]	Lò tầng cuội	peburu beddo gata genshi ro （ペブルベッド型原子炉）
Pellet Clad Chemical Interaction [Fuel] [PCCI]	Tương tác hóa học giữa viên nhiên liệu và lớp vỏ bọc	peretto hihuku kan kagakuteki sougosayou [nenryou]（ペレット被覆管化学的相互作用［燃料］）
Pellet Clad Interaction [Fuel] [PCI]	Tương tác giữa viên nhiên liệu và lớp vỏ bọc	peretto hihuku kan sougosayou [nenryou]（ペレット被覆管相互作用［燃料］）
Penetrant Testing [PT]	Kiểm tra thẩm thấu (Phương pháp PT)	ekitai shintou tanshou kensa （液体浸透探傷検査）

English	Tiếng Việt	Japanese
Penetration	Sự thẩm thấu, xuyên qua	kakunou youki kantsu-u bu（格納容器貫通部）
Period	Chu kỳ của lò phản ứng	genshiro shu-uki（原子炉周期）
Periodical Safety Report [PSR]	Báo cáo định kỳ về an toàn	teiki anzen houkokusho（定期安全報告書）
Periodical Safety Review [PSR]	Thẩm định an toàn định kỳ	teiki anzen rebyu（定期安全レビュ）
Peripheral Fuel Orifice	Lỗ điều chỉnh lưu lượng qua nhiên liệu vùng ngoại vi	shu-uhen nenryou orifisu（周辺燃料オリフィス）
Peripheral Fuel Support	Giá đỡ nhiên liệu ngoại vi	shu-uhen nenryou shiji kanagu（周辺燃料支持金具）
Personnel Air Lock	Cửa thay đồ (nhân viên) trước khi ra/vào phòng sạch	shoin you earokku（所員用エアロック）
Physical Protection [PP]	Bảo vệ thực thể	butteki bougo, kaku busshitsu bougo（物的防護、核物質防護）
Physical Separation	Phân tách vật lý	bunri sekkei（分離設計）
Pinhole	Lỗ châm kim	pinhooru（ピンホール）
Pipe Whip Restraint Structure	Cấu trúc ngàm giữ đường ống	haikan muchiuchi boushi kouzou butsu（配管むち打ち防止構造物）
Piping & Instrumentation Diagram [P&ID]	Sơ đồ ống dẫn và thiết bị đo lường	haikan oyobi keisou senzu（配管及び計装線図）
Plant Life Extension	Kéo dài tuổi thọ nhà máy	puranto jumyou enchou（プラント寿命延長）
Plant Shutdown	Dừng hoạt động nhà máy	puranto teishi（プラント停止）
Plant Start Up	Khởi động nhà máy	puranto kidou（プラント起動）
Plot Plan	Sơ đồ bố trí mặt bằng nhà máy	kounai haichi zu（構内配置図）
Plutonium Uranium Reduction Extraction (Process) [PUREX]	Quá trình chiết tách plutoni và urani	purutoniumu uran kangen chu-ushutsu hou (pyuurekkusu hou)（プルトニウム・ウラン還元抽出法〈ピューレックス法〉）
Pocket Dosimeter	Liều kế bỏ túi	poketto senryou kei（ポケット線量計）

Poison (neutron absorber)	Chất độc (hấp thụ nơtron)	poizun (chu-useishi kyu-ushu-u busshitsu) （ポイズン〈中性子吸収物質〉）
Polar Crane [PC(P/C)]	Cầu trục	kakunou youki kureen (poora kureen)（格納容器クレーン〈ポーラ・クレーン〉）
Post Accident Monitoring [PAM]	Sự giám sát sau tai nạn	jiko go keisou （事故後計装）
Post Accident Sampling System [PASS]	Hệ thống lấy mẫu sau tai nạn	jiko go sanpuringu kei （事故後サンプリング系）
Post Irradiation Examination [PIE]	Kiểm tra sau khi chiếu xạ	shousha go shiken （照射後試験）
Post Weld Heat Treatment [PWHT]	Xử lý nhiệt sau hàn	yousetsu go netsu shori （溶接後熱処理）
Postulated Accident	Sự cố giả định	soutei jiko （想定事故）
Potential of Hydrogen [pH]	Độ pH của nước	suiso ion noudo （水素イオン濃度）
Power Center [P/C]	Trạm phân phối điện	pawaa senta, haiden ban （パワーセンタ、配電盤）
Power Cooling Mismatch Accident [PCMA]	Sự cố mất tương xứng của tải với công suất	shutsuryoku reikyaku hukinkou jiko （出力冷却不均衡事故）
Power Density	Mật độ công suất	shutsuryoku mitsudo （出力密度）
Power Excursion Accident [PEA]	Sự cố trệch công suất	shutsuryoku issou jiko （出力逸走事故）
Power Flow Map [PF Map]	Biểu đồ công suất - lưu lượng	genshiro shutsuryoku to roshin ryu-uryou no mappu （原子炉出力と炉心流量のマップ）
Power Load Unbalance [PLU]	Sự mất cân bằng phụ tải	shutsuryoku huka huheikou （出力負荷不平衡）
Power Operated Relief Valve [PORV]	Van xả của bình điều áp	ka-atsuki nigashi ben (ka-atsuki nogashi ben) （加圧器逃し弁）
Power Peaking Coefficient [PPC]	Hệ số đỉnh công suất	shutsuryoku piikingu keisu-u （出力ピーキング係数）
Power Range	Dải công suất	shutsuryoku ryouiki （出力領域）
Power Range Monitor [PRM]	Thiết bị giám sát dải công suất	shutsuryoku ryouiki monita （出力領域モニタ）
Power Reactivity Coefficient	Hệ số độ phản ứng theo công suất	shutsuryoku han-noudo keisu-u （出力反応度係数）
Power Station	Nhà máy điện	hatsudensho （発電所）

English	Tiếng Việt	Japanese
Power Suppression Test [detect fuel leak, by Control Rod]	Thí nghiệm thay đổi công suất	shutsuryoku yokusei shiken（出力抑制試験）
Power System Stabilizer [PSS]	Bộ ổn định hệ thống điện	denryoku keitou anteika souchi（電力系統安定化装置）
Power/Load [P/L]	Công suất/tải	shutsuryoku / huka（出力／負荷）
Pre-Service Inspection [PSI]	Thanh tra trước khi hoạt động	kyouyou mae kensa（供用前検査）
Pre-Stressed Concrete Containment Vessel [PCCV]	Boongke lò bằng bê tông dự ứng lực	pure sutoresuto konkuriito sei kakunou youki（プレストレストコンクリート製格納容器）
Preliminary Safety Analysis Report [PSAR]	Báo cáo phân tích an toàn sơ bộ	yobi anzen kaiseki houkokusho（予備安全解析報告書）
Pressure Boundary	Biên chịu áp lực	atsuryoku baundari（圧力バウンダリ）
Pressure Indicator [PI]	Thiết bị chỉ thị áp suất (đồng hồ áp suất)	atsuryoku shijikei（圧力指示計）
Pressure Precoat Filter	Phin lọc áp lực có mạ lót	ka-atsu purikooto firuta（加圧プリコートフィルタ）
Pressure Suppression Pool [SP]	Bể triệt áp	atsuryoku yokusei puuru（圧力抑制プール）
Pressure Switch [PS]	Công tắc áp suất	atsuryoku suicchi（圧力スイッチ）
Pressure Test	Thử nghiệm áp lực	ka-atsu tesuto（加圧テスト）, taiatsu shiken（耐圧試験）
Pressure Transmitter [PT]	Bộ truyền tín hiệu áp suất	atsuryoku henkanki（圧力変換器）
Pressurized Heavy Water Reactor [PHWR]	Lò áp lực nước nặng	ka-atsu ju-usui gata genshiro（加圧重水型原子炉）
Pressurized Water Reactor [PWR]	Lò áp lực (nước nhẹ)	ka-atsu sui gata genshiro（加圧水型原子炉）
Pressurizer [PR/PZR/Pz]	Bình điều áp	ka-atsuki（加圧器）
Pressurizer Pressure Control System	Hệ thống điều khiển áp suất của bình điều áp	ka-atsuki atsu seigyo souchi（加圧器圧制御装置）
Pressurizer Relief Tank	Bể xả của bình điều áp	ka-atsuki nigashi tanku (ka-atsuki nogashi tanku)（加圧器逃しタンク）
Pressurizer Safety Valve	Van an toàn của bình điều áp	ka-atsuki anzen ben（加圧器安全弁）

Pressurizer Spray Nozzle	Vòi phun trong bình điều áp	ka-atsuki supurei nozuru（加圧器スプレイノズル）
Pressurizer Spray Valve	Van phun (sương) trong bình điều áp	ka-atsuki supurei ben（加圧器スプレイ弁）
Pressurizer Water Level Control System	Hệ thống điều khiển mức nước trong bình điều áp	ka-atsuki sui-i seigyo souchi（加圧器水位制御装置）
Prestressed Concrete [PC]	Bê tông dự ứng lực	puresutoresuto konkuriito（プレストレスト・コンクリート）
Prevention System [PS]	Hệ thống phòng ngừa, ngăn chặn (tai nạn)	ijou hassei boushi kei（異常発生防止系）
Preventive Maintenance	Bảo dưỡng phòng ngừa	yobou hozen（予防保全）
Primary Component	Các thành phần sơ cấp	ichijikei kiki（一次系機器）
Primary Containment Vessel [PCV]	Boongke lò sơ cấp	genshiro kakunou youki（原子炉格納容器）
Primary Coolant Pump	Bơm tuần hoàn vòng sơ cấp	ichiji reikyakuzai ponpu（一次冷却材ポンプ）
Primary Cooling System	Hệ thống làm mát sơ cấp	ichiji kei reikyaku kei（一次系冷却系）
Primary Loop Recirculation [PLR] System	Hệ thống tái tuần hoàn chất làm mát vòng sơ cấp	genshiro reikyaku zai saijunkan kei（原子炉冷却材再循環系）
Primary Make Up Water [PMW]	Nước bù vòng sơ cấp	ichiji kei hokyu-u sui, ichiji kei junsui（一次系補給水、一次系純水）
Primary Shield	Lá chắn sơ cấp	ichiji shahei（一次遮蔽）
Primary System	Hệ thống sơ cấp	ichiji kei（一次系）
Primary Water Stress Corrosion Cracking [PWSCC]	Gãy nứt do ăn mòn ứng suất bởi nước sơ cấp	pii daburyu aaru kankyouka ni okeru ouryoku hushoku ware（PWR環境下における応力腐食割れ）
Probabilistic Fracture Mechanics	Xác suất hư hỏng (đứt gãy) cơ học	kakurisuronteki hakai rikigaku（確率論的破壊力学）
Probabilistic Risk Assessment [PRA]	Đánh giá xác suất rủi ro	kakuritsu ronteki risuku hyouka（確率論的リスク評価）
Probabilistic Safety Analysis [PSA]	Phân tích an toàn xác suất	kakuritsu ron teki anzen kaiseki（確率論的安全解析）
Probabilistic Safety Assessment [PSA]	Đánh giá an toàn xác suất	kakuritsu ron teki anzen hyouka（確率論的安全評価）

English	Tiếng Việt	Japanese
Probable Maximum Precipitation	Khả năng kết tủa tối đa	saidai kanou kousui ryou（最大可能降水量）
Process Computer	Máy tính xử lý tiến trình	purosesu keisanki / unten kanshi hojo souchi（プロセス計算機／運転監視補助装置）
Process Flow Diagram [PFD]	Sơ đồ quá trình	purosesu senzu（プロセス線図）
Process Inherent Ultimate Safety [PIUS]	Tính an toàn đặc trưng vốn có của quá trình	purosesu koyu-u chou anzen gata genshiro（プロセス固有超安全型原子炉）
Process Input Output [PI/O]	Giá trị đầu vào-đầu ra của quá trình	purosesu nyu-u shutsuryoku（プロセス入出力）
Process Monitor	Thiết bị giám sát quá trình	purosesu monita（プロセスモニタ）
Process Radiation Monitor [PrRM]	Quan trắc quá trình bức xạ	purosesu houshasen monita（プロセス放射線モニタ）
Prompt Criticality	Trạng thái tới hạn tức thời	sokuhatsu rinkai（即発臨界）
Prompt Neutrons	Nơtron tức thời	sokuhatsu chu-useishi（即発中性子）
Protection System	Hệ thống bảo vệ	hogo kei（保護系）
Public Acceptance [PA]	Sự chấp nhận của công chúng	koushu-u rikai（公衆理解）
Public Information Building	Tòa nhà thông tin đại chúng	pii aaru kan（PR 館）
Q		
Qualification Test	Kiểm tra phẩm chất	nintei shiken（認定試験）
Quality Assurance [QA]	Bảo đảm chất lượng	hinshitsu hoshou（品質保証）
Quality Control [QC]	Quản lý chất lượng	hinshitsu kanri（品質管理）
Quality Factor [radiation]	Hệ số chất lượng	senshitsu keisu-u [houshasen]（線質係数［放射線］）
Quencher	Sự dập tắt	kuencha (jouki gyoushukuki)（クエンチャ（蒸気凝縮器））
R		
Radial Peaking Factor [RPF]	Hệ số đỉnh theo bán kính	roshin kei houkou shutsuryoku piikingu keisu-u（炉心径方向出力ピーキング係数）

Radiation Control Area	Khu vực kiểm soát bức xạ	houshasen kanri kuiki（放射線管理区域）
Radiation Damage	Hư hại do bức xạ	houshasen sonshou（放射線損傷）
Radiation Exposure	Phơi nhiễm phóng xạ	houshasen hibaku（放射線被ばく）
Radiation Exposure Evaluation	Đánh giá phơi nhiễm bức xạ	hibaku hyouka（被ばく評価）
Radiation Monitoring	Sự giám sát bức xạ	houshasen kanshi（放射線監視）
Radiation Protection Guide [RPG]	Hướng dẫn bảo vệ bức xạ	houshasen bougo kijun（放射線防護基準）
Radiation Safety Officer	Nhân viên an toàn bức xạ	houshasen anzen kanri sha（放射線安全管理者）
Radiation Uncontrolled Area	Khu vực không kiểm soát bức xạ	hi kanri kuiki（非管理区域）
Radiation Work Permit [RWP]	Giấy phép làm công việc bức xạ	hoshasen sagyou kyoka (shou)（放射線作業許可〈証〉）
Radiation Work Procedure	Thủ tục quy định làm việc trong điều kiện bức xạ	houshasen sagyou tejun（放射線作業手順）
Radio-isotope [RI]	Đồng vị phóng xạ	houshasei douitai（放射性同位体）
Radioactive Drain [RD] System	Hệ thống thu chất lỏng phóng xạ	houshasei doren isou kei（放射性ドレン移送系）
Radioactive Gas Monitor	Thiết bị kiểm soát khí phóng xạ	houshasei gasu monita（放射性ガスモニタ）
Radioactive Iodine	Iốt phóng xạ	houshasei youso（放射性よう素）
Radioactive Noble Gas	Khí trơ phóng xạ	houshasei ki gasu（放射性希ガス）
Radioactive Ray	Tia phóng xạ	houshasen（放射線）
Radioactive Waste Disposal Building [RW/B]	Tòa nhà chứa chất thải phóng xạ	houshasei haikibutsu shori tateya（放射性廃棄物処理建屋）
Radioactivity	Phóng xạ	houshanou（放射能）
Radiographic Test [RT]	Kiểm tra chụp ảnh phóng xạ	houshasen touka shiken（放射線透過試験）
Radiological Consequence Evaluation [RCE]	Bản đánh giá hậu quả của bức xạ	houshasen eikyou hyouka（放射線影響評価）
Radiolysis	Phân ly do phóng xạ	houshasen bunkai（放射線分解）
Radwaste [R/W]	Chất thải phóng xạ	radouesuto (houshasei haikibutsu)（ラドウエスト〈放射性廃棄物〉）

Radwaste Building [RW/B]

English	Vietnamese	Japanese
Radwaste Building [RW/B]	Tòa nhà xử lý chất thải phóng xạ	haikibutsu shori tateya（廃棄物処理建屋）
Rare Gas Holdup Equipment	Trang thiết bị lưu giữ khí hiếm	ki gasu hoorudo appu souchi（希ガスホールドアップ装置）
Rated Power	Công suất danh định	teikaku shutsuryoku（定格出力）
Raw Water	Nước thô (chưa qua tinh lọc)	gensui（原水）
Raw Water Pressurizer	Bồn nước thô gia áp	gensui ka-atsu tanku（原水加圧タンク）
RBMK [Reaktory Bolshoi Moshchnosti Kanalynye [Chernobyl type]] [Russia] [RBMK]	Lò kênh công suất lớn của Nga	kokuen gensoku huttou keisui reikyaku atsuryoku kangata dai shutsuryoku ro [rokoku]（黒鉛減速沸騰軽水冷却圧力管型大出力炉〈chernobyl type〉［露国］）
RCV Penetration	Sự xuyên qua boongke lò	genshiro kakunou youki kantsu-u bu（原子炉格納容器貫通部）
Reactivity	Độ phản ứng	han-noudo（反応度）
Reactivity Coefficient	Hệ số độ phản ứng	han-noudo keisu-u（反応度係数）
Reactivity Control	Điều khiển độ phản ứng	han-noudo seigyo（反応度制御）
Reactivity Insertion Accident [RIA]	Sự cố đưa độ phản ứng dương vào lò, Sự cố đưa vào độ phản ứng	han-noudo inka jiko（反応度印加事故）, han-noudo tounyu jishou（反応度投入事象）
Reactor [Rx]	Lò phản ứng (Lò nguyên tử)	genshi ro（原子炉）
Reactor Building [RB (R/B)]	Tòa nhà lò phản ứng	genshiro tateya（原子炉建屋）
Reactor Building Closed Cooling Sea Water System [RCWS]	Hệ thống kiểu kín cấp nước biển cho nhà lò	genshiro kiki reikyaku sui kaisui kei（原子炉機器冷却水海水系）
Reactor Building Closed Cooling Water System [RCW]	Hệ thống nước tuần hoàn làm mát thiết bị bên trong nhà lò	genshiro hoki reikyaku sui kei（原子炉補機冷却水系）
Reactor Cavity Seal	Làm kín khoang chứa lò phản ứng	genshiro kyabithi shiiru（原子炉キャビティシール）
Reactor Control System [RCS]	Hệ thống điều khiển lò phản ứng	genshiro seigyo setsubi（原子炉制御設備）
Reactor Coolant	Chất làm mát/tải nhiệt lò phản ứng	genshiro reikyakuzai（原子炉冷却材）

Reactor Coolant Pressure Boundary [RCPB]	Biên áp lực của hệ thống chất tải nhiệt	genshiro reikyakuzai atsuryoku baundari（原子炉冷却材圧力バウンダリ）
Reactor Coolant Pump [RCP]	Bơm tuần hoàn lò	ichiji reikyakuzai ponpu（一次冷却材ポンプ）
Reactor Coolant System [RCS]	Hệ thống làm mát lò phản ứng	genshiro reikyaku kei（原子炉冷却系）
Reactor Core	Vùng hoạt lò phản ứng	roshin（炉心）
Reactor Core Isolation Cooling System [RCIC]	Hệ thống cô lập và làm mát vùng hoạt lò phản ứng	genshiro kakuriji reikyaku kei（原子炉隔離時冷却系）
Reactor Feedwater Pump [RFP]	Bơm nước cấp lò phản ứng	genshiro kyu-usui ponpu（原子炉給水ポンプ）
Reactor Internal Pump [RIP]	Bơm trong lò	genshiro naizou gata ponpu（原子炉内蔵型ポンプ）
Reactor Internals [RIN]	Các bộ phận trong lò	ronai kouzoubutsu（炉内構造物）
Reactor Manual Control System [RMCS]	Hệ thống điều khiển lò phản ứng bằng tay	genshiro shudou sousa kei（原子炉手動操作系）
Reactor Power Regulator [RPR]	Bộ điều chỉnh công suất của lò phản ứng	genshiro shutsuryoku chousei souchi（原子炉出力調整装置）
Reactor Pressure Vessel [RPV]	Thùng lò phản ứng	genshiro atsuryoku youki [bii daburyu aaru]（原子炉圧力容器［BWR］）
Reactor Protection System [RPS]	Hệ thống bảo vệ lò phản ứng	genshiro hogo kei（原子炉保護系）
Reactor Recirculation Flow Control System [RFC]	Hệ thống điều khiển lưu lượng tái tuần hoàn trong lò phản ứng	genshiro saijunkan ryu-uryou seigyo kei（原子炉再循環流量制御系）
Reactor Shield Plug	Tấm chắn đỉnh thùng lò	genshiro shahei puragu（原子炉遮蔽プラグ）
Reactor Shield Wall	Tường chắn bảo vệ lò phản ứng	genshiro shahei heki（原子炉遮蔽壁）
Reactor Shutdown Margin	Độ dự trữ dập lò phản ứng	ro teishi yoyu-u（炉停止余裕）
Reactor Vent	Lỗ thoát khí trên đỉnh thùng lò	genshiro atsuryoku youki bento（原子炉圧力容器ベント）
Reactor Vessel [RV]	Thùng lò phản ứng	genshiro youki [pii daburyu aaru]（原子炉容器［PWR］）
Reactor Vessel Bottom Head	Đáy thùng lò	genshiro youki shitakagami（原子炉容器下鏡）

Reactor Vessel Head [RVH]	Phần đỉnh thùng lò	genshiro youki huta（原子炉容器ふた）
Reactor Vessel Inlet Nozzle	Lối vào thùng lò	genshiro youki iriguchi nozuru（原子炉容器入口ノズル）
Reactor Vessel Outlet Nozzle	Lối ra thùng lò	genshiro youki deguchi nozuru（原子炉容器出口ノズル）
Reactor Vessel Top Head	Nắp trên thùng lò	genshiro youki uwabuta（原子炉容器上蓋）
Reactor Water Level	Mức nước trong lò phản ứng	genshiro sui-i（原子炉水位）
Reactor Year [RY]	Lò năm	ro nen（炉年）
Recirculation Pump Trip [RPT]	Ngắt/dừng bơm tái tuần hoàn	sai junkan ponpu torippu（再循環ポンプトリップ）
Recirculation Run Back	Sự giảm lưu lượng tái tuần hoàn	saijunkan ran bakku（再循環ランバック）
Recombiner	Bộ tái tổ hợp	sai ketsugou ki（再結合器）
Recovered Uranium [RU]	Urani thu hồi được	kaishu-u uran（回収ウラン）
Redundancy	Dự phòng	taju-u sei, jouchou sei（多重性、冗長性）
Reference Rod Pull Sequence	Trình tự rút thanh điều khiển tham chiếu	seigyobou hikinuki shiikensu（制御棒引抜シーケンス）
Reflector	Chất phản xạ	hansha zai（反射材）
Refueling Canal	Kênh dùng để thay đảo nhiên liệu	nenryou isou kyanaru（燃料移送キャナル）
Refueling Cycle	Chu trình thay đảo nhiên liệu	nenryou torikae saikuru（燃料取替えサイクル）
Refueling Water Cleanup System [RWCS]	Hệ thống làm sạch nước dùng để đảo nhiên liệu	nenryou torikae yousui jouka souchi（燃料取替用水浄化装置）
Refueling Water Storage Tank [RWST]	Bể chứa nước thay đảo nhiên liệu	nenryou torikae yousui tanku（燃料取替用水タンク）
Refueling Water System [RWS]	Hệ thống nước thay đảo nhiên liệu	nenryou torikae yousui kei（燃料取替用水系）
Regenerative Heat Exchanger	Bộ trao đổi nhiệt tái sinh	saisei netsu koukanki（再生熱交換器）
Regulations on Prevention From Radiation Injury; Radiation Hazard Control Regulations	Quy định phòng chống thương tích phóng xạ; quy định kiểm soát nguy hiểm phóng xạ	houshasen shougai yobou kitei（放射線障害予防規定）

English	Vietnamese	Japanese
Regulatory Guide [NRC, USA] [RG]	Hướng dẫn pháp quy [NRC, Hoa Kỳ]	kisei shishin [beikoku, NRC]（規制指針［米国・NRC］）
Reheating Cycle	Chu trình tái cấp nhiệt	sainetsu saikuru（再熱サイクル）
Reinforced Concrete Containment Vessel [RCCV]	Boongke lò bằng bê tông cốt thép dự ứng lực	tekkin konkuriito sei kakunou youki（鉄筋コンクリート製格納容器）
Relative Biological Effectiveness	Hiệu suất sinh học tương đối	seibutsu gaku teki kouka hiritsu（生物学的効果比率）
Relay [Ry]	Rơ le điện	keiden ki（継電器）
Relay Panel	Bảng rơ le	riree ban（リレー盤）
Relief Valve [RV]	Van xả	nigashi ben (nogashi ben)（逃し弁）
Remote Shutdown System [RSS]	Hệ thống dừng lò từ xa	enkaku teishi sousa kei（遠隔停止操作系）
Reprocessing	Tái xử lý	saishori（再処理）
Reprocessing Facility	Cơ sở tái chế	sai shori shisetsu（再処理施設）
Residual Heat Exchanger	Bộ trao đổi nhiệt dư	zanryunetsu jokyo netsu koukanki（残留熱除去熱交換器）
Residual Heat Removal [RHR]	Dẫn thoát nhiệt dư, Sự tải nhiệt dư	zanryu-unetsu jokyo（残留熱除去）, yonetsu jokyo kei（余熱除去系）
Residual Heat Removal Sea Water [RHRS]	Nước biển để dẫn thoát nhiệt dư	zanryu-unetsu jokyo kaisui（残留熱除去海水）
Resistance Temperature Detector [RTD]	Đầu dò nhiệt trở	teikou ondo kei / sokuon teikou tai（抵抗温度計・測温抵抗体）
Resonance Escape Probability [P]	Xác suất tránh bắt cộng hưởng	kyoumei wo nogareru kakuritsu（共鳴を逃れる確率）
Resonance Integral [RI]	Tích phân cộng hưởng	kyoumei sekibun（共鳴積分）
Restraint [R]	Cố định (đường ống)	resutoreinto (hen-i yokusei)（レストレイント〈変位抑制〉）
Restriction Flow Orifice	Miệng hạn chế lưu lượng	ryu-uryou seigen orifisu（流量制限オリフィス）
Retrievable Surface Storage Facility	Cơ sở lưu giữ bề mặt hoàn nguyên được	kaishu-u kanou chihyou chozou shisetsu（回収可能地表貯蔵施設）
Reverse Osmusis [RO]	Sự thẩm thấu ngược	gyaku shintou（逆浸透）
Rod Block Monitor [RBM]	Thiết bị giám sát các khối thanh dẫn	seigyobou hikinuki kanshi souchi（制御棒引抜監視装置）

Rod Cluster Control Assembly [RCCA]

Rod Cluster Control Assembly [RCCA]	Bó thanh điều khiển dạng chùm (Cluster)	kurasuta gata seigyobou （クラスタ型制御棒）
Rod Control and Information System [RC&IS]	Hệ thống thanh điều khiển và thông tin	seigyobou sousa kanshi kei （制御棒操作監視系）
Rod Ejection (or Eject) Accident [REA]	Sự cố bật thanh (điều khiển) ra khỏi lò	seigyobou isshutsu jiko （制御棒逸出事故）
Rod Position Indication (or, Information) System [RPIS]	Hệ thống chỉ thị (hay thông tin) về vị trí của thanh điều khiển	seigyobou ichi shiji souchi kei （制御棒位置指示装置系）
Rod Worth Minimizer [RWM]	(Hệ thống) cực tiểu hóa giá trị thanh (điều khiển)	roddo waasu minimaiza, seigyobou kachi minimaiza （ロッドワースミニマイザ、制御棒価値ミニマイザ）
Rotary Screen	Màn hình xoay	rootari sukuriin （ロータリスクリーン）
Roughing Filter	Bộ lọc thô	rahu firuta （ラフフィルタ）
Rupture Disc	Đĩa an toàn (bị vỡ khi quá tải)	rapuchaa dhisuku （ラプチャーディスク）
S		
Safe Shutdown Earthquake [SSE]	(Mức độ) động đất dừng lò an toàn	anzen teishi jishin （安全停止地震）
Safeguard [SG]	Thanh sát, bảo đảm	hoshou sochi （保障措置）
Safety Analysis Report [SAR]	Báo cáo phân tích an toàn	anzen kaiseki sho （安全解析書）
Safety Assessment	Đánh giá an toàn	anzen hyouka （安全評価）
Safety Control Rod Axe Man [SCRAM]	SCRAM (đưa toàn bộ các thanh điều khiển khẩn cấp để dập lò)	sukuramu (seigyobou kinkyu-u sounyu-u) （スクラム〈制御棒緊急挿入〉）
Safety Design	Thiết kế an toàn	anzen sekkei （安全設計）
Safety Device	Thiết bị an toàn	hoan souchi （保安装置）
Safety Evaluation Report [SER]	Báo cáo đánh giá an toàn	anzen hyouka houkokusho （安全評価報告書）
Safety Guide [SG]	Hướng dẫn an toàn	anzen shishin （安全指針）
Safety Limit Minimum Critical Power Ratio [Fuel] [SLMCPR]	Tỷ số công suất tới hạn cực tiểu giới hạn an toàn	anzen genkai saishou genkai shutsuryokuhi [nenryou] （安全限界最小限界出力比［燃料］）
Safety Parameter Display System [SPDS]	Hệ thống hiển thị các thông số an toàn	anzen kei parameeta hyouji shisutemu （安全系パラメータ表示システム）

English	Vietnamese	Japanese
Safety Protection System [SPS]	Hệ thống bảo vệ an toàn	anzen hogo kei（安全保護系）
Safety Regulation	Quy chế/quy định an toàn	anzen kisei（安全規制）
Safety Relief Valve [SRV(SR/V)]	Van xả an toàn	nigashi anzen ben (nobashi anzen ben)（逃し安全弁）
Sampling [SAM]	Lấy mẫu	sanpuringu, shiryou saishu（サンプリング、試料採取）
Sampling Rack	Máng lấy mẫu	shiryou saishu rakku（試料採取ラック）
Sand Plug	Chốt cắm trong cát (thăm dò lòng đất)	sando puragu（サンドプラグ）
Schedule Management	Quản lý tiến độ	koutei kanri（工程管理）
Scram Discharge Volume [SDV]	Thể tích xả ra khi dập lò	sukuramu haishutsu youki（スクラム排出容器）
Scram Reactivity Curve	Đường cong độ phản ứng dập lò	sukuramu kyokusen（スクラム曲線）
Sea Water System [SWS]	Hệ thống cấp nước biển	kaisui kei（海水系）
Secondary Coolant System	Hệ thống làm mát thứ cấp	niji reikyaku kei（二次冷却系）
Secondary Cooling Water	Nước làm mát vòng thứ cấp	nijikei reikyaku sui（二次系冷却水）
Secondary Shield	Lá chắn thứ cấp	niji shahei（二次遮蔽）
Secondary System	Hệ thống thứ cấp	niji kei（二次系）
Seismic Assessment	Đánh giá tính kháng chấn	taishinsei hyouka（耐震性評価）
Seismic Classification	Phân loại chống động đất	taishin ju-uyou do bunrui（耐震重要度分類）
Seismic Design	Thiết kế kháng chấn	taishin sekkei（耐震設計）
Selected Control Rod Run In [SCRRI]	Đưa thêm thanh điều khiển đã chọn vào lò	sentaku seigyobou dendou sounyu-u（選択制御棒電動挿入）
Selected Rod Insertion [SRI]	Đưa thanh điều khiển đã chọn vào	sentaku seigyobou sounyu-u（選択制御棒挿入）
Self Controllability	Khả năng tự điều chỉnh	jiko seigyosei（自己制御性）
Self Regulation	Tính tự điều khiển	jiko seigyosei（自己制御性）
Self-Shielding	Tự che chắn	jiko shahei（自己遮蔽）
Sequence Controller	Bộ điều khiển tuần tự	shiikensu kontoroora（シーケンス・コントローラ）

Service Building [S/B]

English	Tiếng Việt	Japanese
Service Building [S/B]	Tòa nhà dịch vụ	saabisu tateya（サービス建屋）
Severe Accident [SA]	Tai nạn nghiêm trọng	kakoku jiko, shibia akushidento（苛酷事故、シビアアクシデント）
Severe Accident Management [SAM]	Quản lý sự cố nặng/tai nạn nghiêm trọng	kakoku jiko manejimento（苛酷事故マネジメント）
Shear Lug	Giá đỡ trục	shiaa ragu（シアーラグ）
Shear Wave Velocity [Vs]	Vận tốc sóng trượt	sendan ha sokudo（せん断波速度）
Shield Wall	Tường bảo vệ	shahei heki（遮蔽壁）
Shift Supervisor	Trưởng ca	touchoku chou（当直長）
Shim Rod	Thanh bù trừ	shimu roddo（シムロッド）
Shroud [core]	Vách bao	shuraudo [roshin]（シュラウド［炉心］）
Shroud Head	Nắp vách bao	shuraudo heddo（シュラウドヘッド）
Shroud Support Ring	Vòng đỡ vách bao	shuraudo sapooto ringu（シュラウドサポートリング）
Shutdown	Dừng lò	genshiro teishi（原子炉停止）
Shutdown Cooling Mode	Chế độ tải nhiệt khi dập lò	teishiji reikyaku moodo（停止時冷却モード）
Side-Stream Condensate System [SSCS]	Hệ thống ngưng tụ luồng hai bên	saido sutoriimu hukusui kei（サイドストリーム復水系）
Simplified (Small, Safe) Boiling Water Reactor [SBWR]	Lò nước sôi đơn giản hóa (nhỏ, an toàn)	tanjunka (kogata, anzen) huttou sui gata ro（単純化〈小型、安全〉沸騰水型原子炉）
Single Failure	Sai hỏng đơn	tan-itsu koshou（単一故障）
Sipping Test [fuel leak]	Kiểm tra rò rỉ từng bó nhiên liệu	shippingu kensa (nenryou kensa)（シッピング検査〈燃料検査〉）
Site Selection	Lựa chọn vị trí, địa điểm	saito sentei（サイト選定）
Site Bunker Facility	Hầm chứa, bãi chứa tại địa điểm nhà máy	saito banka setsubi（サイトバンカ設備）
Siting Evaluation Accident [SEA]	Sự cố được giả định để đánh giá an toàn cho cộng đồng xung quanh nhà máy	ricchi hyouka jiko（立地評価事故）
Skimmer Surge Tank	Thùng chứa nước tràn (tuần hoàn làm mát bể nước thay đảo nhiên liệu)	sukima saaji tanku（スキマサージタンク）

Spent Fuel Pit Cooling & Cleanup System [SFPCS]

Small Break Loss of Coolant Accident [SBLOCA]	Sự cố mất chất tải nhiệt vỡ nhỏ/sự cố LOCA vỡ nhỏ	shouhadan reikyakuzai soushitsu jiko, shouhadan roka（小破断冷却材喪失事故、小破断 LOCA）
Smear Test	Kiểm tra vết bẩn	sumiya tesuto（スミヤテスト）
Smoke Fire Dumper	Thiết bị báo và chống cháy	kemuri kanchiki rendou bouka danpa setsubi（煙感知器連動防火ダンパ設備）
Sodium Graphite Reactor [SGR]	Lò dùng natri làm chất tải nhiệt và graphit làm chậm	natoriumu kokuen ro（ナトリウム黒鉛炉）
Sodium Pentaborate	Pentanborat-natri	go housan natoriumu（五ほう酸ナトリウム）
Sodium Water Reaction	Phản ứng giữa natri và nước	natoriumu mizu han-nou（ナトリウム水反応）
Sodium-Cooled Fast Reactor [SFR]	Lò nhanh sử dùng Natri để làm chất tải nhiệt	natoriumu reikyaku kousoku ro（ナトリウム冷却高速炉）
Soil Structure Interaction [seismic] [SSI]	Tương tác giữa kết cấu xây dựng và nền đất	jiban-tateya sougosayou [taishin]（地盤ｰ建屋相互作用［耐震］）
Solid Waste Storage	Kho lưu giữ chất thải rắn	haikibutsu ko（廃棄物庫）
Solution Heat Treatment [SHT]	Xử lý hóa lỏng bằng nhiệt (cho chất thải rắn)	koyou taika shori（固溶体化処理）
Source Range Monitor [SRM]	Thiết bị giám sát dải nguồn	chu-useishigen ryouiki monita（中性子源領域モニタ）
Source Term	Số hạng nguồn	sengen kyoudo（線源強度）
Sparger	Vòi phun	supaaja（スパージャ）
Specific Power	Công suất riêng	hishutsuryoku（比出力）
Spectral Shift Rod [Fuel] [SSR]	Thanh dịch chuyển phổ	supekutoru shihuto roddo [nenryou]（スペクトル・シフト・ロッド［燃料］）
Spent Fuel [SF]	Nhiên liệu đã qua sử dụng	shiyouzumi nenryou（使用済燃料）
Spent Fuel Cask [SFC]	Thùng vận chuyển nhiên liệu đã qua sử dụng	shiyouzumi nenryou yusou youki（使用済燃料輸送容器）
Spent Fuel Pit Cooling & Cleanup System [SFPCS]	Hệ thống làm sạch và làm mát bể nhiên liệu đã qua sử dụng	shiyouzumi nenryou pitto jouka reikyaku keitou（使用済燃料ピット浄化冷却系統）

207

Spent Fuel Pit, Pool [SFP]	Bể chứa nhiên liệu đã qua sử dụng	shiyouzumi nenryou pitto, puuru（使用済燃料ピット、プール）
Spent Fuel Pool [SFP]	Bể chứa nhiên liệu đã qua sử dụng	shiyouzumi nenryou puuru（使用済燃料プール）
Spent Fuel Storage Away From Reactor [Spent fuel]	Kho lưu giữ nhiên liệu đã qua sử dụng cách xa lò phản ứng	genshiro shikichi gai chozou [shiyouzumi nenryou]（原子炉敷地外貯蔵［使用済燃料］）
Spent Fuel Storage Facility	Cơ sở lưu giữ nhiên liệu đã qua sử dụng	shiyouzumi nenryou ukeire chozou shisetsu（使用済燃料受入貯蔵施設）
Spent Fuel Storage Rack	Giá để nhiên liệu đã qua sử dụng	shiyouzumi nenryou rakku（使用済燃料ラック）
Spherical Steel Containment Vessel [SSCV]	Boongke lò hình cầu bằng thép	kousei kyu-u gata kakunou youki（鋼製球型格納容器）
Spontaneous Fission	Phân hạch tự phát	jihatsu kaku bunretsu（自発核分裂）
Spray Header	Đầu ống/vòi phun	supuree hedda（スプレーヘッダ）
Spray Nozzle	Vòi phun sương	supurei nozuru（スプレイノズル）
Stand Pipe	Ống đứng	sutando paipu（スタンドパイプ）
Stand-by Gas Treatment System [SGTS]	Hệ thống xử lý khí dự phòng (trong trường hợp bất thường)	hijouyou gasu shorikei（非常用ガス処理系）
Stand-by Liquid Control [SLC]	Hệ thống kiểm soát chất lỏng dự phòng	housansui chu-unyu-u（ほう酸水注入）
Standard Reference Material	Tài liệu tham khảo chuẩn	hyoujun shiryou（標準試料）
Standard Review Plan [SRP]	Kế hoạch thẩm định tiêu chuẩn	hyoujun shinsa keikaku（標準審査計画）
Standard Safety Analysis Report [SSAR]	Báo cáo phân tích an toàn tiêu chuẩn	hyoujun anzen kaiseki sho（標準安全解析書）
Standard Technical Specifications [STS]	Các thông số kỹ thuật tiêu chuẩn	hyoujun gijutsu shiyousho（標準技術仕様書）
Start-up Test	Kiểm tra quá trình khởi động lò	kidou shiken（起動試験）
Start-Up Transformer [STr]	Máy biến áp khởi động	kidou hen-atsuki（起動変圧器）
Station Air [SA]	Không khí lưu thông trong nhà máy	shonai you ku-uki（所内用空気）

Stress Corrosion Cracking [SCC]

Station Blackout [SBO]	Mất điện toàn bộ nhà máy	zen kouryu-u dengen soushitsu（全交流電源喪失）
Steam Condensing Mode	Chế độ ngưng tụ hơi nước	jouki gyoushuku moodo（蒸気凝縮モード）
Steam Converter [SC]	Bộ biến đổi hơi	suchiimu konbaata（スチームコンバータ）
Steam Cooled Heavy Water Reactor [SCHWR]	Lò nước nặng làm mát bằng hơi	jouki reikyaku ju-usui gensoku gata ro（蒸気冷却重水減速型炉）
Steam Dryer	Thiết bị/bộ phận sấy hơi, Bộ sấy hơi	suchiimu doraiya（スチームドライヤ）, jouki kansouki（蒸気乾燥器）
Steam Flow Restrictor	Thiết bị hạn chế lưu lượng hơi	shujouki ryu-uryou seigenki（主蒸気流量制限器）
Steam Generator [SG]	Bình sinh hơi	jouki hasseiki（蒸気発生器）
Steam Generator Tube Rupture [SGTR]	Vỡ ống truyền nhiệt của bình sinh hơi	jouki hasseiki netsukan hason (jiko)（蒸気発生器伝熱管破損〈事故〉）
Steam Jet Ejector [SJAE]	Máy hút chân không kiểu hơi nước	joukishiki ku-uki chu-ushutsuki（蒸気式空気抽出器）
Steam Line Break [SLB]	Vỡ đường (ống) hơi	jouki haikan hadan（蒸気配管破断）
Steam Rising Unit [Magnox Reactor]	Bộ phận dâng hơi	jouki hasseiki [magunokkusu ro]（蒸気発生器［マグノックス炉］）
Steam Separator	Bộ tách hơi	kisui bunriki（気水分離器）
Steam Water Separator	Bộ tách hơi	kisui bunriki（気水分離器）
Steel Concrete [SC]	Bê tông cốt thép	kouhan konkuriito（鋼板コンクリート）
Steel Contaiment	Boongke lò bằng thép	kousei kakunou youki（鋼製格納容器）
Steel Containment Vessel [SCV]	Boongke lò bằng thép	kousei genshiro kakunou youki（鋼製原子炉格納容器）
Storm Drain [SD]	Đường dẫn nước/thoát nước mưa	sutoomu doren kei（ストームドレン系）
Strain Induced Corrosion Cracking [SICC]	Rạn nứt ăn mòn do căng kéo	hizumi kasokugata ouryoku hushoku ware（歪加速型応力腐食割れ）
Stress Corrosion Cracking [SCC]	Nứt gãy do ăn mòn ứng suất	ouryoku hushoku ware（応力腐食割れ）

209

English	Tiếng Việt	Japanese
Stress Number of Cycles to Failure [S-N]	Đường cong S-N (Đường cong mỏi của kim loại)	esu enu kyokusen (hirou kyokusen)（S-N 曲線〈疲労曲線〉）
Structure, System and Component [SSC]	Cấu trúc, hệ thống và thành phần	kouzoubutsu, keitou, konpoonento（構造物、系統、コンポーネント）
Stud Tensioner [RPV/RV]	Bộ xiết bulông (thùng lò)	atsuryoku youki sutaddo boruto natto chakudatsu souchi（圧力容器スタッドボルトナット着脱装置）
Sub Critical	Trạng thái dưới tới hạn	rinkai miman（臨界未満）
Subcool Boiling	Sôi dưới bão hòa	sabukuuru iki deno huttou（サブクール域での沸騰）
Suppression Chamber [S/C]	Buồng khử/triệt áp	sapuresshon chanba（サプレッションチャンバ）
Suppression Pool	Bể khử/triệt áp	(atsuryoku) yokusei puuru（〈圧力〉抑制プール）
Suppression Pool Clean Up System	Hệ thống làm sạch bể triệt áp	sapuresshon puuru jouka kei（サプレッションプール浄化系）
Surface Radiation Level	Mức phóng xạ bề mặt	hyoumen housha senryou ritsu（表面放射線量率）
Surveillance Program	Chương trình giám sát	kanshi keikaku（監視計画）
Surveillance Test	Kiểm tra (mẫu) giám sát/đối chứng	saabeiransu (sadou kakunin) shiken（サーベイランス〈作動確認〉試験）
Surveillance Test Specimen	Vật mẫu giám sát/đối chứng	kanshi you shiken hen（監視用試験片）
Suspended Solid [SS]	Chất rắn huyền phù	kendaku kokeibutsu（懸濁固形物）
Swelling	Sự phồng rộp	sueringu（スエリング）
Switch Yard [S/Y]	Trạm điện/Trạm biến áp	kaihei jo（開閉所）
System Design Specification [SS]	Thông số thiết kế của hệ thống	keitou sekkei shiyou（系統設計仕様）
T		
Tank Vent Treatment System [radioactive gas]	Hệ thông xử lý khí phóng xạ từ bồn chứa	tanku bento shori kei（タンクベント処理系）
Technical Specification	Các thông số kỹ thuật	hoan kitei（保安規定）
Tendon Gallery	Hành lang để cố định các cáp giằng ngược chữ U (tendon) Boong-ke lò.	tendon gyarari（テンドンギャラリ）

English	Vietnamese	Japanese
The Act on Compensation for Nuclear Damage [Japan]	Luật về bồi thường do các hư hại hạt nhân [Nhật Bản]	genshiryoku songai baishou hou [nippon]（原子力損害賠償法［日本］）
The act on special measures concerning nuclear emergency preparedness [Japan]	Luật về các biện pháp đặc biệt liên quan đến ứng phó khẩn cấp sự cố hạt nhân [Nhật Bản]	genshiryoku saigai taisaku tokubetsu sochi hou [nippon]（原子力災害対策特別措置法［日本］）
The act on the regulation of nuclear source material, nuclear fuel material and reactors [Japan]	Luật về pháp quy đối với nguyên, nhiên vật liệu hạt nhân và lò phản ứng [Nhật Bản]	kaku genryou busshitsu, kaku nenryou busshitsu oyobi genshiro no kisoku ni kansuru houritsu [nippon]（核原料物質、核燃料物質及び原子炉の規制に関する法律［日本］）
the Additional Protocol [IAEA] [NPTAP]	Nghị định thư bổ sung của IAEA	ai ee ii ee tsuika gitei sho （IAEA 追加議定書）
The atomic energy basic act [Japan]	Luật cơ bản về năng lượng nguyên tử [Nhật Bản]	genshiryoku kihon hou [nippon]（原子力基本法［日本］）
The Paris Convention	Công ước Pari	pari jouyaku（パリ条約）
Thermal Insulation	Vật liệu cách nhiệt	dan-netsu zai（断熱材）
Thermal Neutron	Nơtron nhiệt	netsu chu-useishi（熱中性子）
Thermal Neutron Utilization Factor[f]	Hệ số sử dụng nơtron nhiệt	netsu chu-useishi riyou ritsu（熱中性子利用率）
Thermal Power Monitor [TPM]	Thiết bị giám sát công suất nhiệt	netsu shutsuryoku monita（熱出力モニタ）
Thermal Shield	Lá chắn nhiệt	netsu shahei（熱遮蔽）
Thermal Shock	Sốc nhiệt	netsu shougeki（熱衝撃）
Thermal Sleeve	Ống bọc ngoài cách nhiệt	netsu ouryoku boushi suriibu（熱応力防止スリーブ）
Thermo-Luminescence Dosimeter [TLD]	Liều kế nhiệt-phát quang	netsu keikou senryou kei（熱蛍光線量計）
Three Elements Control	Điều khiển ba phần tử	san youso seigyo（3要素制御）
Thyroid Gland	Tuyến giáp	koujou sen（甲状腺）
Time to Failure [TTF]	Thời gian từ khi dùng đến khi hỏng	koshou jumyou, koshou jikan（故障寿命、故障時間）
TOKAMAK Type Nuclear Fusion System	Thiết bị tổng hợp hạt nhân kiểu Tokamak siêu dẫn từ trường cao	tokamaku gata kaku yu-ugou souchi（トカマク型核融合装置）

English	Tiếng Việt	Japanese
Tool Box Meeting [TBM]	Hội ý kỹ thuật	tsuuru bokkusu miithingu (sagyou mae genba shou kaigi)（ツールボックスミーティング〈作業前現場小会議〉）
Top Guide	Phần (ống) dẫn phía trên vùng hoạt	joubu koushi ban（上部格子板）
Top Head	Đầu/nắp trên	genshiro atsuryoku youki uwabuta（原子炉圧力容器上蓋）
Top Nozzle [Fuel]	Lối dẫn phía trên (nhiên liệu)	joubu nozuru [nenryou]（上部ノズル［燃料］）
Top of Active Fuel [TAF]	Đỉnh của phần nhiên liệu (trong thanh nhiên liệu)	nenryou yu-ukou chou joutan（燃料有効長上端）
Total Dynamic Head	Tổng cột áp động	zen you tei（全揚程）
Total Quality Control [TQC]	Kiểm soát chất lượng tổng quát	sougou teki hinshitsu kanri（総合的品質管理）
Training, Research, Isotope Production, General Atomic [USA] [TRIGA]	Lò TRIGA (Đào tạo, nghiên cứu, sản xuất các đồng vị phóng xạ, nghiên cứu cơ bản về hạt nhân) [Hoa Kỳ]	toriga gata genshi ro [beikoku]（トリガ型原子炉［米国］）
Trans granular Stress Corrosion Cracking [TGSCC]	Nứt gãy do ăn mòn ứng suất chuyển dịch hạt	ryu-unai (kanryu-ugata) ouryoku hushoku ware（粒内〈貫粒型〉応力腐食割れ）
Trans Uranium [TRU]	Nguyên tố siêu urani	chou uran genso（超ウラン元素）
Transient	Quá trình quá độ, Chuyển tiếp/quá độ	kato henka（過渡変化）, kato jishou（過渡事象）
Transient Analysis	Phân tích quá độ	kato kaiseki（過渡解析）
Traversing In-Core Probe [TIP]	Đầu dò di động trong vùng hoạt	idoushiki ronai keisou（移動式炉内計装）
Trip	Dừng/ngắt (thiết bị)	teishi（停止）
Tritium [T]	Nguyên tử Triniti (đồng vị của Hidro)	sanju-u suiso（三重水素）
Tube Sheet, Tube Plate	Lưới, tấm giữ ống	kanban (chuubu shiito)（管板〈チューブシート〉）
Tube Support Plate	Tấm đỡ ống	kan shiji ban（管支持板）
Turbine Auxiliary Steam [AS]	Hệ thống hơi phụ trợ tuốc bin	taabin hojo jouki（タービン補助蒸気）
Turbine Building [TB]	Tòa nhà tuốc bin	taabin tateya（タービン建屋）

Turbine Building Cooling Sea Water system [TCWS]	Hệ thống nước biển làm mát trong tòa nhà tuốc bin	taabin hoki reikyaku (kai) sui kei （タービン補機冷却〈海〉水系）
Turbine Building Cooling Water System [TCW]	Hệ thống nước làm mát trong tòa nhà tuốc bin	taabin hoki reikyaku kei （タービン補機冷却系）
Turbine Driven Auxiliary Feed Water Pump [TDAFP]	Bơm nước cấp phụ trợ dẫn động bằng tuốc bin	taabin kudou hojo kyu-usui ponpu （タービン駆動補助給水ポンプ）
Turbine Driven Main Feed Water Pump [TDMFWP]	Bơm nước cấp chính dẫn động bằng tuốc bin	taabin kudou shu kyu-usui ponpu （タービン駆動主給水ポンプ）
Turbine Driven Reactor Feed Water Pump [TDRFP]	Bơm nước cấp dẫn động bằng tuốc bin	taabin kudou genshiro kyu-usui ponpu （タービン駆動原子炉給水ポンプ）
Turbine Emergency Bearing Oil Pump [EOP]	Máy bơm dầu khẩn cấp cho ổ trục tuốc bin	shu taabin hijou abura ponpu （主タービン非常油ポンプ）
Turbine Gland Steam	Hơi đệm tuốc bin	taabin gurando jouki （タービングランド蒸気）
Turbine Missile	Vật văng ra từ tuốc bin	taabin misairu （タービンミサイル）
Turbine Sea Water [TSW]	Nước biển làm mát thiết bị phụ trợ tuốc bin	taabin hoki reikyaku kaisui （タービン補機冷却海水）
Turbine Supervisory Instrumentation	Thiết bị giám sát hoạt động của tuốc bin	taabin kanshi keiki （タービン監視計器）
Turning Gear	Chuyển cần số/bánh răng	taaningu souchi （ターニング装置）
U		
Ultimate Heat Sink [UHS]	Môi trường tản nhiệt cuối cùng	saishu-u reikyaku gen （最終冷却源）
Ultra High Voltage [UHV]	Điện áp siêu cao thế	chou kouatsu （超高圧）
Ultrasonic Flowmeter	Lưu lượng kế siêu âm	chouonpa ryu-uryou kei （超音波流量計）
Ultrasonic Test [UT]	Kiểm tra siêu âm	chouonpa shiken （超音波試験）
Under Clad Cracking [UCC]	Sự nứt vỡ dưới lớp vỏ bọc	yousetsu kuraddo ware （溶接クラッド割れ）
Underwater Television System	Hệ thống truyền hình dưới nước	suichu-u terebi souchi （水中テレビ装置）

English	Tiếng Việt	Japanese
Unresolved Safety Issue [USI]	Vấn đề an toàn chưa được giải quyết	mikaiketsu anzen mondai（未解決安全問題）
Upper Core Internals	Các thành phần bên trong phía trên vùng hoạt	joubu roshin kouzoubutsu（上部炉心構造物）
Upper Core Plate	Tấm đỡ trên của vùng hoạt	joubu roshin ban（上部炉心板）
Upper Dry-well	Phần trên của giếng khô	joubu doraiweru（上部ドライウェル）
Upper Grid	Lưới trên	joubu koushi ban（上部格子板）
Upper Guide Tube	Ống dẫn phía trên	joubu an-nai kan（上部案内管）
Upper Tie Plate [Fuel] [UTP]	Tấm đỡ phía trên (nhiên liệu)	nenryou joubu ketsugou ban, joubu taipureeto [nenryou]（燃料上部結合板、上部タイプレート［燃料］）
Uranium Fuel	Nhiên liệu urani	uran nenryou（ウラン燃料）
Uranium Ore Concentrate	Cô đặc quặng urani	uran seikou（ウラン精鉱）

V

English	Tiếng Việt	Japanese
Variable Voltage Variable Frequency [VVVF]	Thiết bị biến tần	kahen shu-uhasu-u dengen souchi（可変周波数電源装置）
Vent Stack	Ống thải khí	haiki tou（排気筒）
Vienna Convention	Công ước Viên	wiin jouyaku（ウィーン条約）
Visual Test [VT]	Kiểm tra trực quan	mokushi kensa, gaikan kensa（目視検査、外観検査）
Vitrified High Level (Radioactive) Waste [VHLW]	Chất thải phóng xạ hoạt độ cao được thủy tinh hóa	kou reberu garasu koka houshasei haikibutsu（高レベル・ガラス固化放射性廃棄物）
Void Effect	Hiệu ứng rỗng (ở lò nước sôi)	boido (joukihou) kouka（ボイド〈蒸気泡〉効果）
Volume Control Tank [VCT]	Bể kiểm soát thể tích	taiseki seigyo tanku（体積制御タンク）

W

English	Tiếng Việt	Japanese
Waste Disposal Building [WDB]	Tòa nhà xử lý chất thải	haikibutsu shori tateya（廃棄物処理建屋）
Waste Evaporator Package	Gói thiết bị làm bay hơi chất thải	haieki jouhatsu souchi（廃液蒸発装置）
Water Chemistry	Hóa nước	mizu kagaku（水化学）

Water Inventory	Tổng/trữ lượng nước	mizu inbentori（水インベントリ）
Water Rod [Fuel] [WR]	Thanh chứa nước	woota roddo [nenryou]（ウォータロッド［燃料］）
Welding Buttering [CRC]	Hàn đệm	nikumori yousetsu [shii aaru shii]（肉盛溶接［CRC］）
Welding Inspection	Kiểm tra hàn	yousetsu kensa（溶接検査）
Welding Procedure Specification [WPS]	Quy trình kỹ thuật hàn	yousetsu sekou shiyou（溶接施工仕様）
Wet Well [W/W]	Giếng ướt	wetto weru（ウェットウェル）
Whole Body	Toàn thân	zenshin（全身）
Whole Body Counter [WBC]	Thiết bị đo phơi nhiễm toàn thân	zenshin hibakuryou sokutei souchi（全身被ばく量測定装置）
Work Breakdown Structure [WBS]	Cấu trúc/cơ cấu phân chia công việc	sagyou bunkatsu kousei（作業分割構成）
X		
Xenon Instability	Tính bất ổn định xenon	kisenon huanteisei（キセノン不安定性）
Xenon Oscillation	Dao động xênon	kisenon shindou（キセノン振動）
Z		
Zero Power Core	Vùng hoạt công suất không	zero shutsuryoku roshin（ゼロ出力炉心）
Zircaloy (Zirconium Alloy)	Hợp kim zirconi	jirukaroi (jirukoniumu goukin)（ジルカロイ〈ジルコニウム合金〉）
Zirconium Lined Zircaloy-2 Cladding	Vỏ bọc zircaloy lót zirconi	jirukoniumu raina tsuki jirukaroi tsuu hihukukan（ジルコニウムライナ付ジルカロイ-2被覆管）
Zr-H$_2$O Reaction	Phản ứng của zirconi với nước	jirukoniumu-mizu han-nou（ジルコニウム－水反応）

越日英原子力用語辞典

《付録》

1. Unit
2. Organization, Facility
3. Periodic Table of Elements

Atomic Mass Unit

1. Unit ／単位／ Đơn vị

English	Japanese	Tiếng Việt
Atomic Mass Unit [AMU (amu)]	genshi shitsuryou tan-i （原子質量単位）	Đơn vị khối lượng nguyên tử
Atmosphere [ATM (atm)]	hyoujun atsuryoku tan-i （標準圧力単位）	Đơn vị áp suất tiêu chuẩn
Avogadro's Number	abogadoro su-u（アボガドロ数）	Số Avogadro
Barn [cross section] [B (b)]	baan [danmenseki] （バーン［断面積］）	Barn (Đơn vị đo tiết diện phản ứng hạt nhân)
Becquerel [Bq]	bekureru (houshanou no tan-i) （ベクレル〈放射能の単位〉）	Bec-cơ-ren (phân rã/giây)
Boltzmann's Constant [K(k)]	borutsuman teisu-u （ボルツマン定数）	Hằng số Boltzmann
Count Per Minutes(Second) [CPM(CPS)]	kaunto paa minitto (kaunto paa sekando) : (keisan ritsu no tan-i) （カウント・パー・ミニット〈カウント・パー・セカンド〉：〈計算率の単位〉）	Số đếm trên phút (giây)
Curie[Ci]	kyurii （houshanou tan-i）[3.7x1010 dps]（キュリー〈放射能単位〉［3.7x1010 Bq］）	Curi (đơn vị hoạt độ)
Disintegration Per Minute [dpm]	maihun kaihen su-u（houshanou tan-i）（毎分壊変数〈放射能単位〉）	Số phân rã trong một phút
Disintegrations Per Second [DPS(dps)]	kaihen su-u / byou （壊変数／秒）	Số phân rã trong một giây
Electro Magnetic Unit [EMU(emu)]	denji tan-i （電磁単位）	Đơn vị điện từ
Electro Static Unit [ESU(esu)]	seiden tan-i （静電単位）	Đơn vị tĩnh điện
Giga Electron Volt [GEV(GeV)]	giga denshi boruto （ギガ電子ボルト）	Giga electrôn-vôn
Giga-Watt-Days, electrical [GWDe]	hatsuden tan denki shutsuryoku no tan-i （発電端電気出力の単位）	Giga oát ngày, điện
Giga-Watt-Days, thermal [GWDt]	roshin shutsuryoku no tan-i （炉心出力の単位）	Giga oát ngày, nhiệt
Gray [GY]	kyu-ushu-u senryou tan-i [100 Rad] （吸収線量単位［100 Rad］）	Đơn vị liều lượng hấp thụ
Hertz [Hz]	herutsu （shu-uha su-u） （ヘルツ〈周波数〉）	Héc (đơn vị đo tần số)

kilo electron Volt [keV]	kiro denshi boruto （キロ電子ボルト）	Kilo electron vôn (= 1000 eV)
kilo ton [kt]	kiro ton （キロトン）	Kilo tấn (=1000 tấn)
kilo Volt Ampere [kVA]	kiro boruto anpea （キロ・ボルト・アンペア）	Kilo vôn-ampe
kilo watt [kw]	kiro watto （キロワット）	Kilo oát (=1000 oát)
kilo Watt hour [kWh]	kiro watto ji （キロワット時）	Kilo oát giờ
libra, or pound [lb]	pondo [ju-uryou tan-i] （ポンド ［重量単位］）	Pound (Đơn vị khối lượng, 1 kg =2.205 pound)
Long Ton [LT]	eikoku ton [=1016.1 Kg] （英国トン ［1016.1 Kg］）	Tấn dài (=2205 pound hoặc = 1016.05 Kg)
Mega-watt [MW]	mega watto [1,000 kirowatto] （メガワット ［1,000 キロワット］）	Mega oát
Mega-watt Day per Ton [MWd/t]	ton atari no mega watto dei (nenshoudo tan-i) （トン当りのメガワットデイ〈燃焼度単位〉）	Mega oát ngày trên tấn
Mega-watt Electric [MWe]	denki shutsuryoku mega watto （電気出力メガワット）	Mega oát điện
Mega-watt Thermal [MWt]	netsu shutsuryoku mega watto （熱出力メガワット）	Mega oát nhiệt
Mega-watt-Day [MWd]	mega watto nichi [2.4 × 104 kWh] （メガワット・日 ［2.4 × 104 kWh］）	Mega oát ngày
Metric Ton [MT]	metorikku ton w （メトリック・トン）	Tấn (=1000kg)
Metric Ton Uranium [MTU]	kinzoku uran ju-uryou （金属ウラン重量）	Tấn kim loại urani
milli-barn [cross section][mb]	miribaan [danmenseki] （ミリバーン ［断面積］）	Mili-Barn (đơn vị đo tiết diện phản ứng)
milli-curie [unit of radioactivity] [mCi]	mirikyurii (houshanou no tan-i) （ミリキュリー〈放射能の単位〉）	Mili curi
milli-roentgen [mR]	miri rentogen (shousha senryou tan-i) （ミリレントゲン〈照射線量単位〉）	Mili-Rơnghen
Neutron Per Second [NS(N/S)]	chu-useishi houshutsu ritsu tan-i （中性子放出率単位）	Nơtron trên giây
part per billion [ppb]	ju-u okubun no ichi （10 億分の1）	Một phần tỷ

part per million [ppm]	hyakuman bun no ichi（100万分の1）	Một phần triệu
pound per square inch [psi]	pondo mai heihou inchi（ポンド毎平方インチ）	Pound trên 1 inch vuông
pound per square inch absolute [psia]	zettai atsuryoku de arawashita, pondo mai heihou inchi（絶対圧力で表した、ポンド毎平方インチ）	Pound trên một inch vuông tuyệt đối
pound per square inch gauge [psig]	geeji atsuryoku de arawashita, pondo mai heuhou inchi（ゲージ圧力で表した、ポンド毎平方インチ）	Pound trên một inch vuông (psig) (Đơn vị đo áp suất tương đối)
Reynolds Number [Re]	reinoruzu su-u（レイノルズ数）	Số Reynold
Roentgen [R]	rentogen（レントゲン）	Rơnghen (đơn vị liều bức xạ)
roentgen absorbed dose [rad]	rado (enerugii kyu-ushu-u senryou no tan-i)（ラド〈エネルギー吸収線量の単位〉）	Liều hấp thụ rơnghen
Roentgen Absorbed Dose Per Second [rad/s]	rado maibyou（ラド毎秒）	Rad trên giây (Đơn vị suất liều hấp thụ)
Roentgen Equivalent Man [rem]	remu (seitai jikkou senryou tan-i)（レム〈生体実効線量単位〉）	Rem (đơn vị liều tương đương ngoài hệ SI)
roentgen equivalent physical [rep]	housha senryou tan-i（放射線量単位）	Đơn vị liều lượng tương đương Rad
Roentgen Per Hour at one Meter [RHM(rhm)]	ramu (ganmaa sengen kyoudo tan-i)（ラム〈ガンマー線源強度単位〉）	Rơngen/giờ (đơn vị suất liều) tại một máy đo liều
Separative Work Unit [SWU]	(noushuku) bunri sagyou tan-i（〈濃縮〉分離作業単位）	Đơn vị công tách trong làm giàu urani (SWU)
Short Ton [ST]	beikoku ton [907 Kg]（米国トン［907 Kg］）	Tấn ngắn = 2000 pound hoặc =907.16 kg
Sievert [Sv]	shiiberuto (senryou touryou tan-i) [100rem]（シーベルト〈線量当量単位〉［100 rem］）	Si vớt (đơn vị suất liều = 100 rem)
Watt [W]	watto (denryoku no tan-i)（ワット〈電力の単位〉）	Oát (đơn vị công suất)
Weber [Wb]	weeba (jikyoku no tsuyosa no tan-i)（ウェーバ〈磁極の強さの単位〉）	Vêbe (đơn vị từ thông)

Ministry of Education and Training [Vietnam] [MOET]

2. Organization, Facility ／組織・施設／ Cơ quan, Cơ sở
〈Vietnam ／ベトナム／ Việt Nam〉

English	Japanese	Tiếng Việt
Central Electric Power College [Vietnam] [CEPC]	chu-ubu denryoku daigaku [betonamu]（中部電力大学［ベトナム］）	Trường cao đẳng điện lực miền trung [Việt Nam]
Dalat Nuclear Research Institute [Vietnam] [DNRI]	daratto genshiryoku kenkyu-usho [betonamu]（ダラット原子力研究所［ベトナム］）	Viện nghiên cứu hạt nhân Đà Lạt [Việt Nam]
Dalat University [Vietnam] [DLU]	daratto daigaku [betonamu]（ダラット大学［ベトナム］）	Đại học Đà Lạt [Việt Nam]
Electric Power University [Vietnam] [EPU]	denryoku daigaku [betonamu]（電力大学［ベトナム］）	Đại học Điện lực [Việt Nam]
Generating Company (1~3) [Vietnam] [GENCO(1~3)]	hatsuden jigyou gaisha (ichi kara san) [betonamu]（発電事業会社〈1～3〉〈ベトナム〉）	Tổng công ty phát điện (1-3) [Việt Nam]
Hanoi University of Science and Technology [Vietnam] [HUST]	hanoi kouka daigaku [betonamu]（ハノイ工科大学［ベトナム］）	Đại học Bách khoa Hà Nội [Việt Nam]
Ho Chi Minh Electric Power College [Vietnam] [HEPC]	denryoku daigaku hoochimin kou [betonamu]（電力大学ホーチミン校［ベトナム］）	Cao đẳng điện lực Tp HCM [Việt Nam]
Institute for Nuclear Sciences and Technology [Vietnam] [INST]	genshiryoku kagaku gijutsu kenkyu-usho [betonamu]（原子力科学技術研究所［ベトナム］）	Viện Khoa học và Kỹ thuật hạt nhân [Việt Nam]
Institute for Technology of Radioactive and Rare Elements [Vietnam] [ITRRE]	houshasen ki genso kenkyu-usho [betonamu]（放射線希元素研究所［ベトナム］）	Viện công nghệ xạ hiếm [Việt Nam]
Institute of Energy [Vietnam] [IE]	enerugii kenkyu-usho [betonamu]（エネルギー研究所［ベトナム］）	Viện Năng lượng [Việt Nam]
Ministry of Construction [Vietnam] [MOC]	kensetsu shou [betonamu]（建設省［ベトナム］）	Bộ Xây dựng [Việt Nam]
Ministry of Education and Training [Vietnam] [MOET]	kyouiku kunren shou [betonamu]（教育訓練省［ベトナム］）	Bộ Giáo dục và Đào tạo [Việt Nam]

Ministry of Finance [Vietnam] [MOF]

Ministry of Finance [Vietnam] [MOF]	zaimu shou [betonamu] （財務省［ベトナム］）	Bộ Tài chính [Việt Nam]
Ministry of Foreign Affairs [Vietnam] [MOFA]	gaimu shou [betonamu] （外務省［ベトナム］）	Bộ Ngoại giao [Việt Nam]
Ministry of Industry and Trade [Vietnam] [MOIT]	shoukou shou [betonamu] （商工省［ベトナム］）	Bộ Công Thương [Việt Nam]
Ministry of Natural Resources and Environment [Vietnam] [MONRE]	ten-nen shigen kankyou shou [betonamu] （天然資源環境省［ベトナム］）	Bộ Tài nguyên và Môi trường [Việt Nam]
Ministry of Planning and Investment [Vietnam] [MPI]	keikaku toushi shou [betonamu] （計画投資省［ベトナム］）	Bộ Kế hoạch và Đầu tư [Việt Nam]
Ministry of Science and Technology [Vietnam] [MOST]	kagaku gijutsu shou [betonamu] （科学技術省［ベトナム］）	Bộ Khoa học và Công nghệ [Việt Nam]
Ninh Thuan Nuclear Power Project Management Board [Vietnam] [NPB]	nintwuan genshiryoku kanri i-in kai [betonamu] （ニントゥアン原子力管理委員会［ベトナム］）	Ban quản lý dự án điện hạt nhân Ninh Thuận [Việt Nam]
Ninh Thuan Province Party Committee [Vietnam]	nintwuanshou jinmin i-inkai [betonamu] （ニントゥアン省人民委員会［ベトナム］）	Tỉnh ủy Ninh Thuận [Việt Nam]
Non-Destructive Evaluation Center (VINATOM) [Vietnam] [NDE]	betonamu hi hakai hyouka senta （非破壊評価センタ［ベトナム］）	Trung tâm đánh giá không phá hủy (thuộc VINATOM) [Việt Nam]
People's Committee of Ninh Thuan Province [Vietnam]	nintwuanshou jinmin i-inkai [betonamu] （ニントゥアン省人民委員会［ベトナム］）	Ủy ban nhân dân tỉnh Ninh Thuận [Việt Nam]
Power Engineering Consulting Joint Stock Company 1~4 [Vietnam] [PECC(1~4)]	denryoku konsaruthingu gaisha [betonamu] （電力コンサルティング会社［ベトナム］）	Công ty tư vấn điện 1-4, [Việt Nam]
The National Research Institute of Mechanical Engineering [Vietnam] [NARIME]	kikai kenkyu-u sho [betonamu] （機械研究所［ベトナム］）	Viện Nghiên cứu Cơ khí [Việt Nam]

Unit/Organization, Facility

English	Japanese	Tiếng Việt
Vietnam Agency for Radiation and Nuclear Safety [VARANS]	betonamu houshasen anzen kisei kyoku（ベトナム放射線・安全規制局）	Cục An toàn bức xạ và hạt nhân [Việt Nam]
Vietnam Atomic Energy Agency [VAEA]	betonamu genshiryoku chou（ベトナム原子力庁）	Cục Năng lượng nguyên tử [Việt Nam]
Vietnam Atomic Energy Institute [VAEI (VINATOM)]	betonamu genshiryoku kikou（ベトナム原子力機構）	Viện Năng lượng nguyên tử [Việt Nam]
Vietnam Electricity [EVN]	betonamu denryoku guruupu（ベトナム電力グループ）	Tập đoàn Điện lực [Việt Nam]
Vietnam National Assembly of Science, Technology and Environment Committee [Vietnam]	kokkai kagaku gijutsu kankyou i-inkai [betonamu]（国会科学技術環境委員会［ベトナム］）	Ủy ban Khoa học, Công nghệ và Môi trường của Quốc hội [Việt Nam]
Vietnam National University, Hanoi University of Science [Vietnam] [VNU-HN]	hanoi kokka daigaku shizen kagakukou [betonamu]（ハノイ国家大学　自然科学校［ベトナム］）	Đại học quốc gia Hà Nội, trường Đại học khoa học tự nhiên [Việt Nam]
Vietnam National University, Ho Chi Minh City [Vietnam] [VNU-NS]	hoochimin shizen kagaku daigaku [betonamu]（ホーチミン自然科学大学［ベトナム］）	Đại học quốc gia Tp Hồ Chí Minh [Việt Nam]

〈Japan ／日本／ Nhật Bản〉

English	Japanese	Tiếng Việt
Advanced Thermal Reactor Fugen [Japan]	shingata tenkan ro hugen hatsuden sho [nippon]（新型転換炉 ふげん発電所［日本］）	Lò nhiệt cải tiến Fugen [Nhật Bản]
Agency of Natural Resources and Energy [METI, Japan] [ANRE]	shigen enerugii chou [keisanshou, nippon]（資源エネルギー庁［日本・経産省］）	Cục Năng lượng và Tài nguyên [Nhật Bản]
Alpha-Gamma Facility [O-oarai, Japan] [AGF]	shousha nenryou shikenshitsu [o-oarai, nippon]（照射燃料試験室［大洗、日本］）	Cơ sở sử dụng nguồn bức xạ alpha-gamma [Oarai, Nhật Bản]
Atomic Energy Commission [Japan] [AEC]	genshiryoku i-inkai [nippon]（原子力委員会［日本］）	Ủy ban Năng lượng Nguyên tử [Nhật Bản]

Atomic Energy Society of Japan [AESJ]	nihon genshiryoku gakkai（日本原子力学会）	Hiệp hội Năng lượng nguyên tử Nhật Bản
BWR Operator Training Center Corporation [Japan] [BTC]	bii daburyu aaru unten kunren sentaa（BWR 運転訓練センター）	Trung tâm Đào tạo nhân viên vận hành lò nước sôi [Nhật Bản]
Central Research Institute of Electrical Power Industry [Japan] [CRIEPI]	denryoku chu-uou kenkyu-usho [nippon]（電力中央研究所［日本］）	Viện Nghiên cứu điện lực trung ương [Nhật Bản]
Chemical Processing Facility [Tokai, Japan] [CPF]	koureberu houshasei busshitsu kenkyu-u shisetsu [toukai, nippon]（高レベル放射性物質研究施設［東海、日本］）	Cơ sở xử lý hóa học [Nhật Bản]
Chubu Electric Power Co., Inc. [Japan]	chu-ubu denryoku kabushiki gaisha [nippon]（中部電力株式会社［日本］）	Công ty điện lực Chubu [Nhật Bản]
Deuterium Critical Assembly [oarai, Japan] [DCA]	ju-usui rinkai jikken souchi [o-oarai, nippon]（重水臨界実験装置［大洗、日本］）	Cơ cấu tới hạn nước nặng [Oarai, Nhật Bản]
Electric Power Development Co., Ltd. [Japan] [JPOWER]	dengen kaihatsu kabushiki gaisha [nippon]（電源開発株式会社［日本］）	Công ty Phát triển điện [Nhật Bản]
Electric Utility Industry Law [Japan] [EUIL]	denki jigyouhou [nippon]（電気事業法［日本］）	Luật công nghiệp điện lực [Nhật Bản]
Federation of Electric Power Companies [Japan] [FEPC]	denki jigyou rengoukai [nippon]（電気事業連合会［日本］）	Liên đoàn các công ty điện lực Nhật Bản
Fukui University of Technology [Japan]	fukui kougyou daigaku [nippon]（福井工業大学［日本］）	Đại học Bách khoa Fukui [Nhật Bản]
Fukushima Daiichi Nuclear Power Station [Japan]	fukushima dai-ichi genshiryoku hatsuden sho [nippon]（福島第一原子力発電所［日本］）	Nhà máy điện hạt nhân Fukushima Daiichi [Nhật Bản]
Fukushima Daini Nuclear Power Station [Japan]	fukushima daini genshiryoku hatsuden sho [nippon]（福島第二原子力発電所［日本］）	Nhà máy điện hạt nhân Fukushima Daini [Nhật Bản]
Genkai Nuclear Power Station [Japan]	genkai genshiryoku hatsuden sho [nippon]（玄海原子力発電所［日本］）	Nhà máy điện hạt nhân Genkai [Nhật Bản]

Global Nuclear Fuel-Japan Co., Ltd [Japan] [GNF-J]	guroobaru nyuukuria hyueru japan kabushiki gaisha [nippon] （グローバル・ニュークリア・フュエル・ジャパン株式会社［日本］）	Công ty nhiên liệu hạt nhân toàn cầu [Nhật Bản]
Hamaoka Nuclear Power Station [Japan]	hamaoka genshiryoku hatsuden sho [nippon]（浜岡原子力発電所［日本］）	Nhà máy điện hạt nhân Hamaoka [Nhật Bản]
Higashidori Nuclear Power Plant construction office [Japan]	higashido-ori genshiryoku kensetsu sho [toukyou denryoku, nippon]（東通原子力建設所［東京電力、日本］）	Nhà máy điện hạt nhân Higashidori [Nhật Bản]
Higashidori Nuclear Power Station [Japan]	higashido-ori genshiryoku hatsuden sho [touhoku denryoku, nippon]（東通原子力発電所［東北電力、日本］）	Nhà máy điện hạt nhân Higashidori [Nhật Bản]
Hitachi-GE Nuclear Energy, Ltd. [Japan]	hitachi jii ii nyuukuria enajii kabushiki gaisha [nippon]（日立 GE ニュークリア・エナジー株式会社［日本］）	Công ty Năng lượng hạt nhân Hitachi-GE [Nhật Bản]
Hitachi, Ltd., [Japan] [HITACHI]	kabushiki gaisha hitachi seisaku sho [nippon]（株式会社日立製作所［日本］）	Công ty Hitachi [Nhật Bản]
Hokkaido Electric Power Co. [Japan] [HEPCO]	hokkaidou denryoku kabushiki gaisha [nippon]（北海道電力株式会社［日本］）	Công ty điện lực Hokkaido [Nhật Bản]
Hokkaido University [Japan]	hokkaidou daigaku [nippon]（北海道大学［日本］）	Đại học Hokkaido [Nhật Bản]
IHI Corporation [Japan] [IHI]	kabushiki gaisha ai eichi ai [nippon]（株式会社 IHI［日本］）	Công ty IHI [Nhật Bản]
Ikata Nuclear Power Station [Japan]	ikata hatsuden sho [nippon]（伊方発電所［日本］）	Nhà máy điện hạt nhân Ikata [Nhật Bản]
Institute of Nuclear Safety System, Incorporated [Japan] [INSS]	kabushiki gaisha genshiryoku anzen shisutemu kenshu-u sho [nippon]（株式会社原子力安全システム研究所［日本］）	Viện nghiên cứu hệ thống an toàn hạt nhân [Nhật Bản]
Institute of Physical and Chemical Research [Japan] [IPCR/RIKEN]	rikagaku kenkyu-usho [nippon]（理化学研究所［日本］）	Viện nghiên cứu vật lý và hóa học [Nhật Bản]

International Nuclear Energy Development of Japan CO., LTD [Japan] [JINED]	kokusai genshiryoku kaihatsu kabushiki gaisha [nippon] （国際原子力開発株式会社［日本］）	Công ty Phát triển năng lượng nguyên tử quốc tế [Nhật Bản]
JAERI Tokamak-60 [JT-60]	rinkai purazuma shiken souchi [nippon] （臨界プラズマ試験装置［日本］）	Thiết bị thí nghiệm plasma tới hạn (Lò Tokamak - 60 của Viện nghiên cứu năng lượng nguyên tử Nhật Bản)
JAIF International Cooperation Center [Japan] [JICC]	genshiryoku kokusai kyouryoku sentaa [nippon] （原子力国際協力センター［日本］）	Trung tâm hợp tác quốc tế của Diễn đàn công nghiệp nguyên tử Nhật Bản
Japan Atomic Energy Insurance Pool [JAEIP]	nihon genshiryoku hoken puuru （日本原子力保険プール）	Quỹ bảo hiểm năng lượng nguyên tử Nhật Bản
Japan Atomic Energy Research Institute/ Japan Atomic Energy Agency [JAERI/ JAEA]	nihon genshiryoku kenkyu-ujo / nihon genshiryoku kenkyu-u kaihatsu kikou （日本原子力研究所／日本原子力研究開発機構）	Viện nghiên cứu năng lượng nguyên tử Nhật Bản
Japan Atomic Industrial Forum, Inc. [JAIF, Japan] [JAIF]	nihon genshiryoku sangyou kyoukai （日本原子力産業協会）	Diễn đàn công nghiệp năng lượng nguyên tử Nhật Bản
Japan Electric Association Code [JEAC]	nihon denki kyoukai gijutsu kitei（日本電気協会技術規程）	Hiệp hội tiêu chuẩn điện lực Nhật bản
Japan Electric Association Guide [JEAG]	nihon denki kyoukai gijutsu shishin （日本電気協会技術指針）	Hướng dẫn của hiệp hội điện Nhật Bản
Japan Electrical Manufacturers Association [JEMA]	nihon denki kougyoukai [hyoujun kikaku] （日本電機工業会［標準規格］）	Hiệp hội các nhà sản xuất thiết bị điện Nhật Bản
Japan External Trade Organization [JETRO]	nihon boueki shinkou kikou （日本貿易振興機構）	Tổ chức xúc tiến thương mại Nhật Bản
Japan International Cooperation Agency [JICA]	kokusai kyouryoku kikou （国際協力機構）	Cơ quan hợp tác quốc tế Nhật Bản
Japan Power Demonstration Reactor [JPDR]	douryoku shiken ro [nippon] （動力試験炉［日本］）	Lò phản ứng công suất trình diễn [Nhật Bản]
Japan Research Reactor [JRR]	kenkyu-uyou genshi ro [nippon] （研究用原子炉［日本］）	Lò nghiên cứu [Nhật Bản]

Japanese Electrotechnical Committee [JEC]	nihon denki gakkai [denki kikaku chousakai kijun kikaku] （日本電気学会［電気規格調査会基準規格］）	Ủy ban Kỹ thuật điện Nhật Bản
Kaminoseki Nuclear Power Station [Japan]	kaminoseki genshiryoku hatsuden sho [nippon] （上関原子力発電所［日本］）	Nhà máy điện hạt nhân Kaminoseki [Nhật Bản]
Kansai Electric Power Co. [Japan] [KEPCO]	kansai denryoku kabushiki gaisha （関西電力株式会社［日本］）	Công ty điện lực Kansai [Nhật Bản]
Kashiwazaki Kariwa Nuclear Power Station [Japan]	kashiwazaki kariwa genshiryoku hatsuden sho [nippon] （柏崎刈羽原子力発電所［日本］）	Nhà máy điện hạt nhân Kashiwazaki Kariwa [Nhật Bản]
Kinki University [Japan]	kinki daigaku [nippon] （近畿大学［日本］）	Đại học Kinki [Nhật Bản]
Kyoto University [Japan]	kyouto daigaku [nippon] （京都大学［日本］）	Đại học Kyoto [Nhật Bản]
Kyushu Electric Power Co. Inc. [Japan]	kyu-ushu-u denryoku kabushiki gaisha [nippon] （九州電力株式会社［日本］）	Công ty điện lực Kyushu [Nhật Bản]
Kyushu University [Japan]	kyu-ushu-u daigaku [nippon] （九州大学［日本］）	Đại học Kyushu [Nhật Bản]
Mihama Power Station [Japan]	mihama hatsuden sho [nippon] （美浜発電所［日本］）	Nhà máy điện hạt nhân Mihama [Nhật Bản]
Ministry of Economic, Trade & Industry [Japan] [METI]	keizai sangyou shou [nippon] （経済産業省［日本］）	Bộ Kinh tế, Thương mại và Công nghiệp [Nhật Bản]
Ministry of Educaton, Culture, Sports, Science and Technology [Japan] [MEXT]	monbu kagaku shou [nippon] （文部科学省［日本］）	Bộ Giáo dục, Văn hóa, Thể thao, Khoa học và Công nghệ [Nhật Bản]
Ministry of Finance [Japan] [MOF]	zaimu shou [nippon] （財務省［日本］）	Bộ tài chính [Nhật Bản]
Ministry of Foreign Affairs [Japan] [MOFA]	gaimu shou [nippon] （外務省［日本］）	Bộ Ngoại giao [Nhật Bản]
Mitsubishi Electric Corporation [Japan] [MELCO]	mitsubishi denki kabushiki gaisha [nippon] （三菱電機株式会社［日本］）	Công ty Mitsubishi Electric [Nhật Bản]

Mitsubishi Heavy Industries Co. Ltd. [Japan] [MHI]	mitsubishi ju-ukougyou kabushik igaisha [nippon]（三菱重工業株式会社［日本］）	Tập đoàn Công nghiệp nặng Mitsubishi [Nhật Bản]
Mitsubishi Nuclear Fuel Co., Ltd [Japan] [MNF]	mitsubishi genshi nenryou kabushiki gaisha [nippon]（三菱原子燃料株式会社［日本］）	Công ty nhiên liệu hạt nhân của Mitsubishi [Nhật Bản]
Nagaoka University of Technology [Japan] [NSTU]	negaoka gijutsu kagaku daigaku [nippon]（長岡技術科学大学［日本］）	Đại học công nghệ Nagaoka [Nhật Bản]
Nagoya University [Japan]	nagoya daigaku [nippon]（名古屋大学［日本］）	Đại học Nagoya [Nhật Bản]
National Institute of Radiological Sciences [Japan] [NIRS]	houshasen igaku sougou kenkyu-ujo [nippon]（放射線医学総合研究所［日本］）	Viện Khoa học bức xạ quốc gia [Nhật Bản]
Nuclear and Industrial Safety Agency [NISA]	genshiryoku anzen hoan in（原子力安全・保安院）	Cơ quan An toàn công nghiệp và hạt nhân [Nhật Bản]
Nuclear Fuel Cycle Safety Engineering Research Facility [Japan] [NUCEF]	nenryou saikuru anzen kougaku kenkyu-u shisetsu [nippon]（燃料サイクル安全工学研究施設［日本］）	Cơ sở nghiên cứu kỹ thuật an toàn chu trình nhiên liệu hạt nhân [Nhật Bản]
Nuclear Fuel Development Co. [Japan] [NFD]	nihon kakunenryou kaihatsu kabushiki gaisha [nippon]（日本核燃料開発株式会社［日本］）	Công ty Phát triển nhiên liệu hạt nhân [Nhật Bản]
Nuclear Fuel Industries, Ltd. [Japan] [NFI]	genshi nenryou kougyou kabushiki gaisha [nippon]（原子燃料工業株式会社［日本］）	Công ty công nghiệp nhiên liệu hạt nhân [Nhật Bản]
Nuclear Material Control Center [Japan] [NMCC]	kakubusshitsu kanri sentaa (nippon)（核物質管理センター［日本］）	Trung tâm kiểm soát vật liệu hạt nhân [Nhật Bản]
Nuclear Power Engineering Corporation [Japan] [NUPEC]	genshiryoku hatsuden gijutsu kikou [nippon]（原子力発電技術機構［日本］）	Công ty công nghệ điện hạt nhân [Nhật Bản]
Nuclear Regulation Authority [Japan] [NRA]	genshiryoku kisei i-inkai, genshiryoku kisei chou [nippon]（原子力規制委員会、原子力規制庁［日本］）	Cơ quan Pháp quy hạt nhân [Nhật Bản]
Nuclear Safety Research Association [Japan] [NSRA]	genshiryoku anzen kenkyu-u kyoukai [nippon]（原子力安全研究協会［日本］）	Hiệp hội nghiên cứu an toàn hạt nhân [Nhật Bản]

Nuclear Service Engineering Co.,Ltd. [Japan] [NUSEC]	genshiryoku saabisu enjiniaringu kabushiki gaisha [nippon]（原子力サービスエンジニアリング株式会社［日本］）	Tập đoàn dịch vụ công trình hạt nhân [Nhật Bản]
Nuclear Training Center [PWR] [Japan] [NTC]	genshiryoku hatsuden unten-in kunrenjo [pii daburyu aaru] [nippon]（原子力発電運転員訓練所［PWR、日本］）	Trung tâm đào tạo chuyên viên vận hành nhà máy điện hạt nhân [Nhật Bản]
Ohi Power Station [Japan]	o-oi hatsuden sho [nippon]（大飯発電所［日本］）	Nhà máy điện hạt nhân Ohi [Nhật Bản]
Ohma Nuclear Power Station [Japan]	o-oma genshiryoku hatsuden sho [nippon]（大間原子力発電所［日本］）	Nhà máy điện hạt nhân Oma [Nhật Bản]
Onagawa Nuclear Power Station [Japan]	onagawa genshiryoku hatsuden sho [nippon]（女川原子力発電所［日本］）	Nhà máy điện hạt nhân Onagawa [Nhật Bản]
Osaka University [Japan]	o-osaka daigaku [nippon]（大阪大学［日本］）	Đại học Osaka [Nhật Bản]
Overseas Uranium Resources Development Co.Ltd [Japan] [OURD]	kaigai uran shigen kaihatsu kabushiki gaisha [nippon]（海外ウラン資源開発株式会社［日本］）	Tập đoàn Phát triển nguồn nhiên liệu unrani xuyên quốc gia [Nhật Bản]
Power Reactor and Nuclear Fuel Development Corporation [Japan] [PNC]	douryoku ro kaku nenryou kaihatsu jigyou dan (dounen) [nippon]（動力炉核燃料開発事業団〈動燃〉［日本］）	Tập đoàn Phát triển nhiên liệu hạt nhân và lò phản ứng công suất [Nhật Bản]
Prototype FBR Monju [Japan]	kousoku zoushoku genkei ro monju [nippon]（高速増殖原型炉 もんじゅ［日本］）	Lò nhanh Monju [Nhật Bản]
Radiation Effects Research Foundation [Japan] [RERF]	houshasen eikyou kenkyu-usho [nippon]（放射線影響研究所［日本］）	Quỹ nghiên cứu các hiệu ứng bức xạ [Nhật Bản]
Reprocessing Equipment Company [Japan] [RECO]	saishori kiki kabushiki gaisha [nippon]（再処理機器株式会社［日本］）	Công ty thiết bị tái chế [Nhật Bản]
Rokkasho Re-Processing Plant [Japan] [RRP]	rokkasho saishori shisetsu [nippon]（六ヶ所再処理施設［日本］）	Nhà máy tái xử lý Rokkasho [Nhật Bản]
Rokkasyo Uramium Enrichment Plant [Japan]	rokkasho uran noushuku koujou [nippon]（六ヶ所ウラン濃縮工場［日本］）	Nhà máy làm giàu nhiên liệu Rokkasso [Nhật Bản]

Sendai Nuclear Power Station [Japan]	sendai genshiryoku hatsuden sho [nippon]（川内原子力発電所 [日本]）	Nhà máy điện hạt nhân Sendai [Nhật Bản]
Shika Nuclear Power Station [Japan]	shika genshiryoku hatsuden sho [nippon]（志賀原子力発電所 [日本]）	Nhà máy điện hạt nhân Shika [Nhật Bản]
Shikoku Electric Power Co. [Japan]	shikoku denryoku kabushiki gaisha [nippon]（四国電力株式会社 [日本]）	Công ty điện lực Shikoku [Nhật Bản]
Shimane Nuclear Power Station [Japan]	shimane genshiryoku hatsuden sho [nippon]（島根原子力発電所 [日本]）	Nhà máy điện hạt nhân Shimane [Nhật Bản]
Takahama Power Station [Japan]	takahama hatsuden sho [nippon]（高浜発電所 [日本]）	Nhà máy điện hạt nhân Takahama [Nhật Bản]
The Chugoku Electric Power Company, Inc. [Japan]	chu-ugoku denryoku kabushiki gaisha [nippon]（中国電力株式会社 [日本]）	Công ty điện lực Chugoku [Nhật Bản]
The Hokuriku Electric Power Co., Inc. [Japan]	hokuriku denryoku kabushiki gaisha [nippon]（北陸電力株式会社 [日本]）	Công ty điện lực Hokuriku [Nhật Bản]
The Japan Atomic Power Co. [JAPC]	nihon genshiryoku hatsuden kabushiki gaisha（日本原子力発電株式会社）	Công ty điện nguyên tử Nhật Bản
The Japan Steel Works, LTD. [Japan] [JSW]	kabushiki gaisha nihon seikou sho [nippon]（株式会社日本製鋼所 [日本]）	Công ty Thép [Nhật Bản]
The Wakasa Wan Energy Research Center [Japan] [WEG]	wakasawan enerugii kenkyu-u sentaa [nippon]（若狭湾エネルギー研究センター [日本]）	Trung tâm nghiên cứu năng lượng Wakasa Wan [Nhật Bản]
Tohoku Electric Power Co., Inc. [Japan]	touhoku denryoku kabushiki gaisha [nippon]（東北電力株式会社 [日本]）	Công ty điện lực Tohoku [Nhật Bản]
Tohoku University [Japan]	touhoku daigaku [nippon]（東北大学 [日本]）	Đại học Tohoku [Nhật Bản]
Tokai No.2 Power Station [Japan]	toukai daini hatsuden sho [nippon]（東海第二発電所 [日本]）	Nhà máy điện hạt nhân Tokai 2 [Nhật Bản]
Tokai Power Station [Japan]	toukai hatsuden sho [nippon]（東海発電所 [日本]）	Nhà máy điện hạt nhân Tokai [Nhật Bản]
Tokai University [Japan]	toukai daigaku [nippon]（東海大学 [日本]）	Đại học Tokai [Nhật Bản]

English	Japanese	Tiếng Việt
Tokyo Electric Power Company [Japan] [TEPCO]	toukyou denryoku kabushiki gaisha [nippon]（東京電力株式会社［日本］）	Công ty điện lực Tokyo [Nhật Bản]
Tokyo Institute of Technology [Japan] [Tokyo Tech]	toukyou kougyou daigaku [nippon]（東京工業大学［日本］）	Viện Công nghệ Tokyo [Nhật Bản]
Tokyo Metropolitan University [Japan]	shuto daigaku [nippon]（首都大学［日本］）	Đại học Thành phố Tokyo [Nhật Bản]
Tomari Power Station [Japan]	tomari hatsuden sho [nippon]（泊発電所［日本］）	Nhà máy điện hạt nhân Tomari [Nhật Bản]
Toshiba Corporation [Japan] [TOSHIBA]	kabushiki gaisha toushiba [nippon]（株式会社東芝［日本］）	Công ty Toshiba [Nhật Bản]
Tsuruga Power Station [Japan]	tsuruga hatsuden sho [nippon]（敦賀発電所［日本］）	Nhà máy điện hạt nhân Tsuruga [Nhật Bản]
University of Fukui [Japan]	hukui daigaku [nippon]（福井大学［日本］）	Đại học Fukui [Nhật Bản]
University of Tokyo [Japan]	toukyou daigaku [nippon]（東京大学［日本］）	Đại học Tokyo [Nhật Bản]
Waseda University [Japan]	waseda daigaku [nippon]（早稲田大学［日本］）	Đại học Waseda [Nhật Bản]

〈Europe and America, Other ／欧米、その他／ Phương Tây, khác〉

English	Japanese	Tiếng Việt
Advisory Committee On Reactor Safe-Guards [USA] [ACRS]	genshiryoku anzen shimon i-inkai [beikoku]（原子力安全諮問委員会［米国］）	Ủy ban Tư vấn về thanh sát lò phản ứng [Hoa Kỳ]
American National Standards Institute Inc. [ANSI]	beikoku kokuritsu hyoujun kyoukai（米国国立標準協会）	Viện tiêu chuẩn quốc gia Hoa Kỳ
American Nuclear Society [ANS]	beikoku genshiryoku gakkai（米国原子力学会）	Hiệp hội Hạt nhân Hoa Kỳ
American Society for Testing and Materials [ASTM]	beikoku zairyou shiken kyoukai（米国材料試験協会）	Hiệp hội Thử nghiệm và Vật liệu Hoa Kỳ
American Society of Mechanical Engineers [ASME]	beikoku kikai gakkai（米国機械学会）	Hiệp hội Cơ khí Hoa Kỳ
American Welding Society [AWS]	beikoku yousetsu gakkai（米国溶接学会）	Hiệp hội Kỹ thuật hàn Hoa Kỳ

Annular Core Research Reactor [Sandia National Laboratory, USA] [ACRR]

Annular Core Research Reactor [Sandia National Laboratory, USA] [ACRR]	sandhia kenkyu-ujo [beikoku] （サンディア研究所［米国］）	Lò nghiên cứu vùng hoạt dạng vành xuyến (phòng thí nghiệm quốc gia Sandia [Hoa Kỳ]）
AREVA SA [France] [AREVA]	areba sha [hutsukoku] （アレバ社［仏国］）	Công ty AREVA [Pháp]
Argonne National Laboratory [USA] [ANL]	arugon-nu kokuritsu kenkyu-usho [beikoku] （アルゴンヌ国立研究所［米国］）	Phòng thí nghiệm quốc gia Argonne [Hoa Kỳ]
Atelier Vitrification La Hague [France] [AVH]	ra-aagu garasu kokatai shisetsu [hutsukoku] （ラアーグ・ガラス固化体施設［仏国］）	Cơ sở thủy tinh hóa (chất thải phóng xạ) La Hague [Pháp]
ATMEA [Japan-France] [ATMEA]	atomea sha [nippon-hutsukoku] （アトメア社［仏国―日本］）	Công ty ATMEA [Pháp-Nhật]
Atomic Energy Authority [U.K.] [AEA]	genshiryoku kousha [eikoku] （原子力公社［英国］）	Cơ quan Năng lượng nguyên tử [Anh]
Atomic Energy Commission [USA] [AEC]	genshiryoku i-inkai [beikoku] （原子力委員会［米国］）	Ủy ban năng lượng nguyên tử [Hoa Kỳ]
Atomic Energy of Canada Limited [AECL]	kanada genshiryoku kousha （カナダ原子力公社）	Tổng công ty năng lượng hạt nhân Canada
Battelle Memorial Institute [USA] [BMI]	batteru memoriaru kenkyu-ujo [beikoku] （バッテル・メモリアル研究所［米国］）	Viện nghiên cứu Battelle Memorial [Hoa Kỳ]
British Nuclear Associate [BNA]	igirisu genshiryoku kyoukai （イギリス原子力協会）	Hiệp hội Năng lượng hạt nhân Anh
British Nuclear Fuel Corp [BNF]	igirisu kakunenryou gaisha （イギリス核燃料会社）	Công ty nhiên liệu hạt nhân Anh
British Nuclear Fuels Ltd [BNFL]	eikoku genshinenryou kousha （英国原子燃料公社）	Tổng công ty nhiên liệu hạt nhân Anh
Brookhaven National Laboratory [USA] [BNL]	burukkuhebun kokuritsu kenkyu-usho [beikoku] （ブルックヘブン国立研究所［米国］）	Phòng thí nghiệm quốc gia Brookhaven [Hoa Kỳ]
Chernobyl nuclear power plant [Russia]	cherunobwiru genshiryoku hatsudensho [rokoku] （チェルノブイリ原子力発電所［露国］）	Nhà máy điện hạt nhân Chernobyl [Nga]
Combustion Engineering Co [USA] [CE]	konbasshon enjiniaringu sha [beikoku] （コンバッション・エンジニアリング社［米国］）	Công ty Combustion Engineering [Hoa Kỳ]

Unit/Organization, Facility

Department of Energy [USA] [DOE]	enerugiishou [beikoku] （エネルギー省［米国］）	Bộ năng lượng [Hoa Kỳ]
E.D.Lawrence Radiation Laboratory [USA] [LRL]	roorensu houshasen kenkyu-usho [beikoku]（ローレンス放射線研究所［米国］）	Phòng thí nghiệm bức xạ E.D Lawrence [Hoa Kỳ]
Electric Power Research Institute [USA] [EPRI]	denryoku kenkyu-ujo [beikoku] （電力研究所［米国］）	Viện nghiên cứu điện lực [Hoa Kỳ]
Electricite de France [EDF]	huransu denryoku chou （フランス電力庁）	Công ty điện lực Pháp
Energy Research & Development Administration [USA] [ERDA]	enerugi kenkyu-u kaihatsu kyoku [beikoku] （エネルギ研究開発局［米国］）	Cục nghiên cứu và phát triển năng lượng [Hoa Kỳ]
Environmental Protection Agency [USA] [EPA]	kankyou hogochou [beikoku] （環境保護庁［米国］）	Ủy ban bảo vệ môi trường [Hoa Kỳ]
European Nuclear Society [ENS]	oushu-u genshiryoku gakkai （欧州原子力学会）	Hiệp hội Hạt nhân châu Âu
Federal Emergency Management Agency [FEMA]	beikoku renpou hijouji kanri kyoku （米国連邦非常時管理局）	Cục quản lý khẩn cấp liên bang Hoa Kỳ
Federal Energy Regulatory Commission [USA] [FERC]	bei renpou enerugii kisei i-inkai [beikoku]（米連邦エネルギー規制委員会［米国］）	Ủy ban pháp quy năng lượng liên bang [Hoa Kỳ]
Forum Atomique Europeen [FORATOM]	fooratomu (yooroppa genshiryoku sangyou kaigi) （フォーラトム〈ヨーロッパ原子力産業会議〉）	Diễn đàn công nghiệp năng lượng hạt nhân châu Âu
General Atomic Co. [USA] [GA]	zeneraru atomikku sha [beikoku]（ゼネラル・アトミック社［米国］）	Công ty General Atomic [Hoa Kỳ]
General Electric Co. [USA] [GE]	zeneraru erekutorikku sha [beikoku]（ゼネラルエレクトリック社［米国］）	Công ty General Electric [Hoa Kỳ]
Hanford Waste Vitrification Plant [USA] [HWVP]	hanfoodo garasu koka puranto [beikoku]（ハンフォード・ガラス固化プラント［米国］）	Nhà máy thủy tinh hóa chất thải Hanford [Hoa Kỳ]
Health Physics Society [USA] [HPS]	hoken butsuri gakkai [beikoku] （保健物理学会［米国］）	Hiệp hội vật lý sức khỏe (bảo vệ chống bức xạ ion hóa) [Hoa Kỳ]

Institute of Electrical and Electronics Engineers [USA] [IEEE]	denki denshi gijutsusha kyoukai [beikoku]（電気・電子技術者協会［米国］）	Viện nghiên cứu điện - điện tử [Hoa Kỳ]
Institute of Nuclear Power Operations [USA] [INPO]	genshiryoku hatsudensho unten kyoukai [beikoku]（原子力発電所運転協会［米国］）	Viện nghiên cứu vận hành nhà máy điện hạt nhân [Hoa Kỳ]
International Atomic Energy Agency [IAEA]	kokusai genshiryoku kikan（国際原子力機関）	Cơ quan Năng lượng nguyên tử quốc tế
International Committee on Radiological Protection [ICRP]	kokusai houshasen bougo i-inkai（国際放射線防護委員会）	Ủy ban quốc tế về bảo vệ chống bức xạ
International Electro-Technical Commission [USA] [IEC]	kokusai denki hyoujun kaigi [beikoku]（国際電気標準会議［米国］）	Ủy ban kỹ thuật điện quốc tế [Hoa Kỳ]
International Energy Agency -OECD [IEA]	kokusai enerugii kikan（国際エネルギー機関）	Cơ quan năng lượng quốc tế -OECD
International Standardization Organization [ISO]	kokusai hyoujunka kikou（国際標準化機構）	Tổ chức tiêu chuẩn hóa quốc tế
Korea Atomic Energy Research Institute [KAERI]	kankoku genshiryoku enerugii kenkyu-usho（韓国原子力エネルギー研究所）	Viện nghiên cứu năng lượng nguyên tử Hàn Quốc
Kurchatov Atomic Energy Institute [Russia] [KAEI]	kuruchatohu genshiryoku kenkyu-usho [rokoku]（クルチャトフ原子研究所［露国］）	Viện Năng lượng nguyên tử Kurchatov [Nga]
Los Alamos National Laboratory [USA] [LANL]	rosuaramosu kokuritsu kenkyu-usho [beikoku]（ロスアラモス国立研究所［米国］）	Phòng thí nghiệm quốc gia Los Alamos [Hoa Kỳ]
National Bureau of Standard [NBS]	bei kokuritsu hyoujun kyoku（米国立標準局）	Cơ quan Tiêu chuẩn quốc gia [Hoa Kỳ]
Nuclear Energy Agency [OECD] [OECD - NEA]	genshiryoku kikan [oo ii shii dhii]（原子力機関［OECD］）	Cơ quan Năng lượng hạt nhân [OECD]
Nuclear Reactor Regulation [NRR]	genshiryoku kisei kyoku（原子力規制局）	Cơ quan pháp quy lò phản ứng hạt nhân [Hoa Kỳ]
Nuclear Regulatory Commission [USA] [NRC]	genshiryoku kisei i-inkai [beikoku]（原子力規制委員会［米国］）	Ủy ban pháp quy hạt nhân [Hoa Kỳ]

Oak Ridge National Laboratory [USA] [ORNL]	ookurijji kokuritsu kenkyu-usho [beikoku]（オークリッジ国立研究所［米国］）	Phòng thí nghiệm quốc gia Oak Ridge [Hoa Kỳ]
Thorium High Temperature Reactor (UK) [THTR]	toriumu kouon gasu reikyaku ro [eikoku]（トリウム高温ガス冷却炉［英国］）	Lò phản ứng nhiệt độ cao sử dụng thori [Anh]
Three Mile Island Nuclear Power Station [USA] [TMI]	suriimairu airando genshiryoku hatsuden sho [beikoku]（スリーマイルアイランド原子力発電所［米国］）	Nhà máy điện hạt nhân Three miles Island [Hoa Kỳ]
Westinghouse Electric Co. [USA] [WEC/WH]	uesuchingu hausu sha [beikoku]（ウエスチングハウス社［米国］）	Tập đoàn điện lực Westinghouse [Hoa Kỳ]
World Association of Nuclear Operators [WANO]	sekai genshiryoku hatsuden jigyousha kyoukai（世界原子力発電事業者協会）	Hiệp hội quốc tế các nhà vận hành nhà máy điện hạt nhân

3. Periodic Table of Elements ／元素の周期表／
Bảng tuần hoàn các nguyên tố hóa học

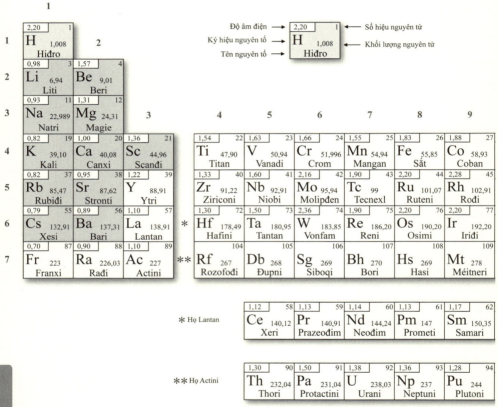

元素の周期表

			13	14	15	16	17	18
								2 He 4,003 Heli
			2,04 5 B 10,81 Bo	2,55 6 C 12,01 Cacbon	3,04 7 N 14,007 Nitơ	3,44 8 O 15,999 Oxi	3,98 9 F 18,998 Flo	10 Ne 20,18 Neon
10	11	12	1,61 13 Al 26,98 Nhôm	1,90 14 Si 28,09 Silic	2,19 15 P 30,97 Photpho	2,58 16 S 32,06 Lưu huỳnh	3,16 17 Cl 35,45 Clo	18 Ar 39,95 Agon
1,91 28 Ni 58,71 Niken	1,90 29 Cu 63,54 Đồng	1,65 30 Zn 65,41 Kẽm	1,81 31 Ga 69,72 Gali	2,01 32 Ge 72,64 Gemani	2,18 33 As 74,92 Asen	2,55 34 Se 78,96 Selen	2,96 35 Br 79,91 Brom	3,00 36 Kr 83,80 Kripton
2,20 46 Pd 106,40 Paladi	1,93 47 Ag 107,87 Bạc	1,69 48 Cd 112,41 Cađimi	1,78 49 In 114,82 Inđi	1,96 50 Sn 118,69 Thiếc	2,05 51 Sb 121,75 Stibi	2,10 52 Te 127,60 Telu	2,66 53 I 126,90 Iot	2,60 54 Xe 131,30 Xenon
2,28 78 Pt 195,09 Platin	2,54 79 Au 196,97 Vàng	2,00 80 Hg 200,59 Thủy ngân	1,62 81 Tl 204,37 Tali	2,33 82 Pb 207,20 Chì	2,02 83 Bi 208,98 Bitmut	2,00 84 Po 209 Poloni	2,20 85 At 210 Atatin	86 Rn 222 Rađon
110 Ds 281 Darmastati	111 Rg 281 Roentgeni	112 Cn 285 Copenixi	113 Nh 286 Nihonium	114 Fl 289 Flerovi	115 Mc 288 Moscovium	116 Lv 293 Livemori	117 Ts 294 Tennessine	118 Og 294 Oganesson

1,20 63 Eu 151,96 Europi	1,20 64 Gd 157,25 Gađolini	1,10 65 Tb 158,93 Tebi	1,22 66 Dy 162,50 Điprozi	1,23 67 Ho 164,93 Honmi	1,24 68 Er 167,26 Eribi	1,25 69 Tm 168,93 Tuli	1,10 70 Yb 173,04 Ytecbi	1,27 71 Lu 174,97 Lutexi

1,13 95 Am 243 Amerixi	1,28 96 Cm 247 Curi	1,30 97 Bk 247 Beckeli	1,30 98 Cf 251 Califoni	1,30 99 Es 252 Ensteni	1,30 100 Fm 257 Fecmi	1,30 101 Md 258 Menđelevi	1,30 102 No 259 Nobeli	103 Lr 262 Lorenxi

越日英原子力用語辞典編纂委員会（初版発行）

- 委員長（Committee Chairmen）

  Le Dinh Tien
  〈Advisor, MOST, representing the Vietnamese Group〉

  高橋　祐治（TAKAHASHI, Yuji）
  〈COO of JINED, representing the Japanese Group〉

- 委　員（Members）

  Le Van Hong
  〈Advisor, VINATOM〉

  Le Dai Dien
  〈Deputy Director, NTC-VINATOM〉

  Hoang Minh Giang
  〈Deputy Director of Nuclear Safety Center, INST-VINATOM〉

  Pham Tuan Nam
  〈Researcher, INST-VINATOM〉

  三上　喜貴（MIKAMI, Yoshiki）
  〈Vice-President, Nagaoka University of Technology〉

  清水　美和子（SHIMIZU, Miwako）
  〈Manager, Hitachi〉

  山浦　良久（YAMAURA, Yoshihisa）
  〈Chief Engineer, MHI〉

  山本　文昭（YAMAMOTO, Fumiaki）
  〈Project Director, Toshiba Corporation〉

  小暮　俊（KOGURE, Takashi）
  〈General Manager, JINED〉

  稲場　満裕（INABA, Mitsuhiro）
  〈Deputy General Manager, JINED〉

越日英原子力用語辞典編纂委員会

- **旧委員**（Former members, Title in the committee）
  小川　徹（OGAWA, Toru）
  　〈Professor, Nagaoka University of Technology〉
  村田　扶美男（MURATA, Fumio）
  　〈Technology Executive, Hitachi〉
  荻田　剛久（OGITA, Takehisa）
  　〈Engineering Manager, MHI〉
  小寺　充俊（ODERA, Mitsutoshi）
  　〈Chief Specialist, Toshiba Corporation〉
  大本　正人（OMOTO, Masato）
  　〈Deputy General Manager, JINED〉
  稲垣　哲彦（INAGAKI, Tetsuhiko）
  　〈Deputy General Manager, JINED〉

- **編纂協力者**（Compilation cooperator）
  末松　久幸（SUEMATSU, Hisayuki）
  　〈Nagaoka University of Technology〉
  Do Thi Mai Dung
  　〈Professor, Nagaoka University of Technology〉
  Vo Vi Na 〈EVN NPB〉
  Dang Phuoc Toan 〈EVN NPB〉
  Nguyen The Linh 〈EVN NPB〉
  Nguyen The Phong 〈EVN NPB〉
  Phan Thanh Nga 〈JINED, Hanoi〉
  Nguyen Hoang Yen 〈JINED, Hanoi〉
  Trinh Van Ha 〈JINED, Hanoi〉

国際原子力開発株式会社
(International Nuclear Energy Development of Japan Co.,Ltd. ; JINED)

原子力発電新規導入国における原子力発電プロジェクトの受注に向けた提案活動、および関連する調査業務等を事業内容として、電力9社（北海道電力㈱、東北電力㈱、東京電力㈱、中部電力㈱、北陸電力㈱、関西電力㈱、中国電力㈱、四国電力㈱、九州電力㈱）と、㈱東芝、㈱日立製作所、三菱重工業㈱、㈱産業革新機構の13社によって2010年10月22日に設立。現在、経済産業省をはじめとした関係者とベトナム国ニントゥアン省で計画中の原子力発電プロジェクトの受注に向け、同国のニーズを踏まえた建設計画や人材育成計画等の提案などの具体的な活動を進めている。

住所　〒105-0004 東京都港区新橋三丁目4番5号 新橋フロンティアビルディング5F
電話　03-3504-0892　FAX　03-3504-0896

越日英原子力用語辞典

2016年 9月20日　初版　第1刷　発行
2020年 1月20日　　　　　第2刷　発行

監　修　　JINED 越日英原子力用語辞典編纂委員会
編　者　　国際原子力開発株式会社（JINED）
発行者　　安田 喜根
発行所　　株式会社 マネジメント社
　　　　　東京都千代田区神田小川町 2-3-13
　　　　　M&Cビル3F（〒101-0052）
　　　　　TEL 03-5280-2530（代表）
　　　　　http://www.mgt-pb.co.jp
印刷　　㈱シナノパブリッシングプレス

©International Nuclear Energy Development of Japan Co.,Ltd.
　2016, Printed in Japan
ISBN978-4-8378-0477-2 C3553
定価はカバーに表示してあります。
落丁本・乱丁本の場合はお取り替えいたします。